U0346774

大唐风华
唐人服饰时尚

纳春英　著

青海人民出版社

图书在版编目（CIP）数据

大唐风华：唐人服饰时尚 / 纳春英著 .-- 西宁：青海人民出版社，2024.6
ISBN 978-7-225-06626-4

Ⅰ. ①大… Ⅱ. ①纳… Ⅲ. ①服饰文化—研究—中国—唐代 Ⅳ. ① TS941.742.42

中国国家版本馆 CIP 数据核字（2023）第 204261 号

大唐风华
——唐人服饰时尚
纳春英　著

出 版 人　樊原成
出版发行　青海人民出版社有限责任公司
西宁市五四西路 71 号　邮政编码：810023　电话：（0971）6143426（总编室）
发行热线　（0971）6143516/6137730
网　　址　http://www.qhrmcbs.com
印　　刷　青海新宏铭印业有限公司
经　　销　新华书店
开　　本　880mm × 1230mm　1/32
印　　张　14.375
字　　数　300 千
版　　次　2024 年 6 月第 1 版　2024 年 6 月第 1 次印刷
书　　号　ISBN 978-7-225-06626-4
定　　价　69.80 元

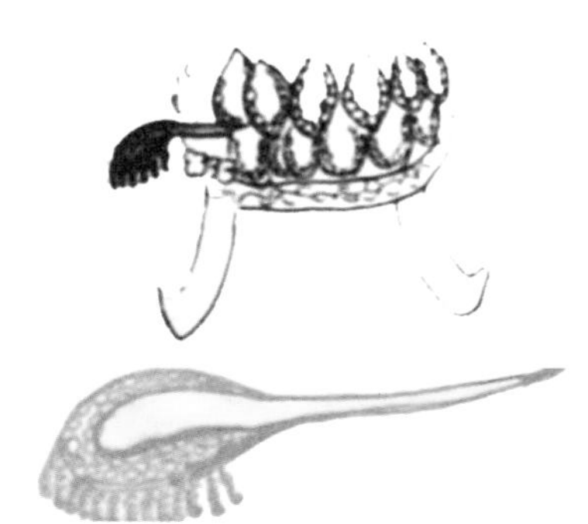

参看图 1-1　博鬓与博鬓插戴位置（图片采自按照隋萧皇后墓出土钗冠与广池千九郎意会掩鬓复原）

参看图 1-2　考古工作者复原李倕墓出土的花钿（图片采自杨昌军等：《西安市唐代李倕墓冠饰的室内清理与复原》,《考古》2013 年第 8 期, 第 41 页）

参看图 1-3　吴道子《送子天王图》（局部）天后头上的博鬓在明人描绘的武则天像上也有体现（图片采自董其昌：《南画大成》，扬州：广陵书社，2004 年，第 1145 页）

参看图 1-4　复原明定陵出土十二龙九凤冠（图片采自中国社会科学院考古研究所：《定陵》，北京：文物出版社，1990 年，彩版第 69 页）

参看图 1-5　南薰殿旧藏《历代帝后像》中的宋英宗后神宗母宣仁太后（高氏）和徽宗皇后郑皇后[①]（图片采自陈履生:《中国名画 1000 幅》，南宁:广西美术出版社，2011 年，第 108 页）

① 图中龙凤花钗冠的垂脚装饰从前一直被误认为博鬓。

参看图 1-6　懿德太子墓石墩门线刻女官像（图片采自沈从文:《中国古代服饰研究(增订本)》,上海:上海书店出版社，1999 年，第 249 页）

参看图 1-7　阿斯塔那墓出土木底翘头履（图片采自新疆维吾尔自治区博物馆:《古代西域服饰撷萃》，北京：文物出版社，2010 年，第 118 页）

参看图 1-8　考古工作者复原的李倕墓出土礼冠（图片采自杨昌军等:《西安市李倕墓冠饰的室内清理与复原》,《考古》2013 年第 8 期，第 44 页）

参看图 1–9　敦煌莫高窟第 389 窟隋供养人图（图片采自敦煌文物研究所 :《中国石窟 · 敦煌莫高窟》卷 2，北京 : 文物出版社，1984 年，图版第 184 页）

参看图 1–10　李寿墓北壁乐舞图（图片采自唐昌东 :《大唐壁画》，西安 : 陕西旅游出版社，1996 年，第 9 页）

参看图 1–11　阎立本《步辇图》(局部)(图片采自陈履生:《中国名画 1000 幅》，南宁：广西美术出版社，2011 年，第 36、37 页)

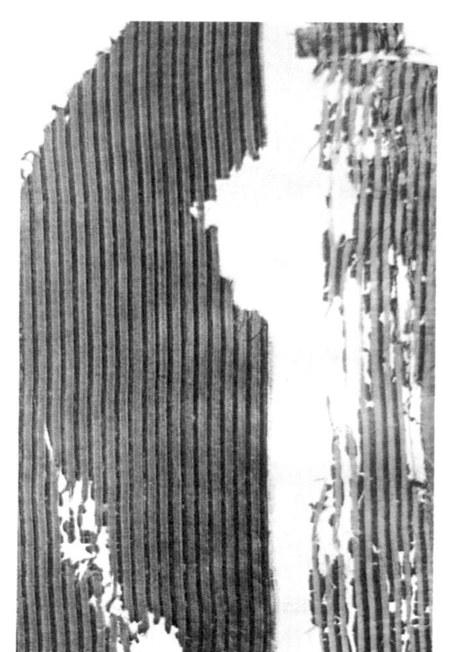

参看图 1–12　新疆出土条纹晕繝提花锦(图片采自新疆维吾尔自治区博物馆:《吐鲁番县阿斯塔那——哈拉和卓古墓群清理简报》,《文物》1972 年第 1 期，第 29 页)

参看图 1–13　新疆吐鲁番阿斯塔那北区 381 号唐墓出土歧头(图片采自赵超:《云想衣裳——中国服饰的考古文物研究》，成都：四川人民出版社，2004 年，第 129 页)

参看图 1–14 新城公主墓道壁画，衫襦领口紧小（图片采自韩伟、张建林主编:《陕西新出土唐墓壁画》，重庆：重庆出版社，1998 年，第 11 页）

参看图 1–15 李震墓戏鸭图衫襦领口已由紧圆形向长圆变形，胸部线条明显（图片采自唐昌东：《大唐壁画》，西安：陕西旅游出版社，1996 年，第 11 页）

参看图 1–16 李爽墓吹笛乐伎造型立体的领口已彻底变形，紧小的半臂衫充分突出了胸部线条（图片采自唐昌东：《大唐壁画》，西安：陕西旅游出版社，1996 年，第 13 页）

参看图 1-17　永泰公主墓侍女壁画（图片采自周汛等：《中国历代服饰》，上海：学林出版社，1984 年，第 136 页）

参看图 1-18　西安王家坟出土唐三彩梳妆女坐俑，现藏于陕西历史博物馆（图片采自陕西省文物管理委员会：《陕西省出土唐俑选集》，北京：文物出版社，1958 年，图版第 2 页）

参看图 1–19　周昉《簪花仕女图》（局部）纱衣体现了盛唐女服透露之外的风尚（图片采自陈履生:《中国名画 1000 幅》，南宁：广西美术出版社，2011 年，第 41 页）

参看图 1–20　半臂（图片采自杨志谦等:《唐代服饰资料选》，北京：北京市工艺美术研究所，1979 年，第 1 页）

参看图 1–21　新疆吐鲁番阿斯塔那出土唐印宝相花绢褶裙，这两件裙子的尺寸不大，是专为陪葬用的模制品。虽然同为模制品，但裁剪不同，形状不同，图案和颜色颇具代表性，很能代表唐代女子裙装款式的多样性，但因为是陪葬的模制品，所以并不能被当作实物对待，当有些人试图通过这两件裙子复原唐裙，显然需要注意到这一点（图片采自新疆维吾尔自治区博物馆:《古代西域服饰撷萃》，北京：文物出版社，2010 年，第 106、107 页）

参看图 1–22　中晚唐女性高头履的头饰。1. 莫高窟第 375 窟壁画 2. 第 171 窟壁画 3.《簪花仕女图》4. 第 202 窟壁画 5. 第 156 窟壁画 6. 第 205 窟壁画 7.《历代帝王图》8. 阿斯塔那第 203 窟唐墓出土绢画 9. 莫高窟石室所出绢画 10. 第 130 窟壁画（图片采自黄能馥、陈娟娟：《中华历代服饰艺术》，北京：中国旅游出版社，1999 年，第 229 页）

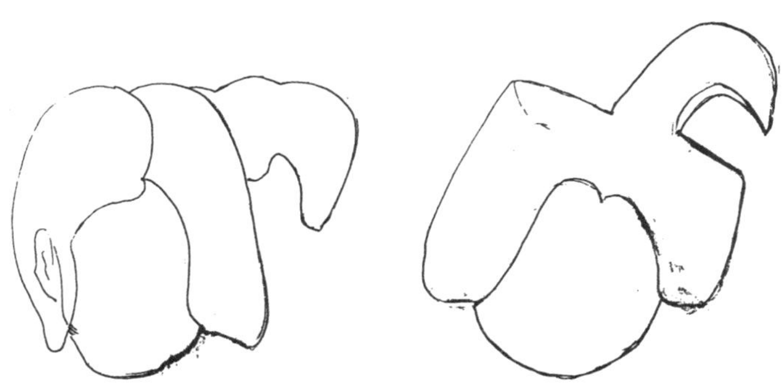

参看图 1–23　坠马髻（左）和倭坠髻（右）（作者根据唐俑复原）

参看图 1–24　晚唐女俑。1957 年西安土门出土晚唐三彩女俑，此女鬓发掩面，发髻顶在额头正中，这是中晚唐已婚女性最常见的发式，身穿敞领短衫，长裙，衣袖宽肥有收口翻边，翘头履。现藏中国国家博物馆（图片采自陕西省文物管理委员会 :《陕西省出土唐俑选集》，北京 : 文物出版社，1958 年，图版第 4 页）

参看图 1–25　敦煌莫高窟第 9 窟晚唐女供养人。梳宝髻，广插簪钗梳篦，穿直领大袖衫，开领恢复保守。佩珠宝项链，高胸裙，大带系于胸线之上，披细长帛，高翘云头履（图片采自敦煌研究院 :《中国石窟 · 敦煌莫高窟》，北京 : 文物出版社，1982 年，第 181 页）

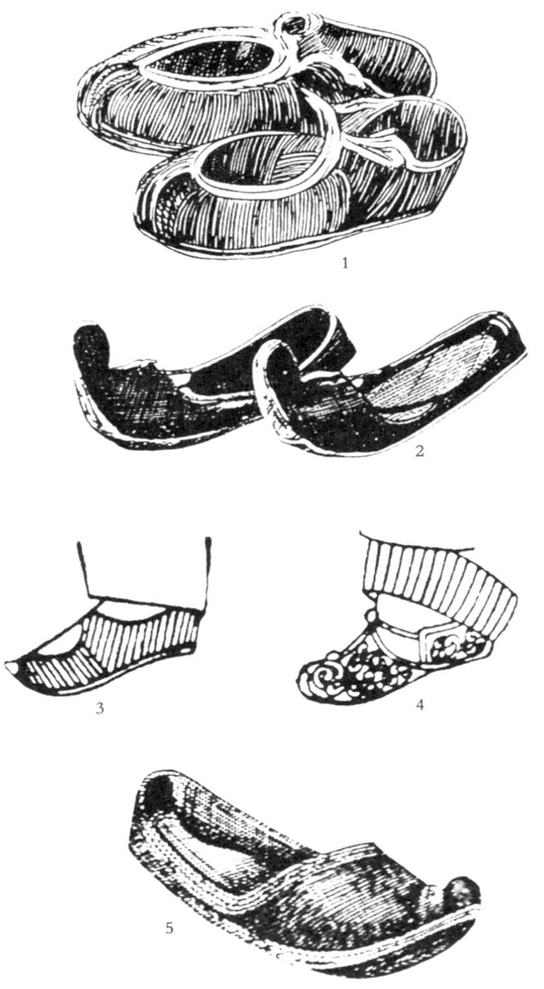

参看图 1–26　1. 莫高窟第 147 窟壁画中的线鞋 2. 韦项墓石椁线雕中样式别致的锦履。其余均为吐鲁番出土的麻、布鞋（1 图片采自新疆维吾尔自治区博物馆:《古代西域服饰撷萃》，北京：文物出版社，2010 年，第 117 页；2、3、4、5 图片采自黄能馥、陈娟娟：《中华历代服饰艺术》，北京：中国旅游出版社，1999 年，第 229 页）

参看图 1–27　隋唐女性　1. 隋供养人 2. 初唐洛阳出土石刻画 3.《捣练图》盛唐贵妇 4. 晚唐敦煌第 130 窟乐庭環夫人王氏（图片采自杨志谦等：《唐代服饰资料选》，北京：北京市工艺美术研究所，1979 年，第 19、21、25、29 页）

参看图 1–28　敦煌壁画中的耕作平民（线描图）（图片采自纳春英：《隋唐平民服饰研究》，北京：人民出版社，2023 年，第 57 页）

参看图 1–29 《明皇幸蜀图》明皇身后的队伍中，七位女子，其中 3 位女子高髻用红色裹头巾罩裹，从裹头巾下垂的情形看，似乎更像羃䍦被收起了披裙的样子；4 位女子头戴黑色帷帽、红色垂裙。画面中的服饰与文献资料记载的情况相符，说明女子长途出行时，也会视实际情况和个人好恶选择戴羃䍦还是戴帷帽（图片采自陈履生：《中国名画 1000 幅》，南宁：广西美术出版社，2011 年，第 35 页）

参看图 1–31 《明皇幸蜀图》中的羃䍦这就是沈从文先生所说的类“观音兜”的羃䍦，显然此处的红色羃䍦，就是羃䍦在实际使用中的一种状态，而不是其他首服，因为它的戴法类似今天阿拉伯男子将缠头撩起时的情况，有一个很明显的横系兜头巾，而观音兜只是盖在发髻上的头巾（作者复原）

参看图 1–30　树下人物图　有人将此人头部的装束称之为“风帽”但据文字材料来看，应该属于较短款的羃䍦（图片采自穆舜英:《中国新疆古代艺术》，乌鲁木齐：新疆美术摄影出版社，1994 年，第 24 页）

参看图 1–32–1　新疆阿斯塔那出土唐三彩戴帷帽女子骑马俑（图片采自陈根远：《中国古俑》，武汉：湖北美术出版社，2001 年，第 210 页）

参看图 1–32–2　昭陵陪葬燕德妃墓捧帷帽女侍图侍女手捧之物分油帽与拖裙两部分：帽为硬顶油帽样，拖裙较长，应该是为燕德妃日常出行预备的帷帽（图片采自昭陵博物馆：《昭陵唐墓壁画》，北京：文物出版社，2006 年，第 150 页）

参看图 1–33　韦顼墓中的胡服侍女石刻画，穿翻领长袍，窄袖有翻边装饰、卡夫口条纹裤、锦靴、戴浑脱帽（图片采自杨志谦等：《唐代服饰资料选》，北京：北京市工艺美术研究所，1979 年，第 32 页）

参看图 1–34　唐末五代初戴凤纹回鹘冠的曹氏女眷（图片采自敦煌文物研究所：《中国石窟·敦煌莫高窟》卷 5，北京：文物出版社，1987 年，第 79 页）

参看图 1–35　郑仁泰墓出土胡服陶俑，穿粉绿色翻领女袍，黑革带，黑高靿靴（图片采自介眉：《昭陵唐人服饰》，西安：三秦出版社，1990 年，第 100 页）

参看图 1–36　李道坚墓捧文房四宝的男装侍女（图片采自罗世平：《中国墓室壁画全集》，石家庄：河北教育出版社，2011 年，第 124 页）

参看图 1–37　段蕳壁墓。头扎抹额的男装侍女窄袖襦服长衣及膝，左右开衩，襦服下穿卡夫口长裤，轻便锦履（图片采自昭陵博物馆：《昭陵唐墓壁画》，北京：文物出版社，2006 年，第 59 页）

参看图 1–38　陕西省乾县唐章怀太子墓壁画《观鸟捕蝉图》。图前女子梳丫髻，翻边紧腿裤子，轻便尖头履，腰系细革带，红唇细眉，典型的盛唐男装样貌（图片采自唐昌东：《大唐壁画》，西安：陕西旅游出版社，1996 年，第 44 页）

参看图 1–39　章怀太子墓手托盆景男装侍女（图片采自陕西历史博物馆：《唐墓壁画珍品》，西安：三秦出版社，2011 年，第 96 页）

参看图 1–40　永泰公主墓壁画前排左第一人：着男装，头戴皂纱幞头，长翻领胡服，腰系鞊鞢带，足着乌皮靴（图片采自杨志谦等：《唐代服饰资料选》，北京：北京市工艺美术研究所，1979 年，第 12 页）

参看图 1–41　长安县南里王村韦洞墓石椁线刻女像，此女头戴软脚幞头，圆领袍内衬半臂，腰佩承露囊，足着小蛮靴（图片采自杨志谦等：《唐代服饰资料选》，北京：北京市工艺美术研究所，1979 年，第 5 页）

参看图 1–42　抚鸟男装女侍，长安县南里王村韦洞墓石椁线刻女像（图片采自杨志谦等：《唐代服饰资料选》，北京：北京市工艺美术研究所，1979 年，第 6 页）

参看图 1–43　薛儆墓捧包裹侍女（图片采自山西省考古研究所：《唐代薛儆墓发掘报告》，北京：科学出版社，2000 年，第 54 页）

参看图 1–44　阿史那忠墓抱弓、箭囊的男装侍女（图片采自昭陵博物馆：《昭陵唐墓壁画》，北京：文物出版社，2006 年，第 187 页）

参看图 1–45　扛如意男装女侍图。苏思勖墓道壁画男装女侍头戴幞头，身穿白色阔袖圆领加襕袍，腰束革带，轻便履。此类扛如意的男装女侍也出现在韩休墓甬道壁画中（图片采自陕西考古所唐墓工作组：《西安东郊唐苏思勖墓清理简报》，《考古》1960 年第 1 期，图版第 5 页）

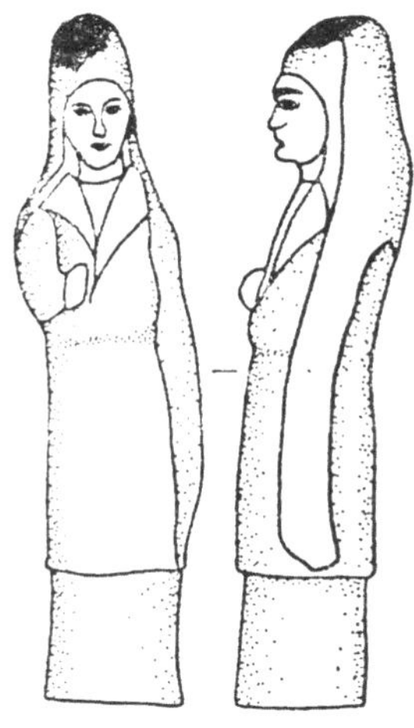

参看图 1–46　风帽俑。通体施白衣，上涂黄色，头戴风帽，右手衣袖贴身自然下垂，左手微握衡置于胸，上身着开领交衽衣，腰系带，下身穿袍。同墓中有开元通宝出土（图片采自咸阳市文物考古研究所：《陕西邮电学校北朝、唐墓清理简报》，《文博》2001 年 3 期，第 15 页）

参看图 1-47　周昉《挥扇仕女图》（局部），现藏于北京故宫博物院（图片采自陈履生:《中国名画 1000 幅》，南宁：广西美术出版社，2011，第 41 页）

参看图 1-48　执失奉节墓穿背心的舞女。素色背心，间色长裙，披帔，臂戴臂钏。左图为复原图，右图为墓道壁画的局部放大（图片采自唐昌东：《大唐壁画》，西安：陕西旅游出版社，1996 年，第 10 页）

《大唐风华：唐人服饰时尚》第二章 《女子装饰》内文解释说明引图

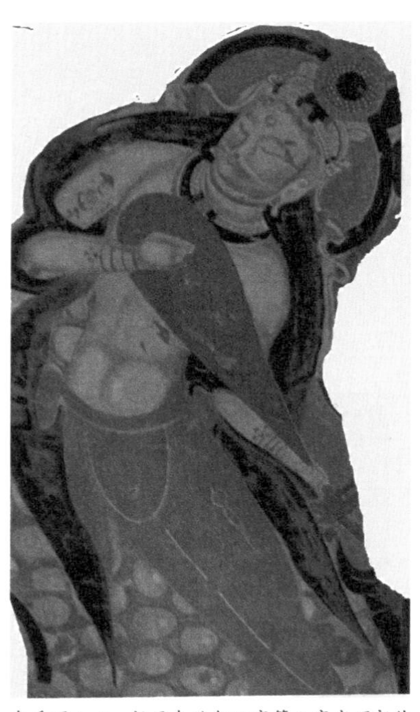

参看图 2–1 新疆克孜尔石窟第 8 窟室顶部伎乐飞天。飞天肩臂搭帔帛（图片采自唐昌东：《大唐壁画》，西安：陕西旅游出版社，1996 年，第 123 页）

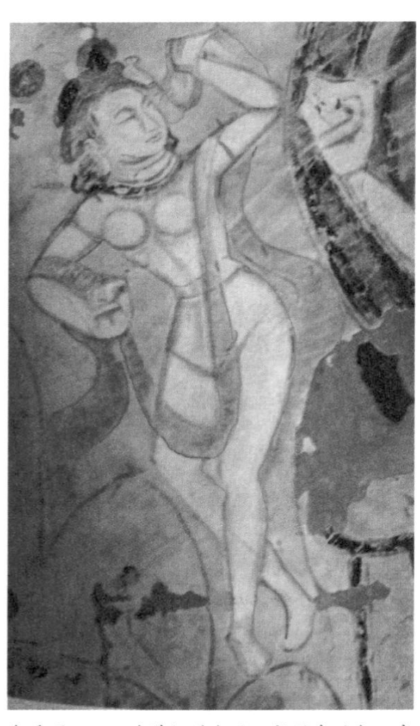

参看图 2–2 外道俗世女子。新疆克孜尔石窟第 8 窟菱形格画面中，肩臂只搭轻纱帔帛，在佛面前裸身魅惑的外道女子（图片采自唐昌东：《大唐壁画》，西安：陕西旅游出版社，1996 年，第 121 页）

参看图 2–3 《观雀捕蝉图》身披宽长形帔帛，上下异色（图片采自兵库县博物馆：《大唐王朝的华都——长安的女性》，东京：便利堂株式会社，1996 年，第 91 页）

参看图 2–4　韩休墓道壁画。身披印花轻纱帔子的舞女（图片采自刘呆运等：《西安郭庄唐代韩休墓发掘简报》，《文物》2019 年第 1 期，第 24 页）

参看图 2–5　新疆吐鲁番出土绢画中晚唐穿襦裙、半臂、帔帛的女性（图片采自李征：《新疆阿斯塔那三座唐墓出土珍贵绢画及文书等文物》，《文物》1975 年第 10 期，图版第 1 页）

参看图 2–6　章怀太子墓前甬道东壁红帔女子，其红色帔帛于今日之披肩相似（图片采自唐昌东：《大唐壁画》，西安：陕西旅游出版社，1996 年，第 53 页）

参看图 2-7　安元寿墓执扇仕女图画面中执扇侍女的披帛左端很明显地被固定在束裙带上（图片采自昭陵博物馆：《昭陵唐墓壁画》，北京：文物出版社，2006 年，第 198 页）

参看图 2-8　江苏扬州出土唐骨簪，残长 5.3 厘米至 11.1 厘米（图片采自南京博物馆发掘工作组等：《扬州唐城遗址 1975 年考古工作简报》，《文物》1977 年第 9 期，图版第 3 页）

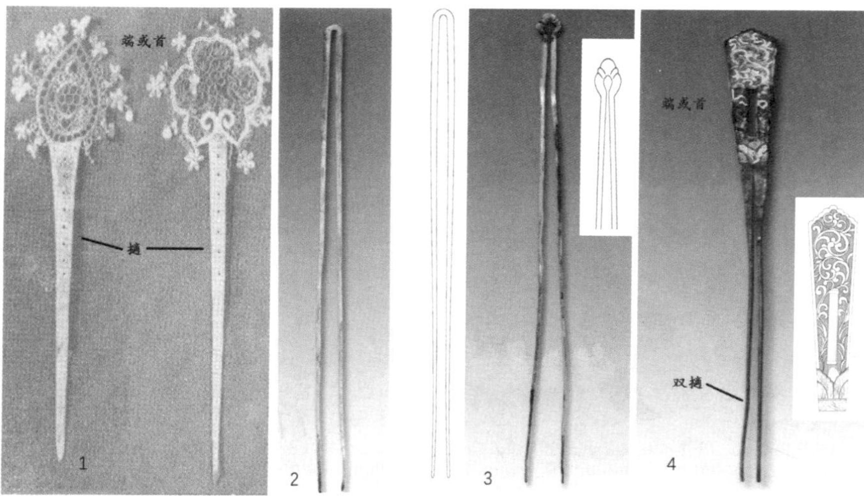

参看图 2-9　唐簪钗图 1. 李恪杨妃墓出土单擿花形金簪，簪长 18 厘米（图片采自宋焕文等：《安陆王子山唐吴王妃杨氏墓》，《文物》1985 年第 2 期，图版第 5 页）；2、3 厦门陈元通夫妻墓出土银钗，钗长 21 厘米左右；4. 厦门陈元通夫妻墓出土银双擿簪，簪长 23 厘米（图 2、3、4 采自靳维柏、郑东主编：《唐陈元通夫妇墓》，北京：文物出版社，2016 年，第 46 页）

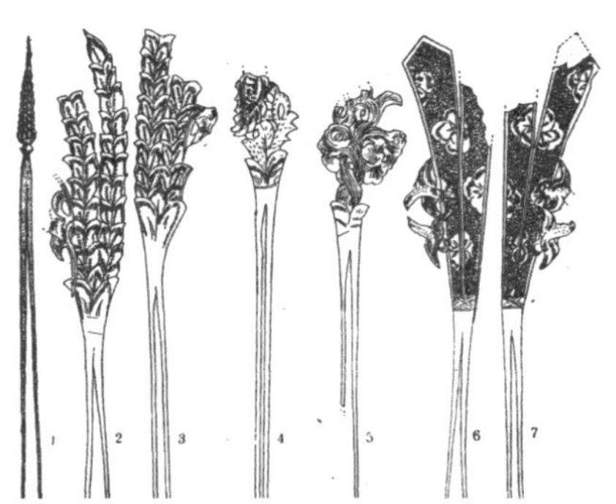

参看 2–10　广东皇帝岗唐墓出土唐簪（图片采自区泽：《广州皇帝岗唐木椁墓清理简报》，《考古》1959 年第 12 期，第 669 页）

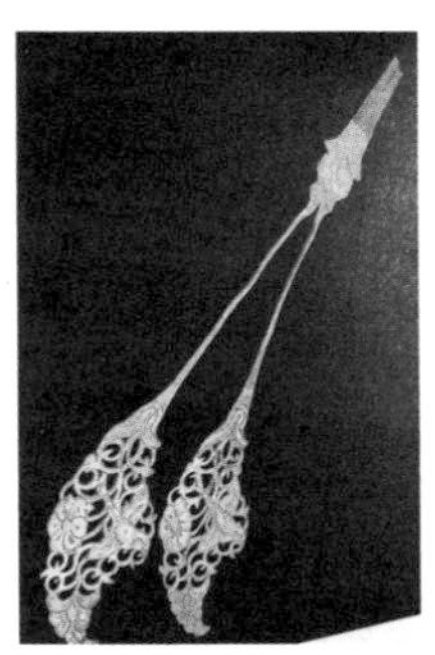

参看 2–11　银鎏金花卉鸾鸟钗（局部）（图片采自兵库县博物馆：《大唐王朝的华丽——长安的女性》，东京：便利堂株式会社，1996 年，第 47 页）

参看图 2–12　唐李恪杨妃墓出土金卡钗，通长 12 厘米（图片采自孝感地区博物馆：《安陆王子山唐吴王妃杨氏墓》，《文物》1985 年第 2 期，第 89 页）

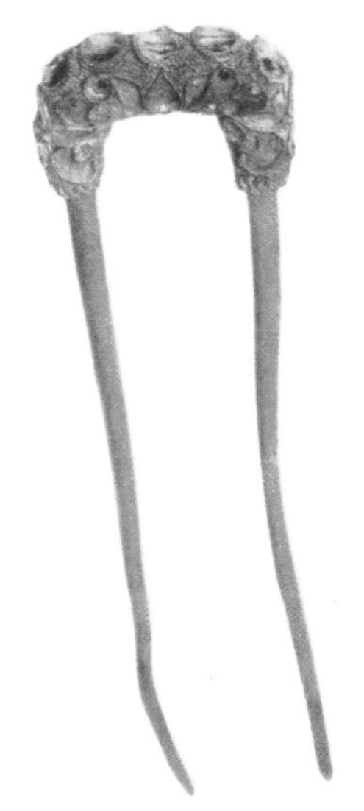

参看图 2–13　唐双擿簪。簪卷华丽（图片采自董彩琪：《陕西铜川新区西南变电站唐墓发掘简报》，《考古与文物》2019 年第 1 期，第 46 页）

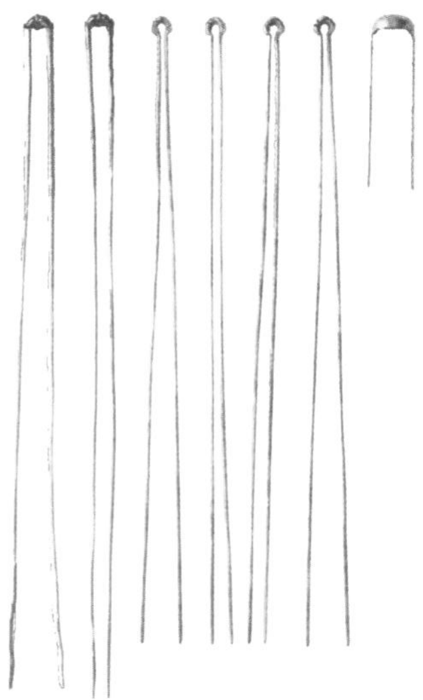

参看图 2–14　唐钗（晚唐水邱氏墓出土）最短 11.2 厘米，最长 22.5 厘米，这是唐钗的典型象形（图片采自浙江省文物考古研究所等 :《晚唐钱宽夫妇墓》，北京 : 文物出版社，2012 年，第 68 页）

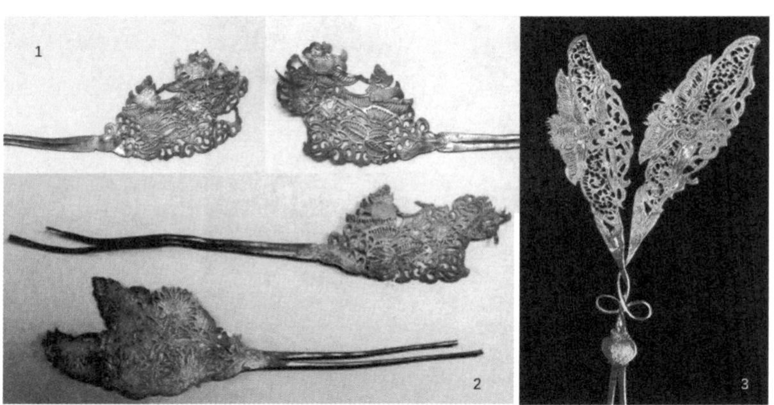

参看图 2–15　双擿簪之二 1. 银鎏金摩羯荷叶纹双擿簪，长 35.5 厘米（图片采自夏星南 :《浙江长兴县发现一批唐代银器》，《文物》1982 年第 11 期，第 40 页）; 2. 惠家村唐大中二年墓出土一组鎏金银簪之二 ; 3. 惠家村出土双首双擿蔓草蝴蝶纹双擿簪，长 37 厘米，陕西博物馆藏品（图片采自网址 : https : //www.sxhm.com/）

参看图 2–16　李倕墓出土发钗（图片采自陕西省考古研究院等：《唐李倕墓考古发掘、保护修复研究报告》，北京：科学出版社，2018 年，第 83、84、85 页）

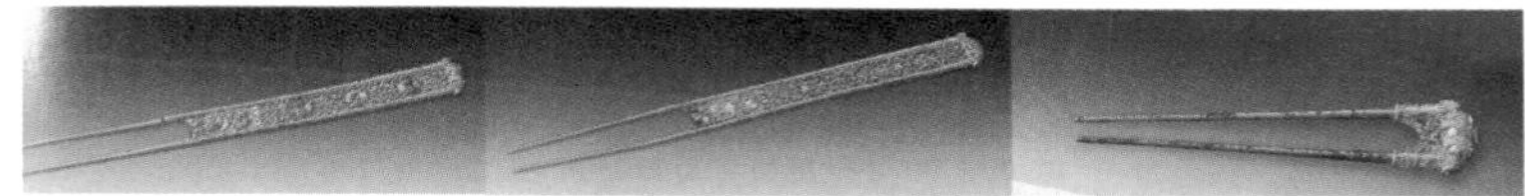

参看图 2–17　饰首钗（图片采自李锋等：《河南宝丰小店唐墓发掘简报》，《文物》2020 年第 2 期，第 13、14 页）

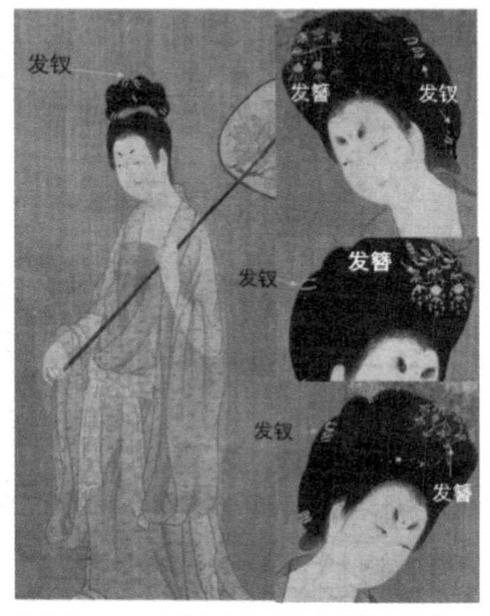

参看图 2–18 《簪花仕女图》中的簪钗插戴
唐钗 U 型，几乎没有钗首装饰；唐簪看不到簪擿，簪首装饰华丽复杂（图片采自陈履生：《中国名画 1000 幅》，南宁：广西美术出版社，2011 年，第 43 页）

图 2-19-1　唐代何家村窖藏金花钿（图片采自王长启：《西安市出土唐代金银器及装饰艺术特点》，《文博》1992 年第 3 期，图版第 4 页）

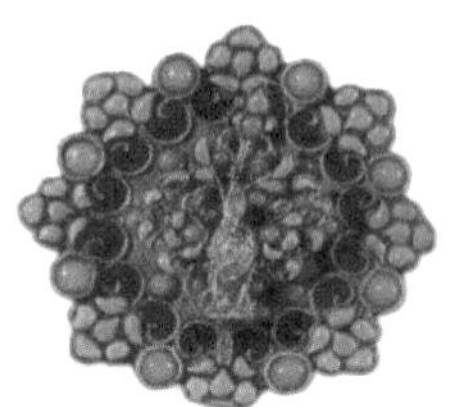

参看图 2-19-2　1957 年在西安东郊韩森寨雷宋氏墓出土的大花钿（图片采自王长启等：《唐苏三夫人墓出土文物》，《文博》2001 年第 3 期，第 46 页）

参看图 2-20　1. 李倕墓花钿（图片采自杨军昌等：《西安市唐代李倕墓冠饰的室内清理与复原》，《考古》2013 年第 8 期，第 41 页）；2. 洛阳出土金花钿（图片采自胡小宝等：《洛阳龙康小区唐墓（C7M2151）发掘简报》，《文物》2007 年第 4 期，第 34 页）；3.《捣练图》（局部）头戴花钿的贵妇，现藏于美国波士顿艺术馆（图片采自张婷婷编：《中国传世人物画》卷 1，西安：西安交通大学出版社，2015 年，第 50 页）

参看图 2–21　两晋南北朝步摇簪 1. 达茂旗西河子出土北朝遗物中的簪首；2.《女史箴图》中戴步摇的女子（图片采自孙机：《步摇、步摇冠与摇叶饰片》，《文物》1991 年第 11 期，第 50、56 页）

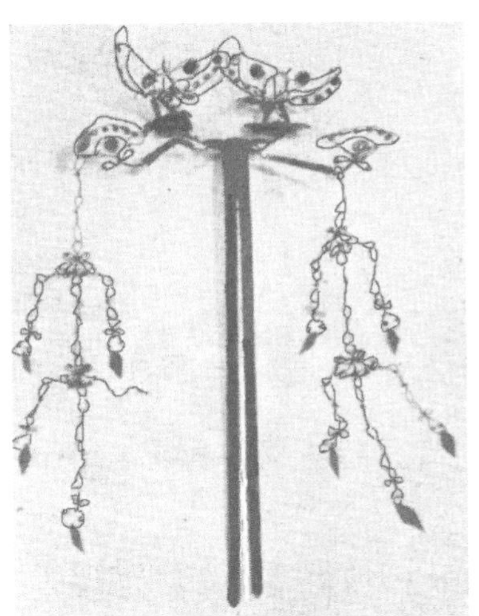

参看图 2–22　南唐双翅四蝶银步摇（图片采自石谷风、马人权：《合肥西郊南唐墓清理简报》，《文物参考资料》1958 年第 3 期，第 68 页）

参看图 2–23　金镶玉花步摇簪，合肥西郊南唐汤氏墓出土系列步摇之一，金镶玉簪首、琥珀簪擿（左图采自石谷风、马人权：《合肥西郊南唐墓清理简报》，《文物参考资料》1958 年第 3 期，第 68 页；右图采自常沙娜：《中国敦煌历代服饰图案》，北京：中国轻工业出版社，2001 年，第 248 页）

参看图 2-24 《簪花仕女图》(局部)(图片采自陈履生:《中国名画 1000 幅》, 南宁:广西美术出版社, 2011 年, 第 43 页)

参看图 2-25 插梳栉贵妇 1.《捣练图》(局部)2.《唐人宫乐图》(局部)(图片采自张婷婷编:《中国传世人物画》卷 2, 西安:西安交通大学出版社, 2015 年, 第 17 页)

参看图 2-26　敦煌莫高窟第 98 窟五代曹氏女眷（图片采自唐昌东：《大唐壁画》，西安：陕西旅游出版社，1996 年，第 117 页）

参看图 2-27　1. 长沙博物馆藏金花梳背 2. 何家村出土金梳背（图片采自齐东方、申秦雁主编：《花舞大唐春——何家村遗宝精粹》，北京：文物出版社，2003 年，第 227 页）

参看图 2–28　江苏扬州三元路唐代窖藏出土凿花金栉，高 12.5 厘米，宽 4.5 厘米，重 65 克，栉齿较密（图片采自徐良玉:《扬州馆藏文物精华》，南京:江苏古籍出版社，2001 年，第 17 页）

参看图 2–29　唐玉梳背（图片采自古方主编:《中国出土玉器全集》，北京：科学出版社，2005 年，第 195 页）

参看图 2–30　敦煌第 25 窟中唐（吐蕃时代）菩萨胸前挂项链，臂戴臂钏，腕戴手镯（图片采自敦煌研究院：《中国石窟安西榆林窟》，北京：文物出版社，1997 年，第 41 页）

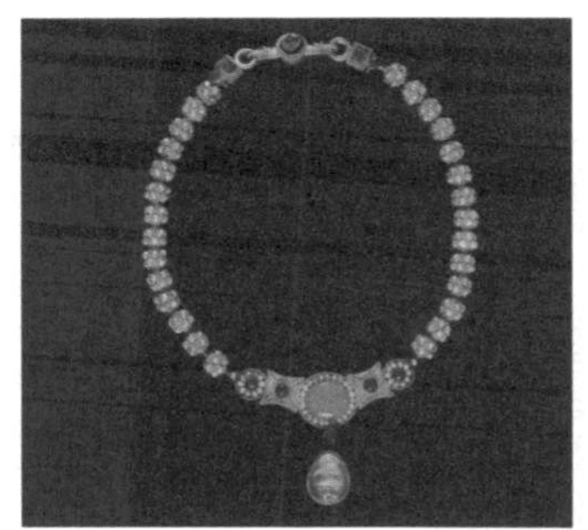

参看图 2-31　西安李静训墓出土隋珠宝镶嵌的金项链，现藏于国家博物馆（图片采自唐金裕：《西安西郊隋李静训墓发掘简报》，《考古》1959 年第 9 期，图版第 3 页）

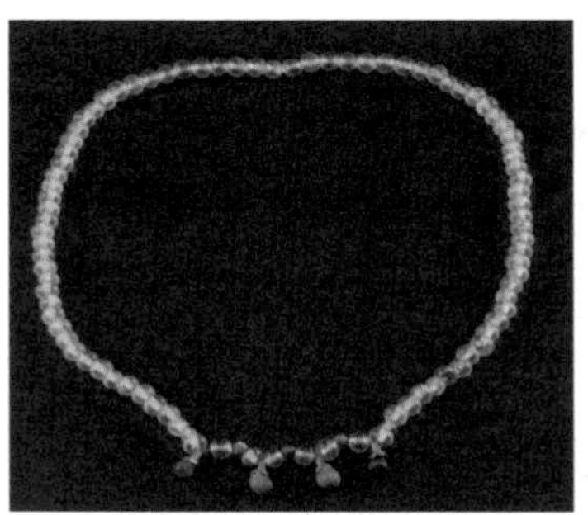

参看图 2-32　唐米氏墓出土水晶项链。此为西安考古工作者复原后的水晶项链，这个复原件存在的问题是 3 颗蓝色料珠隔片的作用被忽视了（图片采自张小丽等：《唐代辅君夫人米氏墓清理简报》，《文博》2015 年第 4 期，第 25 页）

参看图 2-33　韦项墓中的贵妇人颈间的项链（图片采自杨志谦等：《唐代服饰资料选》，北京：北京市工艺美术研究所，1979 年，第 35 页）

参看图 2-34　敦煌第 319 窟盛唐菩萨胸前项链，腕戴腕钏（图片采自敦煌文物研究所：《中国石窟 · 敦煌莫高窟》卷 3，北京：文物出版社，1987 年，第 133 页）

参看图 2–35　敦煌第 45 窟盛唐菩萨胸前挂披挂式璎珞，臂戴臂钏，腕戴手镯（图片采自敦煌文物研究所：《中国石窟·敦煌莫高窟》卷 3，北京：文物出版社，1987 年，第 122 页）

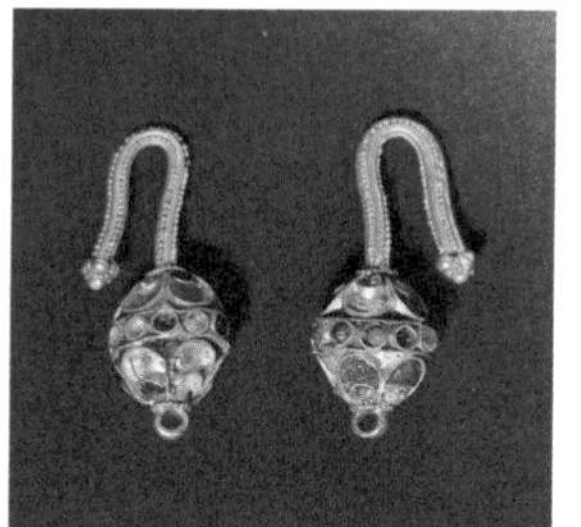

参看图 2–36　出土橄榄形耳坠（图片采自兵库县博物馆：《大唐王朝的华都——长安的女性》，东京：便利堂株式会社，1996 年，第 112 页）

参看图 2–37　唐代戒指 1. 上海青浦　84QFM7:2 出土玉指环　2. 辽宁朝阳唐墓出土金指环　3. 河南偃师杏园　M1902:51 出土金指环（戒面上有字）（1. 图片采自何继英：《上海唐宋元墓》，北京：科学出版社，2014 年，第 31 页；2. 图片采自李新全：《朝阳双塔区唐墓》，《文物》1997 年第 11 期，第 54 页；3. 图片采自徐殿魁：《河南偃师市杏园村唐墓的发掘》，《考古》1996 年第 12 期，图版第 3 页）

图 2-38　西安何家村窖藏鎏金包铜嵌白玉臂支（图片采自齐东方、申秦雁主编：《花舞大唐春——何家村遗宝精粹》，北京：文物出版社，2003 年，第 219 页）

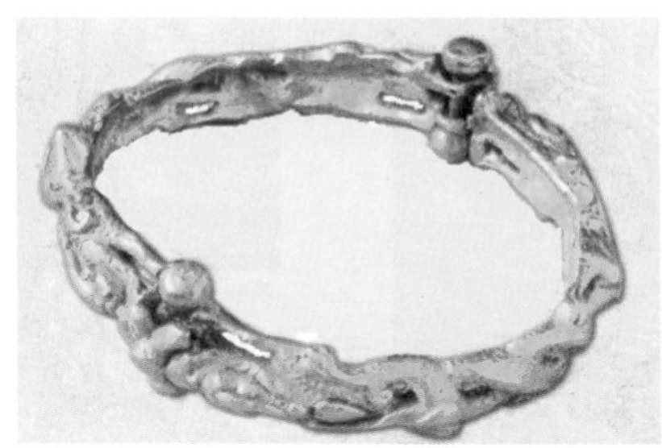

参看图 2-39　1988 年咸阳唐墓出土的四龙纹金手镯（图片采自赵彩秀、杨新文：《四龙纹金镯与秦王镜》，《文博》1998 年第 1 期，第 85 页）

参看图 2-40　《簪花仕女图》戴臂钏的贵妇（图片采自陈履生：《中国名画 1000 幅》，南宁：广西美术出版社，2011 年，第 43 页）

参看图 2-41 南京出土明代金臂钏（图片采自北京文物鉴赏编委会：《明清金银首饰》，北京：北京美术摄影出版社，2005 年，第 21 页）

参看图 2-42 法门寺地宫出土鎏金带钏面三钴杵纹银臂钏（图片采自陕西省考古研究院等：《法门寺考古发掘报告》，北京：文物出版社，2007 年，彩版第 164 页）

参看图 2-43 唐金属香囊 双戴胜纹香囊出土于西安东南郊沙坡村窖藏。此香囊与扶风县法门寺唐代地宫出土的鎏金双蛾纹银香囊内部结构相同（图片采自齐东方、申秦雁主编：《花舞大唐春——何家村遗宝精粹》，北京：文物出版社，2003 年，第 227 页）

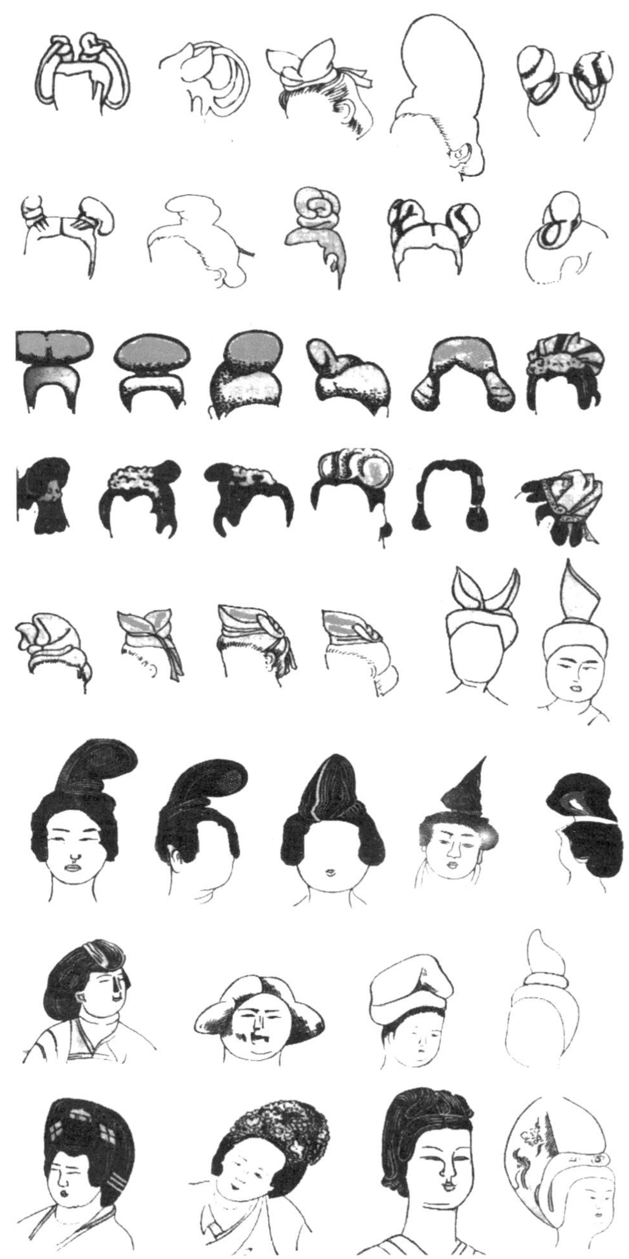

参看图 2–44　各样发式（图片采自周锡保：《中国古代服饰史》，北京：中国戏剧出版社，1984 年，第 225、229 页）

参看图 2–45 《步辇图》（局部），云髻宫女们（陈履生：《中国名画 1000 幅》，南宁：广西美术出版社，2011 年，第 29 页）

参看图 2–46　抛家髻、坠马髻《唐人宫乐图》（局部）（图片采自张婷婷编：《中国传世人物画》卷 2，西安：西安交通大学出版社，2015 年，第 56 页）

图 2–47　义髻 1. 新疆吐鲁番阿斯塔那张雄夫妇墓出土木胎外涂黑漆，上绘白色忍冬纹的帽式义髻 2. 阿斯塔那唐墓出土的发髻式义髻（图片采自新疆维吾尔自治区博物馆 :《古代西域服饰撷萃》，北京：文物出版社，2010 年，第 123 页）

参看图 2–49　传世绘画中的面饰 1. 簪花仕女图（局部）2. 女舞俑 3.《唐人宫乐图》（局部）（2. 图片采自新疆维吾尔自治区博物馆等 :《1973 年吐鲁番阿斯塔那古墓群发掘简报》，《文物》1975 年第 7 期，图版第 5 页；1、3 采自对应大图）

参看图 2–50　唐代女子妆容（图片采自李征 :《新疆阿斯塔那三座唐墓出土珍贵绢画及文书等文物》，《文物》1975 年第 10 期，图版第 1、2、4 页）

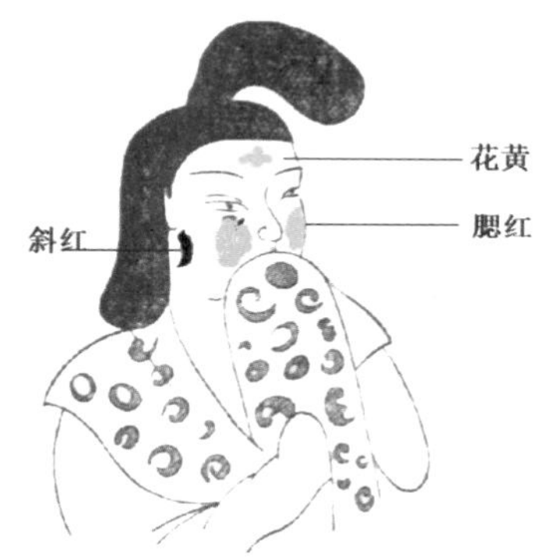

参看图 2–51　额黄（图片采自穆舜英：《中国新疆古代艺术》，乌鲁木齐：新疆美术摄影出版社，1994 年，第 148 页）

参看图 2–53　唐女性容妆（花黄、斜红、面靥、点唇）（图片采自孙大卫：《中国新疆古代艺术宝典》，乌鲁木齐：新疆人民出版社，2006 年，第 118、119 页）

1	2	3	4	5	6	7	8
9	10	11	12	13	14	15	16

参看图 2–52　唐代女性的花钿的样式 1. 莫高窟第 192 窟壁画（图片采自网址：https://www.e–dunhuang.com/）；2. 张萱《捣练图》（图片采自张婷婷编：《中国传世人物画》卷 1，西安：西安交通大学出版社，2015 年，第 46 页）；3. 吐鲁番出土绢画 4. 吐鲁番出土绢画（图片采自李征：《新疆阿斯塔那三座唐墓出土珍贵绢画及文书等文物》，《文物》1975 年第 10 期，图版第 2、3、4 页）；5. 唐人《弈棋仕女图》6. 唐人《弈棋仕女图》（图片采自新疆维吾尔自治区博物馆网址：wlt.xinjiang.gov.cn）；7. 吐鲁番出土泥头木身俑（图片采自新疆维吾尔自治区博物馆等：《1973 年吐鲁番阿斯塔那古墓群发掘简报》，《文物》1975 年第 7 期，图版第 5 页）；8. 周昉《簪花仕女图》（图片采自张婷婷编：《中国传世人物画》卷 1，西安：西安交通大学出版社，2015 年，第 50 页）

参看图 3-1-1 《敦煌维摩诘》中隋文帝衮冕像（图片采自周锡保：《中国古代服饰史》，北京：中国戏剧出版社，1984 年，封面）

参看图 3-1-2 《敦煌维摩诘》中隋文帝衮冕像

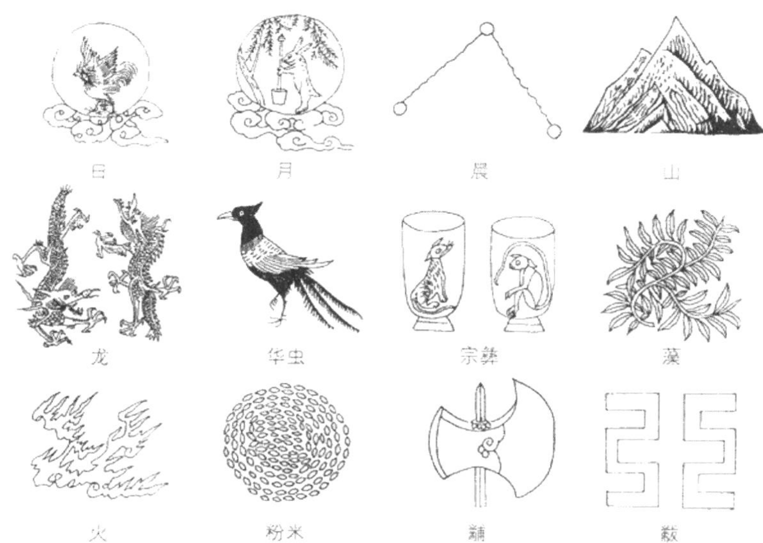

参看图 3-2　十二文章 参校《新唐书》《旧唐书》中有关衮冕的记载，可以更加清楚地了解唐衮冕的具体形式。十二文章的具体位置应该是：日、月各一分列于左右臂之上，星辰绣于后背，龙织成于袖端、领缘。自龙、山以下各纹饰，每一章列一行为一等，每行又12个。蔽膝上要绣龙、山、火三章（图片参考周锡保：《中国古代服饰史》，北京：中国戏剧出版社，1984 年，第 45 页复原）

参看图 3-3　李勣墓出土进德三梁冠 这是现存唐冠的唯一实物，现藏于乾陵博物馆（图片采自陕西历史博物馆、昭陵博物馆合编：《昭陵文物精华》，西安：陕西人民美术出版社，1991 年，第 12 页）

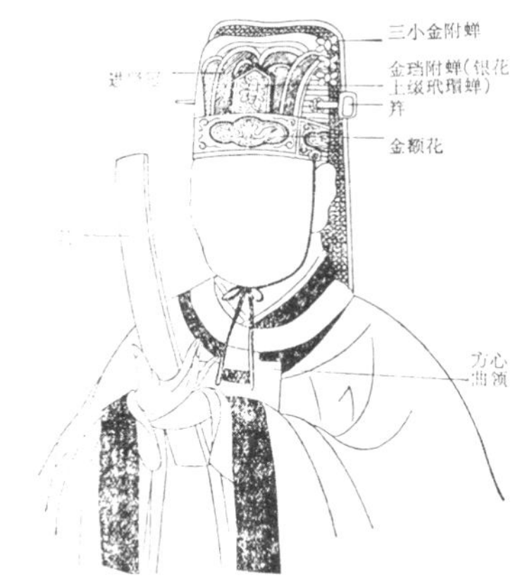

参看图 3-4　方心曲领，唐名臣范履冰写真图（图片采自周锡保：《中国古代服饰史》，北京：中国戏剧出版社，1984 年，第 182 页）

参看图 3-5-1 《步辇图》(局部)(图片采自陈履生:《中国名画 1000 幅》, 南宁:广西美术出版社, 2011 年, 第 29 页)

参看图 3-5-2 《步辇图》(局部)中的鸿胪寺官员

参看图 3-6 《客使图》(图片采自唐昌东:《大唐壁画》, 西安:陕西旅游出版社, 1996 年, 第 49 页)

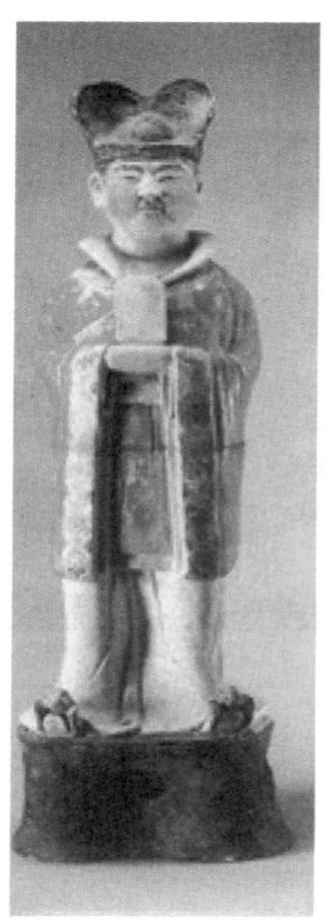

参看图 3–7 李贞墓彩绘文官俑。戴一梁进贤冠，穿曲领大袖褶衣，大口裤，手捧笏板（图片采自言昭文：《唐越王李贞墓发掘简报》，《文物》1977 年第 10 期，第 44 页）

参看图 3–8 郑仁泰墓出土文官俑（图片采自陈根远：《中国古俑》，武汉：湖北美术出版社，2001 年，第 156 页）

参看图 3–9 李贞墓彩绘武官俑。头戴鹖冠，身穿立领大袖襦，大口裤，手持笏板。并在上衣外加一件裲裆（图片采自言昭文：《唐越王李贞墓发掘简报》，《文物》1977 年第 10 期，第 44 页）

参看图 3–10 《给使图》鞶囊在具体使用中的情形（图片采自昭陵博物馆：《昭陵唐墓壁画》，北京：文物出版社，2006 年，第 57 页）

参看图 3–11　鱼符（图片采自罗振玉：《历代符牌图录》，北京：中国书店，1998 年，第 47 页）

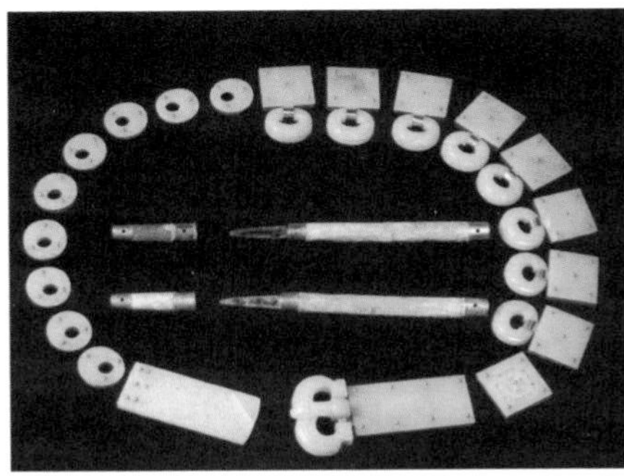

参看图 3–12　北周九环蹀躞带（图片采自古方主编：《中国出土玉器全集》，北京：科学出版社，2005 年，第 183 页）

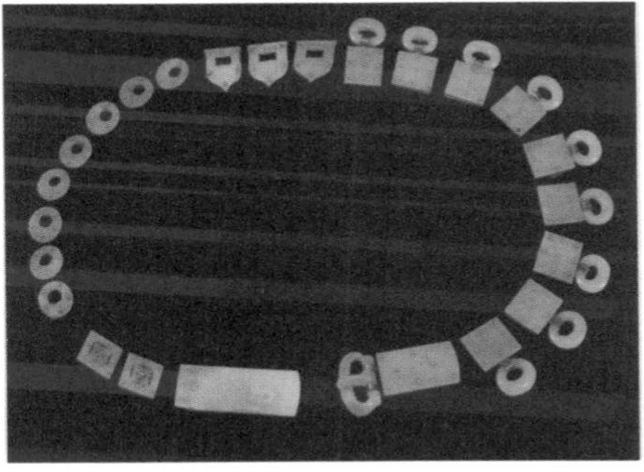

参看图 3–13　唐出土鞊鞢带（图片采自古方主编：《中国出土玉器大全》，北京：科学出版社，2005 年，第 183 页）

参看图 3–14　前蜀王建墓出土玉銙大带（图片采自冯汉骥：《王建墓内出土"大带"考》，《考古》1959 年第 8 期，图版第 8 页）

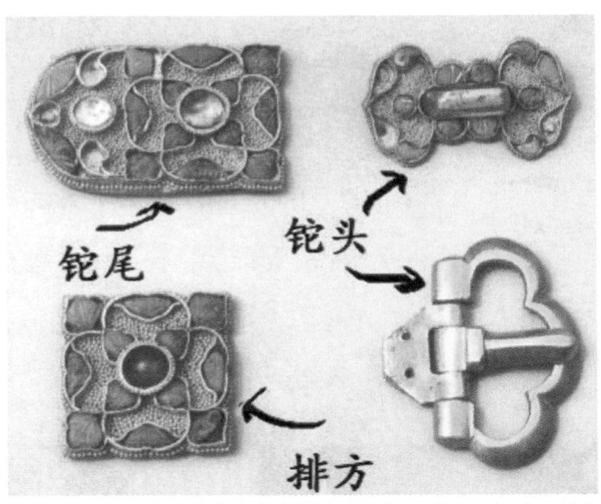

参看图 3–15　渤海国遗址出土的金镶绿松石带头、铊尾、排方（图片采自蒋万锡：《西安郭家滩唐墓清理简报》，《考古通讯》1956 年第 6 期，图版第 19 页）

参看图 3-16　窦皦墓出土玉板嵌金宝石带（图片采自古方主编 :《中国出土玉器全集》，北京 : 科学出版社，2005 年，第 182 页）

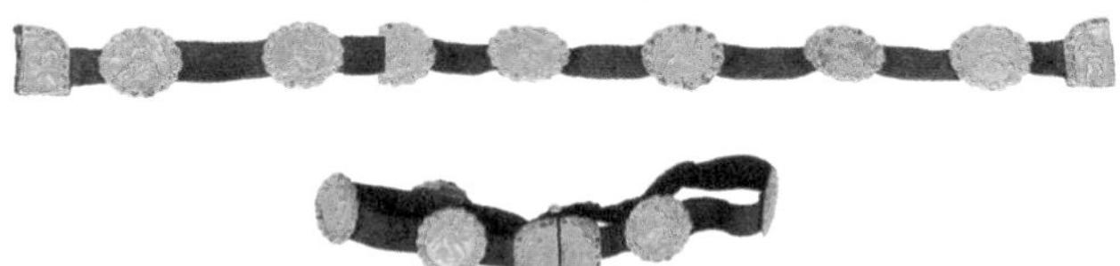

参看图 3-17　唐鎏金西方神人物连珠饰银腰带（图片采自宁夏博物馆 :《丝绸之路 : 大西北遗珍》，北京 : 文物出版社，2017 年，第 181 页）

参看图 3-18　凌烟阁功臣图（图片采自沈从文 :《中国古代服饰研究（增订本）》，上海 : 上海书店出版社，1999 年，第 240 页）

参看图 3–19 女着男装、胡服时鞊韘带的佩戴方法（图片采自杨志谦等 :《唐代服饰资料选》，北京 : 北京市工艺美术研究所，1979 年，第 4、44、8 页）

参看图 3–20　唐高祖像（图片采自煮雨山房辑 :《故宫藏历代画像图鉴》，北京 : 北京古籍出版社，2005 年，第 9 页）

参看图 3–21　加襕袍（图片采自陕西省文物管理委员会:《唐永泰公主墓发掘简报》,《文物》1964 年第 1 期，第 26 页）

参看图 3–22　懿德太子墓道壁画《仪卫图》(图片采自唐昌东:《大唐壁画》，西安：陕西旅游出版社，1996 年，第 67 页）

参看图 3–23　胡服男子，头戴幞头，身穿加襕长袍，腰系革带，足衣乌皮靴（图片采自陕西历史博物馆:《唐墓壁画珍品》，西安：三秦出版社，2011 年，第 88 页）

参看图 3–24　胡人胡服，头戴浑脱帽，身穿大翻领袍服，足着翘头乌皮靴。左翻领胡服、右翻领胡服、幞头（图片采自唐昌东 :《大唐壁画》，西安 : 陕西旅游出版社，1996 年，第 46、47 页）

参看图 3–25 《仪卫图》，章怀太子墓道东壁壁画，皆头戴红色抹额，身穿缺袴袍（图片采自陕西历史博物馆 :《唐墓壁画珍品》，西安 : 三秦出版社，2011 年，第 89 页）

参看图3–26　章怀太子墓《狩猎图》（图片采自陕西历史博物馆：《唐墓壁画珍品》，西安：三秦出版社，2011年，第77页）

参看图3–27　男子臂鹰图（图片采自陕西历史博物馆：《唐墓壁画珍品》，西安：三秦出版社，2011年，第66页）

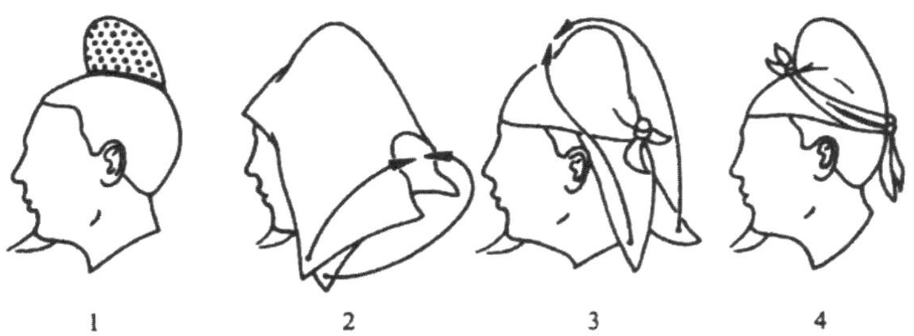

参看图3–28　方巾式唐软裹幞头的系法（图片采自孙机：《中国古舆服论丛（增订本）》，北京：文物出版社，2001年，第210页）

参看图 3-29　新疆阿斯塔那出土的唐巾子（图片采自新疆维吾尔自治区博物馆：《古代西域服饰撷萃》，北京：文物出版社，2010 年，第 122 页）

参看图 3-30　唐代的幞头（图片采自周锡保：《中国古代服饰史》，北京：中国戏剧出版社，1984 年，第 186 页）

参看图 3–31　李贞墓出土牵马俑，头戴幞头，身穿绿色窄袖上衣，外罩赭绿色半臂短袍衫，腰束绫带，下身犊鼻裈。其中外罩袍衫的衣角被掖于腰带处，做“缚半臂”状（图片采自介眉：《昭陵唐人服饰》，西安：三秦出版社，1990 年，第 81 页）

参看图 3–32　李震墓驾牛车人（图片采自介眉：《昭陵唐人服饰》，西安：三秦出版社，1990 年，第 83 页）

参看图 3–33　阿史那忠墓道　戴浑脱帽的牛车夫们（图片采自介眉：《昭陵唐人服饰》，西安：三秦出版社，1990 年，第 82 页）

参看图 3–34　朱彝宗（图片采自煮雨山房辑：《故宫藏历代画像图鉴》，北京：北京古籍出版社，2005 年，第 167 页）

参看图 4–1 隋骑兵古代骑兵头部护具所保护的主要大穴与甲胄之间的关系（图片采自陕西省博物馆：《唐懿德太子墓发掘简报》，《文物》1972 年第 7 期，图版第 4 页）

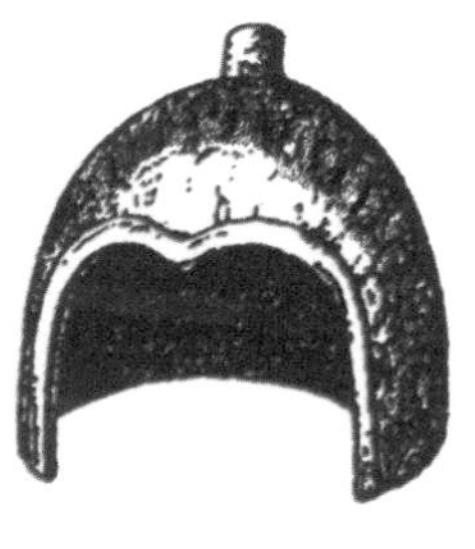

参看图 4–2 兜鍪（左） 北魏铁兜鍪（呼和浩特北魏墓出土）（图片采自杨泓：《中国古代的甲胄（上篇）》，《考古学报》1976 年第 1 期，第 25 页）；（右） 戴兜鍪天王像（敦煌唐代石窟）（图片采自杨泓：《中国古代的甲胄（下篇）》，《考古学报》1976 年第 2 期，第 78 页）

参看图 4-3　唐代的头盔 1. 张士贵墓出土武士俑（图片采自陕西历史博物馆、昭陵博物馆合编：《昭陵文物精华》，西安：陕西人民美术出版社，1991 年，第 45 页）；2. 唐长乐公主墓出土壁画仪卫队首领，头戴插红缨的兜鍪（图片采自昭陵博物馆：《昭陵唐墓壁画》，北京：文物出版社，2006 年，第 39 页）；3. 独孤开远墓出土头戴兜鍪的武士（图片采自刘永华：《中国古代军戎服饰》，上海：上海古籍出版社，2003 年，第 84 页）

参看图 4-4　安菩墓出土天王像（图片采自赵振华、朱亮：《洛阳龙门唐安菩夫妇墓》，《中原文物》，1982 年第 3 期，图版第 3 页）

参看图 4–5　虎头盔武士　（左）尉迟敬德墓出土兽头盔武士俑;（右）介眉先生为此俑所作的线描图（图片采自介眉 :《昭陵唐人服饰》，西安 : 三秦出版社，1990 年，第 69 页）

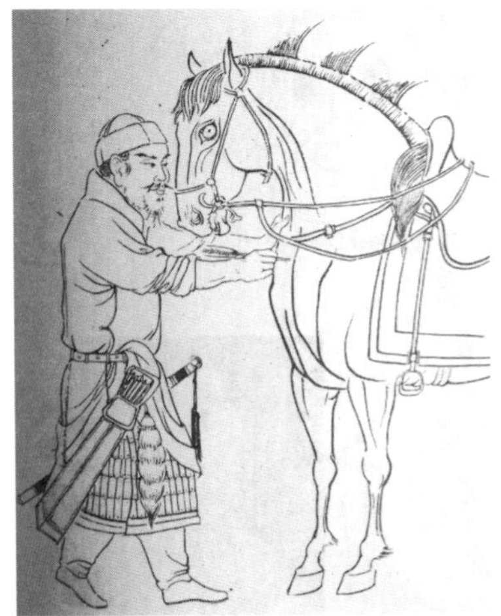

参看图 4–6　正在为飒露紫拔箭的丘行恭，身穿铠甲，外罩战袍，腰佩弓袋、鞬和剑（图片采自介眉 :《昭陵唐人服饰》，西安 : 三秦出版社，1990 年，第 70 页）

参看图 4–7　唐刀（图片采自吴镇烽 :《陕西新出土文物选萃》，重庆 : 重庆出版社，1998 年，第 109 页）

参看图 4–8　唐代武士复原图，其左一即明光铠武士（图片采自刘永华 :《中国古代军戎服饰》，上海 : 上海古籍出版社，2003 年，第 83 页）

参看图 4–9　仪仗绢甲（长乐公主墓道壁画局部），仪卫军卒，身穿的应该是绢甲，上身与下身连属，类似襦服，甲裙较长（图片采自昭陵博物馆：《昭陵唐墓壁画》，北京：文物出版社，2006 年，第 39 页）

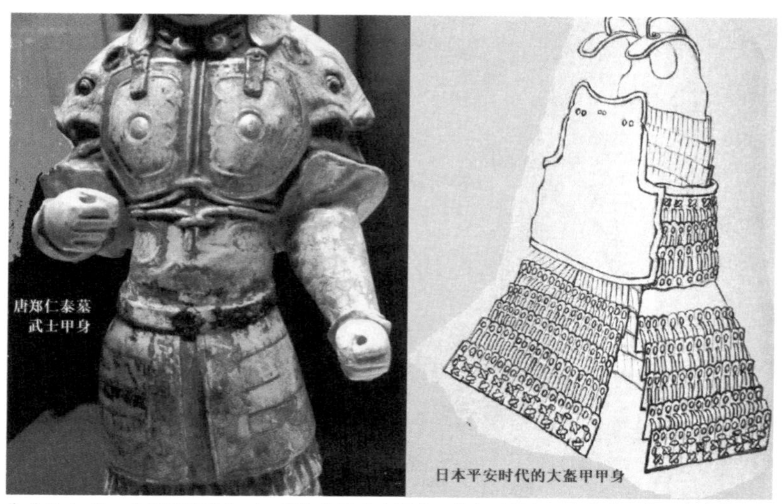

参看图 4–10　中日战甲对比 左：郑仁泰墓武士甲身，其中甲裙与甲身分属，有一条非常明显的革带约束（图片采自陕西省博物馆：《唐懿德太子墓发掘简报》，《文物》1972 年第 7 期，图版第 4 页）；右 日本平安时代的大盔甲甲身，大盔甲甲身与甲裙相连，中日战甲区别明显（图片采自永都康之：《日本甲胄图鉴》，东京：新纪元社株式会社，2010 年，第 45 页）

参看图 4–11　列阵的骑兵俑（图片采自陕西省考古研究所 :《唐懿德太子墓发掘报告》，北京 : 科学出版社，2016 年，图版第 63、64 页）

参看图 4–12　越王李贞墓出土天王俑，鸟形盔、铠甲护臂上有兽面吞口，两片式战裙，战靴吊腿上有圆形扣饰（图片采自言昭文 :《唐越王李贞墓发掘简报》，《文物》1977 年第 10 期，第 44 页）

《大唐风华：唐人服饰时尚》第五章 《唐服饰的国际影响》内文解释说明引图

参看图 5-1 （左）莫高窟第 390 窟女供养人；（右）2010 年上海世博会韩国馆朝鲜传统服饰展示。同样上衣下裳制的款式，同样纯色的长裙垂地，同样飘动在胸前的系带，还有同样窄袖短小的上衣，这种相同的服饰精神表达的是一千四百多年前深厚的不为民粹主义所左右的文化交流和文化传承。（图片采自敦煌文物研究所：《中国石窟 · 敦煌莫高窟》，北京：文物出版社，1987 年，第 169 页）

参看图 5-2 长川一号墓乐舞图、厨房图。公元 4 世纪中叶到 6 世纪中叶，高句丽女子大多穿服交领、开襟、紧袖长袍，腰系束带，裙裾、袖口、衣襟皆加襈。这与后世徐兢在半岛看到的女装“旋裙八幅”“插腋高系”完全不同，可见从六世纪中叶以后，半岛服饰发生了巨大的变化（图片采自耿铁华：《高句丽壁画研究》，长春：吉林大学出版社，2017 年，第 339、341 页）

参看图 5-3　蒙首（周锡保：《中国古代服饰史》，北京：中国戏剧出版社，1984 年，第 212 页）

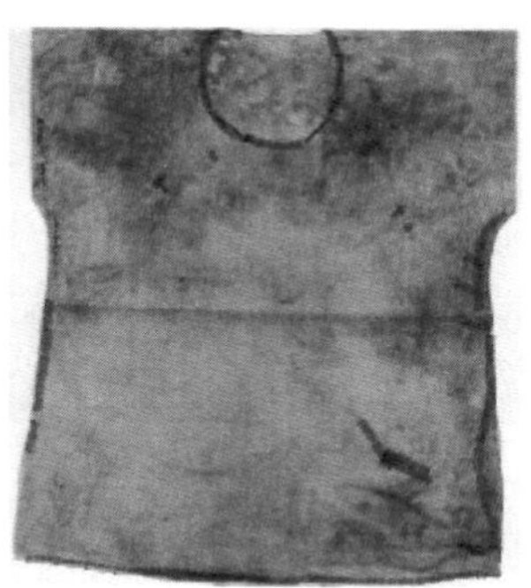

参看图 5-5　正仓院所藏贯头衣，现藏于日本东大寺正仓院中仓 202 号（图片采自网址：https://shosoin.kunaicho.go.jp/treasures?id=0000013096&index=54）

参看图 5-4 （左）莫高窟第 303 窟女供养人，身服红色圆领袍，外搭白色加红色襈黑色内臣披袄。姜伯勤先生认为此人男身并“外披白色大裘”，由于题记漫灭，“大裘”也是姜先生的推测，因为在没有皮毛出锋的情况下，仅从壁画的画面中很难区分材质。（右）莫高窟第 305 窟女供养人，圆领宽袖袍上披深色袄子。（图片采自敦煌文物研究所：《中国石窟 · 敦煌莫高窟》卷 2，北京：文物出版社，1984 年，第 18、26 页）

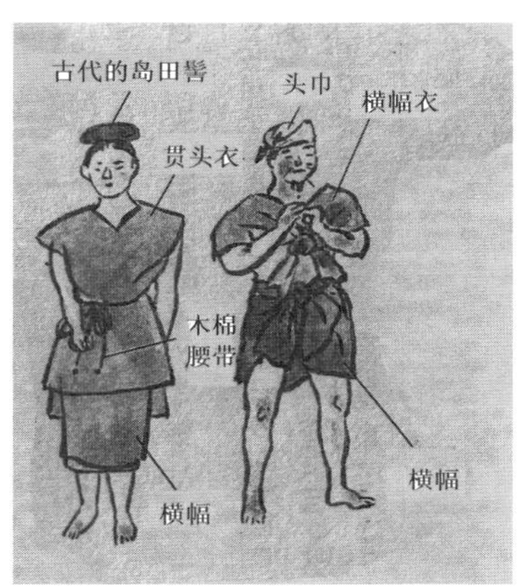

参看图 5-6　古坟时代的日本男女装束　这是日本人在研究基础上对古坟时代的服饰想象（图片采自菊地一美：《江户衣装图鉴》，东京：东京堂出版社，2011 年，第 10 页）

参看图 5-7　法隆寺献纳御物唐御影圣德太子像，现藏于官内厅（图片采自网址：https://www.kunaicho.go.jp/）

参看图 5-8《天寿国绣帐》现藏于奈良国立博物馆（图片采自网址：http://www.chuguji.jp/oldest-embroidery/https://www.kyuhaku.jp/zh/exhibition/exhibition_s59.html）

参看图 5-9　奈良时代的日本男女装束这是日本人在研究基础上对奈良时代的服饰想象（图片采自菊地一美：《江户衣装图鉴》，东京：东京堂出版社，2011 年，第 10 页）

参看图 5–10　日本光明皇后像（701—760 年）着半臂、窄袖衫襦、长裙、披帔、高头履。菊池契月画 1944 年，现存于长野县立美术馆（图片采自网址：https://jmapps.ne.jp/snnobj/det.html?data_id=13685）

参看图 5–11　中日盛装女子对比图（右）江户时代歌川丰国笔下的盛装女子。头上的插钗和篦梳的方式和晚唐、五代的风气相似（图片采自吴贵玉：《美人风俗画》，石家庄：河北教育出版社，2002 年，第 3 页）（左）敦煌莫高窟第 98 窟五代于阗国王李圣天后曹氏的壁画中可见供养人有此装饰（图片采自唐昌东：《大唐壁画》，西安：陕西旅游出版社，1996 年，第 117 页）

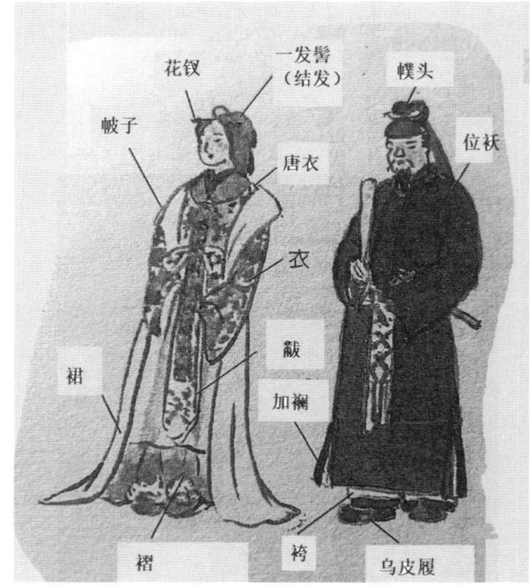

参看图 5–12　平安时代的日本男女装束（图片采自菊地一美：《江户衣装图鉴》，东京：东京堂出版社，2011 年，第 11 页）

参看图 5-13　水边纳凉美人 铃木春信笔下的着木屐的日本女子。木屐圆头、两齿，这也符合魏晋时女子用圆头木屐的传统（图片采自吴贵玉 :《美人风俗画》，石家庄 : 河北教育出版社，2002 年，第 20 页）

序

纳春英教授的新著《大唐风华——唐人服饰时尚》一书即将出版了，她约请我为此书写序，尽管我对服饰问题研究不多，盛情之下,我还是愉快地答应了。纳春英教授主要从事唐代服饰研究，数十年来发表和出版了不少这方面的研究成果，其申请的国家社科基金研究项目，也与此有关，可以说是我国卓有成就的服饰史专家。

2009 年，她在中国社会科学出版社出版了一部名为《唐代服饰时尚》的著作，本书就是在前书的基础上补充了大量资料，增补了许多文字而重新撰写的一部新书，可以说这部书的面貌相较于前著发生了很大的变化。我在序言的开头之所以将此书称之为新著，更多的便是从这种意义出发的。只要将这两部书的内容加以简单地比较，就可以很容易地看出这种变化。

首先，从内容分类方面看，新书的分类更加细致、合理，增加了前书所没有的内容。比如女子服饰，将贵族妇女的礼服分为首饰、身服、足服，分类更加合理；又将平民女子的礼服分为笄礼的礼服与婚礼的礼服；在平民女子的常服方面，分材质与款式展开论述。在胡人女服方面，分为羃䍦、帷帽、窄袖衫与条纹裤、胡帽、回鹘装等类；在章服制下，分为鞶囊与鱼袋、鞊鞢带、质地与图纹。增加了男性平民常服，并且分为首服、身服、足服。最重要的是，在戎服方面变化甚大，不仅内容更加丰富，而且躯干护具的分类更细，以及对各种材质和甲的用途进行分类。此书在内容分类上最大的变化，就是前书把唐代服饰对外的影响分别穿插在各章之中，此书则集中在第五章中集中论述，而且将唐以前的服饰交流史进行了回顾，从而使我国唐代以前的服饰史更加系统、更加完善。

其次，前书有关平民服饰的内容比较薄弱，新著在这一方面花了极大的气力，增补了许多内容。作者申请的国家社科基金后期资助项目《隋唐平民服饰研究》一书，已经结项并由人民出版社正式出版发行，有了这一研究基础，再补充这方面的内容时更加得心应手，从而彻底改变此书的面貌。需要说明的是，此书并非原封不动地照搬前书的内容，而是花费了大量的时间，重新思虑，进行取舍，做了大量的编排、剪裁工作，使其精华能够保留下来。同时在文字方面也做了不少工作，以便使全书的文字浑然一体，流畅自然。

再次，新书全篇增加了不少插图。凡有关服饰史书籍都离不开图像，这样可以图、文结合，便于读者对古代服饰有更深刻的了解。新书的插图有一个鲜明的特点，即十分注重对古代壁画、绘画、雕塑、文物以及器皿上图像的收集，虽然亦有一些线描图，但数量相对要少得多，从而提高了图像的历史性与真实性。因为书中涉及了论述唐代服饰对周边国家影响的内容，所以收集这方面的图像便显得十分必要。从目前情况看,虽然也收集了不少图幅，但数量尚不够丰富。由于此书名为服饰时尚，尤其在撰写女性服饰时尚时，不免要对女性的佩饰（发饰、颈饰、耳饰、手饰）、妆饰（发式、面饰）进行研究，因此此书中亦收集了大量的这些方面的图像，样式丰富，类别繁多，有利于今人了解古代妇女的妆饰文化，也对古典影视剧的拍摄有较大的助益，这是此书为现实社会服务的一种体现。

此书既然叫《大唐风华——唐人服饰时尚》，便决定了其与一般的古代服饰史著作不同，除了全面系统地介绍唐代各个社会阶层的服饰外，还注意当时社会流行的服饰风尚，以期把这一历史时期在服饰方面的社会时尚表现出来。由于唐代存续时间较长，在近三百年的漫长时间内，服饰时尚是在不断变化着，要把这些时尚及其特点都准确无误地写出来，是一项十分艰巨的任务。此外，在书中还对引起这些服饰时尚变化的原因，进行了深入的探讨，这就更加不易了。

作为一部断代的有关服饰的专门史著作，选择的又是文化昌盛、对外交流频繁和社会生活丰富多彩的唐朝，难度是非常之大的。

除了广泛地搜集资料外，确定一种科学的研究方法，也是十分重要的，在一定意义上可以说是有决定性的，方法得当，则事半功倍。此书所采用的研究方法非常适合这类选题，故取得了成功。此外，重视考古资料与考古信息的收集，将传世文物、绘画与考古新发掘的资料结合起来，不能不说是此书的又一个特点。总之，此书的优点还很多，我这里所述的挂一漏万，并不能完全概括全书的特点，只是我自己的一些看法而已。反正读者自有其观点，我就不必再饶舌了。

杜文玉

撰于古都西安蜗居

2023 年 3 月 9 日

前言

提起服饰“时尚”，读者们的脑海中首先反映的一定是巴黎、米兰和东京的设计师们的创作，不仅因为今天全世界的服饰时尚都以此三地为马首，而且还因为自1840年以后，受现代工业发展的影响，“洋”与“土”对立，凡沾“洋”字的域外舶来品，天然地代表时尚。这些舶来服饰的审美旨趣、原料、颜色和款式，不论是否符合国人的审美、身形比例、面料特点等，盖被视为“洋气”，以至于“洋气”就是现代汉语中夸赞时尚的形容词。“洋气”不仅修饰程度和使用频率远远高于同义的“时髦、流行、新潮”等词，而且与它相对的也尽是“土气、保守、陈旧、落伍”等贬义词。由此派生出的一系列“土洋”对立的鄙视链中，本国的国故沦为“土洋”对立的最底端。这种偏激心理，虽始自清末，为祸却浸透至当下生活的各个方面，尤以时尚界为烈，以至于现今提起时尚，普通民众断然不会和自己的祖先以及祖先的服饰相联系，这是件可悲可叹的事情，所幸喜逢民族复兴的伟大时代，喜欢自己祖辈服饰的年轻人越来越多，才使得研究者有探寻历史服饰时尚的机会。

“时尚”一词有两个基本构成要件：一个是时间轴上的变化，另一个是社会好恶。我们谈论的历史时尚，其实就是谈论人类社会在历史时期表现出的一时好恶。古人更喜欢用“风流”或“时兴”来描述上述情况。简言之，时尚就是随时间变化所呈现出的社会性好恶变化，时尚载体可以是所有人，也可以是一部分人。时尚对象包括社会生活的方方面面，可以是形而上的思想时尚、学术时尚等，也可以是形而下的服饰时尚、饮食时尚等。譬如，汉隶唐楷是书法时尚；宋人认为：“夫道学者，学士大夫所当讲明，岂以时尚为兴废”(《俞文豹集·吹剑四录》)，说的是思想和学术随时间的变化；唐诗宋词是文学时尚；先秦深衣续衽边，唐人圆领加襴袍，元人髡发，清人剃头，都是一时时尚，清人所言：“今之成衣者，辄以旧衣定尺寸，以新样为时尚，不知短长之理。”(钱泳：《履园丛话·艺能·成衣》) 从剪裁的角度，再度说明普通人的时尚，以及普通人对待服饰时尚的做法，可见时尚的“新样”并不独为现代所有。服饰在中国古代时尚变化尤其多样，以至于今天我们很难拿出像日本和服、阿拉伯黑白袍般相对统一，并可以称为国服的服装。这跟今人意识中“大一统”的国家形象有出入，也和东亚文明母体的地位不匹配，主要原因就在于中国古代王朝之间贵族服饰时尚变化极大，以至于很难在服饰款式、颜色和风格上形成大统一，自然也很难拿出统一的古装定名，但贵族精英的服饰时尚变化，并不能撼动如金字塔底座一般庞大坚固的平民的生活，这又是我们民族不论操什么口音、持什么口味，最后五湖四海的兄弟姐妹仍然是中国人的物质基础。另外，在不同时期王朝内部也会因好恶不同从而产生时尚流转。

中国古人对于服饰时尚的追求，有着今天追求个性表达的人士无法理解的狂热！时尚的来源主要有四种：第一种来源于宫廷，自上而下瀑布式影响，宫廷影响都城，都城再影响全国；第二种风尚发端于民间，自下而上“浸润式”流行；第三种时尚起于边缘社会，譬如妓院、寺庙等，由边缘社会向主流社会扩散影响；第四种时尚来源于与外族文化的交流。这四种时尚发源、传播方式，是古代社会时尚的主要流传方式，除此之外，还存在很多风动朝野的个人影响，譬如刘邦寒微时创制的刘氏长冠、孙寿的狐尾裙、谢灵运的登山屐、独孤郎歪戴的帽子、唐女子的时世妆、苏东坡的桶巾、八旗子弟的翡翠扳指等。有时候是一个人，有时候是一个阶层引起全社会的仿效，使得个人行为成为社会时尚。

受资料影响，对于夏商平民社会的情况，后人所知不多，此后《诗经》中的“绿兮衣兮，绿衣黄里”，说明春秋时代中原邶地的人们不喜绿色为服表,群体性的好恶已经出现在服饰上。秦汉时，秦人尚水德，服色尚黑，秦末刘邦为自己创制刘氏长冠，楚汉战争之后成一时时尚，见此情形，刘邦很傲娇地宣布只有刘氏宗族才可以戴此冠，此后孙寿创制“坠马髻、啼妆、龋齿笑、狐尾裙”，也成为一时风头无二的跟风时尚，对于此种此起彼伏的潮流，汉代民间总结为“城中好高髻，四方高一尺；城中好广眉，四方且半额；城中好大袖，四方全匹帛”(《后汉书·马援传》)，以民谣的形式传唱，世人髻高一尺，眉广半额，足匹制袖，说明世人狂热追求源自长安宫廷和达官贵人们的服饰、装饰时尚的劲头，不可谓不疯狂，即便是在遭逢时局动荡之时，人们更加依赖躲避在社会风尚潮流的变化中寻求安慰，据《抱朴子·讥惑》记载：

丧乱以来，事物屡变，冠履衣服，袖袂财制，日月改易，无复一定。乍长乍短，一广一狭，忽高忽卑，或粗或细，所饰无常，以同为快。其好事者，朝夕放效，所谓，京辇贵大眉，远方皆半额也。

衣冠服饰从款式的时长时短、身量忽宽忽窄、冠帽时高时低、面料或粗或细，装饰变化无常，大家蜂拥仿效，面对此情此景，让世称“小仙翁”、自称抱朴子的半仙葛洪，都只能很不淡定地自嘲“余实凡夫，拙于随俗”。可见不论世道清明还是混乱，人们对于时尚，尤其是服饰时尚的炽热追求都十分强烈，丧乱时期反而更甚。

隋朝国祚虽短，但隋朝是在北周原有的社会经济基础上的继续发展，隋文帝杨坚立国，被清人赵翼视为“古来得天下之易，未有如隋文帝者，以妇翁之亲，值周宣帝早殂，结郑译等，矫诏入辅政，隧安坐而攘帝位”(《廿二史札记·隋文帝杀宇文氏子孙》)。所以，隋初的物质基础没有因为朝代更迭而从头来过，故而反映在服饰上，无论男女老幼追求衣服鲜丽[1]，享受奢靡之风大盛。

唐从建国到统一南北，花了整整四年时间，但隋奠定的物质基础并没有因为王朝更迭而尽毁，比之楚汉战争之后汉初百废待兴的局面，唐初经济受损并不十分严重，再加之同为关陇士族，唐随隋制，武德年间（618—626年）的治理，使得唐王朝经济很快得到复苏，从贞观治世到开元盛世，历时137年，经济繁盛、军事强大、天下太平，追求时尚更是贵族们不可或缺的精神追求之一。唐中后期，虽然国力渐趋衰落，但民间仍然慕强、求新求异，就连强敌吐蕃人防晒的赭面装，也成为大唐女性之间追求的时世妆。

综合来看，中国中古以前的服饰时尚和今天为了便于商业操作，每年两季在固定时间段内发布新的服色、设计的做法完全不同[2]。古人的时尚如同“花非花，雾非雾”一般，潮来潮退，涨落不断，中国古人的服饰时尚就是排列在时间轴上的、富有朝代特色的服饰变化。我们今天有幸看到的，呈现在各种壁画、传世名画人物、各种俑人身上的服饰，正是当年古人服饰时尚变化的具体体现。站在历史长河的彼岸，今人只能描述古人的时尚变化，并从中推演古人服饰时尚背后的历史真相，但不能用今人的观念臆造古人的服饰生活。

潮流所形成的时尚是变化，那么相对于风起云涌的潮流而言，作为社会风尚的底色又是什么？或者中古以前从先秦、秦汉至唐

① 文帝到蒲州时，首先关注到的是此间人物“衣服鲜丽、容止闲雅”，可见衣服颜色鲜艳美丽是一件值得赞美和夸耀的事情。事见《隋书》卷1《高祖纪》。

② 巴黎、米兰和东京的时装周，每年分为秋冬（2、3月）和春夏（9、10月）两季，具体时间不一定，但都在这个时段内称为“大时装周”。每次在大约一个月内相继举办300余场时装发布会，主要是各大品牌设计师作品和推出新设计师作品，还有成衣和服色等内容。

宋，衬托潮流和反衬时尚的又是什么?

在笔者看来，在近 2000 年的王朝统治期间，衬托各种时尚潮流变化的乃是平民服饰，无论款式、服色、材质在相当长的时间段里几乎没有变化。换言之，中国古代服饰时尚是体现在文字记载和传世名画的贵族生活中，平民生活与服饰一直是社会时尚沉稳不变的基底。

2022 年 3 月 22 日

目录

概述

隋国公杨坚以“妇翁之情”代周建隋，这是继秦汉之后再度建立的又一个大一统的东亚政权。虽然隋在建国之初，也经历了平陈等一系列统一战争，但总体上，以北周为故地，先易代，后统一，并没有破坏北周宇文氏诸帝已经建立起的经济基础和统治秩序。

相形之下，唐国公李渊崛起于隋末群雄并起的乱世，经过四年东征西讨才统一全国，但因为姻亲关系，唐建国之初对隋的各种制度采用全盘接纳的态度，又因一同起自武川镇，都有胡汉融合血统，在陈寅恪先生看来都属于关陇贵族，利益一致，在整个关陇集团，文帝杨坚都是富有开创性的统治者，且隋并非亡于制度缺陷，再加之隋自建国至灭亡仅仅 37 年的时间，统治未来得及展开即已灭亡，所以唐以继任者的态度继承了隋的统治。

关陇集团统治者主观上虽致力于恢复典章古制，但经过近 4 个世纪的民族融合，北方民族对隋唐王朝的各种制度和社会生活的影响不容忽视，也无法抹去。对周汉古制的回归已不再是单纯的回归，更多的是追寻传统过程中的创新，而且唐在创新中兼容并蓄、广采众长。这在中国古代服饰史上承上启下，创造了最灿烂的一页。

隋建国之后，在服饰制度方面，文帝和炀帝先后下令制定服制。据《隋书・礼仪志》记载，文帝初即位时，即准备更改北周服制，尚火德，朝服用赤色，但戎服用黄色，一般士庶通用杂色。但遭到太子庶子、摄太常少卿裴政的反对："今皇隋革命，宪章前代，其魏、周辇辂不合制者，已敕有司尽令除废，然衣冠礼器，尚且兼行。"于是隋文帝接受了裴政的建议，下制曰："可……于是定令，采用东齐之法……"不过皇帝祭礼之服只保留衮冕一种，其他废而不用。由此可见，隋文帝将接纳北齐制度视为继承周汉正统，但高氏父子继东魏而来，其文物制度仍为胡汉杂糅的融合态势，文帝对周汉制度的追随只是一种愿望。平陈之后得到的更接近周制的衣冠发服皆藏之于"御府"，平日朝会的服色，旗帜的颜色，都用赤色，文帝除元正朝会服用通天冠服，其他时间则和贵臣一样，服"赭黄纹绫袍，乌纱帽，折上巾，六合靴"。唯以天子革带十三环为君臣区别，百官常服同与匹庶，皆着黄袍，军旅服色皆黄色。炀帝继位之后，一改其父崇尚节俭的遗风，于大业元年（605 年）下诏令："自天子逮于胥皁，服章皆有等差。"（《隋书・礼仪志》）严格了服饰等级制的规定，严令仕宦百姓不得着用黄色服装。自此以后，"黄袍”便成为皇权时代皇帝的专用服色。

隋虽然只有短短37年的国祚，但平民服饰因风气所尚，仍有前后期的变化。隋初男子仍以北朝时期流行的“袴褶”服为主：交领窄衣大袖，衣长及漆，衣内着大口裤，并多用绳带将宽大裤腿约束于小腿腓肠肌上；女子则交领窄衣大袖，间色长裙高履[①]，外加小袖披风为主。隋后期，男子则多着圆领窄袖袍，头戴平头小样巾，腰系革带，足着软靴。皇帝及百官除参加祭礼仪式时所穿着的祭礼之服外，常服皆以乌纱折上巾为主，庶民男子则通服软脚幞头为主。女子以窄衣大袖，衫带高系长垂[②]，长裙高履，披帛长巾为主，裙腰一般高及腋下。西域男子多戴毡帽，卷檐尖顶。女子多戴高屋大檐的胡帽，贵贱通服。长江以南地区，由于受南朝的影响，仍流行魏晋的宽袍大袖、长裙高履，少数地区也夹杂有窄袖衫襦的北朝风气。总体上，隋由于年代较短，衣冠服饰的风尚似乎刚刚开了头，历史便进入了唐朝，唐在保有隋服饰风尚的基础上继续发展变化，呈现更加多姿多彩的风尚。

唐朝初年，由于李唐继隋杨而来，高层之间的血缘关系和同为关陇贵族的地缘联系，使得唐在建国之初各项制度皆沿袭隋的旧制，不仅国家政策如此，连民情风俗也莫不如此。直至武德四年（621年）“始著车舆、衣服之令”（《新唐书·车服志》），服饰史上称其为《武德令》。《武德令》虽然在服饰史上因其系统、完备的舆服制度而备受关注，其中“上得兼下，下不得拟上”的等级制更是影响深远，但它对上自帝王后妃、下迄文武百官及其妻女服饰的严格规定，

① 此处的间为襇的简写，读jiàn。

② 隋女子的小衫用丝带系结，系带长垂，就是后世宋人看到的“插腋高系”。

在具体执行过程中也并不是一成不变的，“由于时势的变迁，促使服制的改定，自是渐趋简易”①。尤其是在女性与男子的日常燕居常服中，唐人更多地遵从了时尚的变化，而不是制度的规定。

唐代女子的服饰流行变化可以分为：一、隋至初唐阶段。据文献资料和考古发现可知，这一时期的女子服饰主要以窄袖衫襦、间色②长裙、帔帛为主。二、盛唐阶段，这一时期的女装主要还是由衫襦、长裙、帔帛组成，但与初唐相较仍发生了很大的变化，主要表现在服装的色彩、纹饰、款式与做工上。此时的纺织、刺绣、印染等行业的工艺技术都达到了相当高的水平。官府的纺织作坊已经形成了专门分工，其品种丰富多彩，纹样新奇富丽，丝织品更为精美。印染工艺不但有绞缬、蜡缬、夹缬，同时还兴起了多色染缬，更为可贵的是盛唐时已经有了镂空纸花版的使用，这对于提高织物尤其是丝织物的印染效果、质量等无疑是一项重大的技术革新。另外，这一时期的刺绣技术和工艺也有了长足的发展，不但刺绣的题材、范围扩大，而且技法也有很大的提高，如在绫罗上用金银两色刺绣和描花是当时的一种流行装饰，撮金线、金片的技术也相当高超。铺绒绣技法已经能表现颜色的晕染敷彩效果。总体上，与初唐相较，盛唐的服饰更加注重细节，更加精美、华丽。做工精美的女装，款式上也更加女性化，露透之风大盛，其间还夹杂着胡服和女着男装的流行时尚。三、中晚唐时期，唐代女性的服饰变化更加多样，女服又逐渐兴起了大袖宽衣、长裙丝履、发髻高耸、多插簪钗花梳等装束，整体形象雍容华贵，此

①[日]原田淑人：《中国服饰史研究》，合肥：黄山书社，1988年，第112页。
② 间色，间音 jiàn。

时面饰增多，额黄、花钿、面靥贴满面部。但大唐由盛而衰，在女性的装束上也有所体现，时世妆、回鹘装的流行，颇能说明女子时尚追求中的模仿动机所隐含的“慕强”心理。

唐代男子的服饰变化也有迹可循。大致也可将其分为三个时段：一、初唐时期，这一时期因唐初战事未息，各种制度草创，男子的服装仍以隋末服饰为主，前文已提到的男子穿着仍以隋后期的圆领窄袖袍、革带、软靴为主。但皇帝、百官除祭礼服外，常服皆以黑色软脚幞头为主，并且圆领袍与幞头的时尚变化多样，名称多以当朝权贵的好尚命名，在圆领袍服式样的基础上又有所改进。唐太宗采纳中书令马周、太尉长孙无忌的建议，将隋代的圆领袍服加襕、缺胯处理，更方便骑马打仗。为方便等级区分，官庶的加襕袍还以服色论等级，这些风格一直持续有唐一代，形成了唐帝国男装的一大特色。二、盛唐时期，男子的服饰仍以加襕袍衫为主，与女装一样，此时随纺织、印染、刺绣等工艺的提高和改进，男装的面料、做工更加精致、华丽，颇能体现盛唐气魄。此时男装的服饰变化主要集中在服色、配饰和幞头的变化上，虽然此时的头巾仍以软脚、软裹为主，但因其主要是用一块黑色的布帛或纱、罗等临时缠裹的，所以形状变化较大，变化主要集中在巾的顶部和巾的脚式上，潮流迭起。三、中晚唐时期，男子的服饰变化最为显著的是幞头和袍衫。中晚唐的幞头已不是初盛唐时的软裹，而是巾中有胎、摘戴方便的巾帽。幞头的两脚也由软而硬，并逐渐向两侧平直式发展，脚式变化也较多，有交角、直角、朝天等式样。圆领加襕的袍衫衣袖加宽，袍身也加宽。

综观唐代服饰的风尚流变，按其流行的风格变化，大致可以分为初唐、盛唐、中晚唐三个阶段。总体上，男装常服的变化主要集中在袍衫的配饰、服色和幞头的款式上，女服的变化相对复杂一些，变化的内容相对较散、较细节化。

唐代服饰时尚与唐的政治局势的变化、政策执行的力度、经济繁盛的程度，以及中外交通、文化潮流等都有着密不可分的联系，且一直处于变化之中，呈现出许多新的特色。

第一章 女子服装

唐代的女性无论在婚姻自主、财产继承，还是在参政议政、受教育状况等方面，都有着与前代不同的突出地位，且又有陈硕真、武则天女主执政的先河，贵族女性的生存状态大大优于此前此后各代，就是平民女子，比之此前此后各代女子，身份地位也有如下特殊之处：首先，唐女子家庭地位高。在唐代，不仅租赋制度更偏重征收女子的劳动成果，而且丝麻织物是可以代替货币的硬通货。“租庸调”中，除田租外，庸和调的主要贡赋内容都离不开丝织物和麻织物，而丝麻从种植到制成品都离不开女性的劳动，尤其是丝麻制成品的加工制作，鲜见男子的劳动。这一社会需求决定了女子的经济地位，经济地位又决定了女子的家庭地位，这种地位相对稳固而不会轻易变动。其次，法律地位高。按照《唐律》

规定，女子离婚可以带走嫁妆，故贵族女子可以离婚再嫁，还可以三离三嫁，完全没有经济压力。自元朝以后，女子逐渐丧失了家庭经济地位,《大明律》虽然脱胎于《唐律》，但对于女子的嫁妆，规定离婚后却不再归女子所有，必须留在夫家，从法律上剥夺了女子在婚姻里的平等性。这也是帝制时期后期，女子社会地位逐渐降低的主要原因之一。

唐代女子的社会地位虽较之此前此后女子的社会地位都要高，但在总体上仍未摆脱传统社会“男权中心”的阴影。如虽然在典章制度中有女官的设置，日常生活中也存在内宫女官的事实，但仍然没有为女官设计一套和男官一样完备的官服体系，所以这一时期的女性有礼服而无官服[①]，致使唐女官礼服和官服相混淆，形成女官有官衔执掌却没有官服的局面。即便武氏，从张萱《唐后行从图》这样的传世画作中看到的也仍然是男装形象，换言之，唐仍然是一个男权社会，进入权力核心的女性相当于脱离了女性身份。

第一节　高贵华美的礼服

唐代女性的礼服主要指皇后、妃嫔、内外命妇、平民女子的婚礼礼服。

礼服不同于常服，“随所好尚”（《旧唐书・舆服志》），礼服第一有专司掌管，第二有穿着场合限制。据《大唐六典》记载：内官

① 唐女官服无论从出土材料还是文献记载来看都相对较少，就目前出土的一些墓道壁画上仅有的几个被某些学者认为是女官官服的材料，在学界也还存在争议，故在此不述。

有尚服局，主要掌管、供应后宫的服饰以及与此相关的物品。长官尚服二人，正五品，总体掌管供应后宫一干女人们的服饰、印信、仪仗等，尚服分管司宝、司衣、司饰、司仗四司。在四司中执掌与服饰相关的有：司衣 2 人，正六品；典衣 2 人，正七品；掌衣 2 人，正八品；司饰 2 人，正六品；典饰 2 人，正七品；掌饰 2 人，正八品。

四司的分工分别为：司宝掌管后宫的礼器、嫔妃们的身份印信、契书、文书等；司衣掌管衣服、首饰；司饰分管后宫洗漱、化妆用品和木梳、面巾、器玩等物；司杖分管出行仪仗。四司下又分设专门负责皇后六服、皇太后印信等的专管。

一、皇后的礼服

如果说周礼的规定是女性礼服的制度来源，那么历代皇后的礼服就是本朝命妇和平民礼衣的制度顶点，唐代皇后的礼服也不例外。

唐皇后的礼服有其鲜明的时代特色，既不同于汉魏六朝的六服之制，也不同于北周系统的十二等之服，它是在隋皇后四服的基础上精简而来。

武德时（618—626 年）高祖李渊嫌青服、朱服之名不合体统，便将隋的皇后四服简省为三等，即袆衣、鞠衣、钿钗礼衣。

《旧唐书·舆服志》记载：

袆衣，首饰花十二树，并两博鬓，其衣以深青织成为之，文为翚翟之形。素质，五色，十二等，素纱中单，黼领。罗縠褾、襈。褾、襈皆用朱色也。蔽膝，随裳色，以緅为领，用翟为章，三等。大带，随衣色，朱里，纰其外，上以朱锦，下以绿锦，纽约用青组。以青衣，革带。青袜、舄，舄加金饰。白玉双珮，玄组双大绶。章彩尺寸与乘舆同。受册、助祭、朝会诸大事则服之。

鞠衣，黄罗为之，其蔽膝、大带及衣革带、舄随衣色。余与袆衣同，唯无雉也。亲蚕则服之。

钿钗礼衣，十二钿，服通用杂色，制与上同，唯无雉及珮绶。去舄，加履。宴见宾客则服之。

袆衣是皇后朝会大事时的礼服，比如受册封当天，或者随皇帝祭天地、拜宗庙等大事时穿着；与袆衣相对的是日常正式场合穿着的钿钗礼衣，比如宴客、做客等；唯一单一用途的是鞠衣，它是皇后春天举行亲蚕礼时的礼服。《新唐书 · 车服志》与《旧唐书 · 舆服志》互证，可见唐皇后三服，皆用定织定染的“织成”面料制作，且三服都要由头饰（花钗、钿钗、博鬓）、身服（内外袍衫、裳、蔽膝）、带（大带、革带）、配饰（佩玉、组绶）、足服（袜、舄履）等按照礼制规定搭配成套系组成。

(一)首饰

唐皇后首开钿钗共用的先河，为了与皇帝冕冠前后二十四旒相协，在皇后三服的首饰中，也会搭配二十四支钿钗相呼应。

与皇帝二十四旒整齐划一不同，皇后二十四钿钗由十二树花钗和十二朵花钿共同构成。关于这一点《车服志》中的记载较《舆服志》明确，宋人的根据就是唐礼官王泾在《大唐郊祀录》里的明确记载:“凡皇后助祭则服袆衣，其首饰花十二树，小花如大花之数，并两博鬓。”这里的大小是相对概念，具体形象资料可以佐之以复原的隋萧皇后花钗冠（参看图1-1）和何家村窑藏金花钿、金凤；1957年在西安东郊韩森寨雷宋氏墓出土的金花；1988年咸阳机场贺若氏墓出土的金花叶、金花蕊、玉片、珍珠、各色宝石、绿松石珠等花钿构件；2001年李倕墓出土花钿（参看图1-2）；2002年西安马家沟裴氏墓出土的大水滴、小水滴型花钿等实物。证明花钗和花钿确属不同器物，花树因像树而得名，花钿则像花朵而得名，双方有明显的形状差异。所以《车服志》中的：“首饰大小华十二树，以象衮冕之旒”一句隐含有“首饰大小华（各）十二树，以象衮冕之旒”的意思，因古人计数表述方式与今天不同，省略了“各”，很容易产生歧义。

虽然还没有唐皇后满头钗钿的形象资料问世，但我们仍能从出土文物和敦煌壁画中看到唐命妇满头钗钿的形象。譬如2002年西安马家沟阎识微妻子裴氏墓出土复原的礼冠，2012年在扬州曹庄M2墓出土的萧后冠，2001年李倕墓出土的头冠，以及敦煌130窟乐庭環夫人太原王氏供养像中的贵妇和榆林窟曹议金夫人像等。尤其是隋萧后的礼冠，精致奢华，如果对唐贵族女性大量使用花钗宝钿的特性不了解，就不能理解和想象唐皇后和贵妇们富贵逼人的形象。

掩鬓的样式是根据吴道子《送子天王图》（参看图1-3）中天后的掩鬓，以及广池本《大唐六典》中的插画复原而成的意向图。除此之外，王永晴等人也复原过的隋炀帝萧皇后冠[①]，但王氏复原

① 王永晴、王尔阳：《隋唐命妇冠饰初探——兼淡萧后冠饰各构件定名问题》，《东南文化》2017年第2期。

的掩鬓位置仍然值得商榷。

何为"博鬓"？众说纷纭。周峰在《中国古代服饰参考资料（隋唐五代部分）》中认为"（博鬓）是假鬓，假鬓上并簪有金钿、翠叶之类的贵重首饰"，此说以《三才图会》中提到的"两博鬓，即今之掩鬓"为依据，但周氏并没有给出具体形状。广池千九郎在为近卫本《大唐六典》做注时，将两博鬓描画成簪子的形状，因广池氏的结论没有实物证明，并不受中国学者的重视。反倒是因南薰殿收藏而广泛传播于后世的宋代皇后像和明代十三陵出土皇后凤冠等实物中有类似男子幞头脚的冠脚饰（参看图 1-4、1-5），被很多中方学者认为那就是博鬓（参看黄能馥等：《中国历代服饰艺术》一书），这种看法几乎就是上一代学者的普遍认识，但从近年出土文物展现的情况和文字记载来看，上述一边倒的认知值得商榷，因为《宋史 · 舆服志》记载，北宋因循唐制，后妃的首饰直到南宋"仍旧制，其龙凤花钗冠，大小花二十四株，应乘舆冠梁之数"。这里也明确提到了皇后、皇太后的龙凤花钗冠花饰数与皇帝冠梁数相对应的事实，这也间接证实了龙凤花钗冠有与皇帝首服相对应的礼制需要。换言之，皇帝的冠冕有冠首、冠脚，皇后的凤冠也应该有冠首、冠脚，并且数量相同。如此看来，装饰在后脑下方的所谓"博鬓"，从其装饰位置来看，与博鬓的掩鬓名目不符，反而更接近冠脚。

此非妄言，博鬓的目的是为"掩鬓"，也就是装饰和固定鬓发，此一基础决定了"掩髩"的位置。首先，"掩鬓"证明鬓发裸露在外，如果像宋明皇后凤冠的帽式，就不需要掩鬓；其次，鬓发在前，这个位置决定了掩鬓只能在鬓发上掩饰，就此证明宋明皇后像中脑后冠尾垂饰样的形状不能称为“博鬓”。以上两点也获得吴道子所绘《送子天王图》中天后掩鬓的证明，此图中天后的发饰中掩鬓装饰明显，值得重视，博鬓形状应该类似于树形花钗，但又多了步摇一般的垂流，左右各钗簪在鬓角上方。今人对两博鬓理解上的歧义，一是因为唐代钿钗共用，二是因为宋明传世图画和实物的误导。随着出土文物的增多，已经有文物考古工作者力图复原出博鬓的具体形状。

周峰认为在假鬓上加金钿、翠叶等装饰就是博鬓，这个解释过于笼统，并没有给出博鬓插戴的位置，所以广池千九郎所绘博鬓的样子就是博鬓较原始的样貌。宋代皇后龙凤冠的冠脚，左右各三个，与文献记载的“两博鬓”数量上出入较大，最重要的是唐皇后插戴博鬓为掩鬓发，说明博鬓直接插戴在头发上，兼具实用性和装饰性，而宋明皇后的所谓“博鬓”固定在龙凤花钗冠后，仅剩装饰性，不仅位置不对，而且功能也完全不同。所以唐代的博鬓应该和广池千九郎的解释更接近，也即天官夫人头部的装饰，后世所谓宋代博鬓只是龙凤花钗冠的冠脚。

最后需要强调的是，吴道子的《送子天王图》描绘的并不是世俗生活，之所以仍然以此作为唐皇后博鬓装饰的佐证，是因为吴道子在作此画时，并没有按照故事情境作画。《送子天王图》讲述的是释迦牟尼诞生的故事，吴道子并没有按照故事本身表现天竺人物的形象描绘，而是按照唐代佛教传播过程中流行的俗本变文的故事套路，将原本的天竺故事中国化之后，按照大唐当世的社会风俗描摹：天王是大唐的官员、天后是大唐的命妇。希望后续引证时注意这一点，并不是所有神话故事都可以用以佐证当时服饰生活。

(二)身服

唐皇后礼服使用织成面料，这取决于古代袍服前后襟和肩部连属的特殊剪裁方式，再加之按照周礼规定，帝后的祭礼之服，要求各部位图案必须根据预先设计固定在指定位置。为了避免一匹布料按一个顺序纺织下来，剪裁缝纫时在袼缝、肩背、袍裾等衔接位置出现图案无法对齐等问题，在纺织时就将各部位图案按固定顺序和既定位置出现提前织出。图案和位置即已固定，一匹料即一件袍服，就不会出现图案和位置变形问题，做时只需按规定的套路裁开，缝在一起即可，这种形式的纺织物就叫作“织成”。今人的定织定染也可以达到织成的效果，但古人的工艺更复杂，要求更严格，譬如必须按照帝后的身高设计坯料的长度等。

皇后袆衣，外袍深青色织成，内衬同色或白色无纹饰中禅，外袍图案是十二行红色五彩翚翟花纹。按照周礼规定，右衽交领袍的领子上装饰有“黼”（斧）型的图案，袖端、衣底边都有绉纱绲边。袍外系革带和与袍服同色的大带，袍服的系结用同袍色的纽约（公为纽，母为约），并且在腰间悬挂白玉珮、蔽膝、绶。蔽膝也同服色，镶红色的绲边，上饰三行红色五彩翚翟花纹，佩六彩组绶。足着青色袜、舄，舄上有金饰物，这是皇后受册封、助祭、朝会等大事时服用的礼服。

现存皇后袆衣的存世图像资料并不罕见，只是唐代的图像资料不多，南薰殿旧藏《历代帝后像》中的宋朝英宗后神宗母宣仁太后（高氏）和徽宗皇后郑氏像（参看图1–5）等传世画像中可见袆衣的遗迹。除此之外，聂崇义所撰《三礼图》中也有袆衣的线图，虽然这些都是间接证据，但因袆衣之制来源于周礼，再加上唐宋相距不远，宋又承唐制而来，故而也可见一斑。

鞠衣黄色，用无纹饰的织成料制作。关于鞠衣的颜色，据《周礼 · 内司服》郑玄注解释：

鞠衣，黄桑服也。色如鞠尘，象桑叶始生。《月令》："三月荐鞠衣于上帝，告桑事。"

据孙机先生在《中国古舆服论丛（增订本）》一书中考证上文中"鞠尘"就是"麴尘"，是麴上所生霉菌，呈鲜黄色，但这和"桑叶始生"的嫩绿色之间存在很大的色差，还有人认为它应该呈菊黄色。《吕氏春秋 · 季春纪》中高诱注称："鞠衣衣黄如菊花，故谓之菊衣。"可见在两汉间这个问题已经无解，结合鞠衣的用途来看，它是每年季春之时，皇后亲治桑蚕举行亲蚕礼的礼服，所以，应该是新鲜桑叶的颜色，只不过在历代流传过程中，鲜绿带黄色系中的任意一种颜色都可以，可深可浅，因时代而宜。因是礼服，腰间的大带、革带、佩绶不减，足下着同色履，其余细节和皇后的袆衣相同。

钿钗礼衣是皇后私处及宴见宾客的服饰，皇后的钿钗礼衣，"十二钿，服通用杂色"，这里"服用杂色"一句一直困扰着后世的理解，有人认为"杂色"就是彩色的织成料，但随着研究，笔者发现此处的杂色有更为复杂的含义。钿钗礼衣款式相对固定，但皇后需要参加的活动较多，每个活动的礼仪性质差别不多，却又绝不相同，譬如宴见公主、宴见郡主、宴见县主的礼衣，原则上应该呈阶梯状下降，但钿钗礼衣款式基本相同，这样只有通过礼衣的服色、纹样、材质和配饰的材质等加以区别，如此即便钿钗礼衣一种款式也可以创制出适应各种不同场合的礼服，在这个制造礼仪差异的过程中，服色最为明显突出，这就是“服用杂色”的来历，需要注意的是皇后礼衣的杂色和命妇礼衣的杂色含义不同。

钿钗礼衣除颜色外，大袖、腰系双珮小绶，去舄加履，其他细节和鞠衣相同。《新唐书·车服志》中将“礼”字记作“襢”字，据孙机先生在《中国古舆服论丛（增订本）》一书中考证，这是清殿本的错误，因为襢衣“亦可解释为丹衣……也有人认为襢衣为白色……然而唐代的礼衣却不仅不会是白衣，而且也不是单色的丹衣”。孙先生的结论正确，认为襢衣白色的人是汉代刘熙，刘氏《释名·释衣服》所言：“襢衣，襢，坦也，坦然正白，无文采也。”这里刘氏解释得很详细，襢，坦也，就是袒的通假字，结合懿德太子墓椁上的两个对立女官的图像资料（参看图 1–6），是不是可以推测出清殿本并没有错，宋人所说的“襢衣”并不是取其“曲旃”（丹衣）之意，而是保守的宋人知道唐人女装中的袒露风尚，却又认为不便宣之于口，所以才将“钿钗礼衣”改称“钿钗襢衣”，因为不涉闺阁内闱秘辛是古代读书人的基本操守之一[①]，这样改字也

① 不记录闺阁秘辛，不探查闺阁内闱是古代读书人做人操守中的铁律。作为男性读书人，津津乐道内闱秘辛是德性有亏的表现，会被社会鄙视，德性有亏在铨选、序伦中会被当作污点。在保守的宋代读书人看来，袒露的女装就是闺阁中的“丑行”，宣之于口、形之于笔端便是自污。

符合文人一贯推崇的春秋笔法。

以上礼服的使用，皇太后在制度上和皇后相同。

唐代的皇后袆衣和此前各代的皇后袆衣还有所不同。首先，隋唐相较，唐《武德令》的规定更加简省。其次，鞠衣俭省的设计体现了周礼中王后率领天下女性治桑养蚕的表率性，也代表了唐皇后亲事桑蚕的亲民形象。

（三）足服

此处的足服包括袜子和鞋两部分。传统的足衣专指袜子，但在现代人的意识中，鞋、袜一体，是共同构成足部装饰、保护的要件，它们共同具有实用性、礼仪性等特点。

皇后礼服所配的履被称为舄，当然也只有帝后的履屦可以称舄。舄与履的最大区别在于：舄复底，履屦等单底。复底的目的是为了防潮，在没有水泥硬化地面的时代，两层鞋底中间夹浸腊的木料或皮革，目的是为了“行礼久，立地或泥湿，故复其下使干腊也”（《释名·释衣服》）。所以舄比之履规格更高，更具防水、防湿性，一般适用于帝后礼服或百官的祭服。

帝后的舄没有实物，但1972年在吐鲁番阿斯塔那187号墓出土有一双翘头履（参看图1-7），被新疆考古工作人员根据制作材料将其定名为“绮鞋”，此履长30厘米、宽9.5厘米，绮表、麻里，制作工艺复杂，先用麻布一层层粘合成鞋履的样子，再加裱一层绮做表，最后加木底，高翘头外能明显看见木底，木底上有联窠大朵的花卉图案，履头呈中间高、两肩低的山字形，新疆考古工作者称其为笏头履，其实更像山纹履。此履因为出土于阿斯塔那，用料也稍显逊色，所以不能与唐皇后的舄相提并论，但值得注意的是，其木底与舄的制作方法如出一辙，只是此履的木底外露，而皇后的舄在木底外要加皮革或者锦帛将木底包裹起来，使其隐藏。这双履长 30 厘米、宽 9.5 厘米，却不能等同于今天 48 码的男式大鞋，因为翘头部分高翘悬空，并不能装脚，这双宽大女鞋的存在，充分说明唐代女子不仅天足，而且还有袜子存在的史实。

袜,此时的袜写作“韈”或者“袜”,已经少见从“革”旁的“韈”,从其造字规范上，就可知此时袜子的材质已发生了很大的变化。韈是用芒硝鞣制过的熟皮制作的袜，皮革经过硝制后可以变得柔软，适合贴身穿着、不磨脚，防潮保暖性都优于丝织物；不过精细的皮革制韈消费限制太大，致使消费范围太小，且厚实不美观，渐渐被更常见的制作材料取代，比如丝绸和麻布，贵族使用丝绸，平民使用麻布。

在席地坐卧的年代，袜子是非常重要的日常服用之一，袜子可有可无的使用特性，让它成为足服中承载礼仪规范的特权物，也是贵族和平民之间身份区别的主要特征之一。同样接受了中式生活方式的日本，“足袋”在最初的使用中也同样充满了贵族的特性，非贵族没有穿袜子的权力。

唐代皇后的袜子一般使用较为轻薄的丝织品缝制,在《洛神赋》中已有“凌波微步，罗袜生尘”的句子，罗是平纹织物，比较轻薄，适合制作袜子，用罗制作的袜子，被杜牧形容为裹在脚上的“轻云”（《咏袜》），贵族女子的袜子尚且如此精致，更遑论皇后。皇后袜子宽窄合脚为度，袜袎适中，并没有后世研究者参校了明清宫廷后妃袜子后所认为的长袜袎。

另外，太子妃的礼服具体形象与皇后三服相似，只是在装饰图案、佩饰方面有所减等。譬如太子妃的袆衣虽然也画翟为章却只有九等，画翟的颜色也是青色的，头饰只能用九钿九花共十八支花钿组成，等等。

总体而言，唐代皇家女性的礼服富丽堂皇且雍容华贵，这和唐代的经济发展、社会富裕程度有直接的关系。

二、命妇的礼服

唐女性的礼服主要指内外命妇在正式场合下的衣着。据《新唐书·车服志》记载，主要有六等：翟衣、钿钗礼衣、礼衣、公服、花钗礼衣、大袖连裳。

这里翟衣是内命妇受册封、跟随皇后参蚕礼、朝会，外命妇出嫁及受册封、从蚕、大朝会之时的礼服。

钿钗礼衣者，内命妇常参、外命妇朝参、辞见、礼会之服。制同翟衣，加双佩、小绶，去舄，加履。一品九钿，二品八钿，三品七钿，四品六钿，五品五钿。

礼衣者，六尚、宝林、御女、采女、女官七品以上大事之服。通用杂色，制如钿钗礼衣，唯无首饰、佩、绶。

公服者，常供奉之服。去中单、蔽膝、大带，九品以上大事、常供奉亦如之。半袖裙襦者，东宫女史常供奉之服。公主、王妃佩、绶同诸王。

花钗礼衣者，亲王纳妃所给之服。

大袖连裳者，六品以下妻、九品以上女嫁服。青质，素纱中单，蔽膝、大带、革带，袜、履同裳色，花钗，覆笄，两博鬓，以金银杂宝装饰。

内外命妇的礼服与皇后、太子妃的又不同，有翟衣、钿钗礼衣、礼衣、公服、花钗礼衣、大袖连裳等名目。不仅装饰图案、佩饰与皇后、太子妃的礼服相比有所减等，材质也要逊色一些。

(一)首饰

命妇的首饰款式与皇后基本相同，比如也有两博鬓，并饰以宝钿，不过在制作材料、装饰数量上有明显的减等规定：一品翟九等，花钗九树；二品翟八等，花钗八树；三品翟七等，花钗七树；四品翟六等，花钗六树；五品翟五等，花钗五树。宝钿视花树之数。

关于命妇或者贵族女性礼冠，近二十年出土有很多实物，譬如李倕墓、裴氏墓、贺若氏墓等皆有礼冠出土，值得一提的是李倕墓出土的一件礼冠。

根据墓志铭文记载，李倕出身高贵，其五世祖李渊，曾祖舒王李元名，祖父豫章郡王李亶，父嗣舒王李津，嫁于弘文馆学士侯莫陈氏，葬于开元二十四年（736 年），时年二十五岁。因墓葬中随葬品奢华，规格较高，于是有研究者推断李倕身份为公主或者享有公主的勋位，不过从其墓志透露的情况来看，此侯莫陈氏官阶不高，但胜在也属“富贵之裔”，所以李倕墓随葬奢华，其中的礼冠尤其引人瞩目。

据《唐李倕墓发掘简报》中的介绍和中德考古工作者的辛苦复原，李倕的礼冠（参看图 1–8）整体高 32 厘米、宽 16.5 厘米。上下分两部分：上部是一个装饰有四方联缀松石宝珠金花的笼纱固发巾，下部是布满花钿和花树的花冠[1]，学者们普遍认为这是一件礼冠，有研究者这样描述这件被复原的礼冠：

正中位置是菱形大金筐宝钿，菱形宝钿四个顶点均有五瓣花宝钿，四周网格状分布六瓣宝钿花，并用两件鎏金铜钗将上部与中部相连，一件铜钗是从顶部向下插入发髻内，另一件铜钗从球体头饰的右下方斜向插入。两件铜钗的肩部皆装饰鸟状宝钿，顶部铜钗顶部并有一大一小两个重叠的心形金饰件。中部整个冠饰最长的地方，中间是一个金丝花梗象牙小花缠绕而成的环状发钗，两边是孔雀尾部舒展开来的宝钿，下面是放射状六瓣花，两侧各饰一个蝶翅状宝钿，冠饰侧面各有上下两个宝钿，翱翔的雀鸟下是两只站在花草上的鸳鸯。

冠饰的下沿位置，为一条金圈宝钿，整体呈连续的莲瓣纹样式，莲瓣镶嵌绿松石，两道凸起的玄纹内饰连珠纹，下焊接 15 个流苏式小吊环,吊环内坠 30 个玛瑙、珍珠及绿松石等材质的小骨朵，另外还有 12 个小骨朵向两边依次垂下。

除了以上复原成功的冠饰构件，在打包来的石膏中，还另外有 28 件雕刻饰件不能找到准确的位置复位，材质多以琥珀和象牙为主，分别是：琥珀饰件立俑 1 件、莺鸟 1 件、鸳鸯 2 件、雀鸟 1 件；牙雕饰件舞伎 2 件、杂耍人物 7 件、莺鸟 1 件、鹤 2 件、瑞兽 2 件、建筑模型 4 件。[2]

① 杨军昌等：《西安市唐代李倕墓冠饰的室内清理与复原》,《考古》2013 年第 8 期。
② 顾梦宇：《隋唐贵族女性冠饰研究——以礼冠为中心》，硕士学位论文，陕西师范大学历史文化学院，2018 年，第 12 页。

上述繁复的语言，仍难以描绘李倕此冠工艺的繁复复杂，总之这是一件体现唐代高超工艺水准的礼冠，不过李倕墓的这件礼冠属于孤品，并没有其他出土文物或传世图像佐证。另外，李倕墓虽然没有被盗，但据陕西考古队的清理报告介绍，李倕的棺木因浸水有错位的情况，所以这件过于高大的礼冠在未来的研究中，其形状如有变化也属正常情况。

李倕还只是一个将出五服的李氏宗族女子，其夫的官职并不高，其陪葬礼冠竟然如此奢华，由此推想，唐后妃们的礼冠一定极尽奢华。近十年在修建机场、旧城改造等项目中还出土了一批命妇首服，其中贺若氏是独孤信的长子媳，独孤氏与宇文、杨、李皇室都是姻亲。贺若氏的金冠，包括金蔽髻、金花钿、金花叶、金花蕊、玉片、珍珠、各色宝石、绿松石珠等 109 个构件组成，遗憾的是发掘时已经散乱于头骨附近，金冠诸组件之间相对关系被破坏，难以复原它的原貌，实属一大憾事，不过仅从散件中仍能看到唐代贵妇们满头金花、珠光宝气的样子。

制度规定命妇首服最高九树九钿，但在实践当中，贵妇们似乎并不将此处的“九”理解为确数，而是将其当作“多”来理解，据此证明唐代的袭殓制度对于女性，尤其是贵族女性的规范性并不强。

（二）身服

翟衣、钿钗礼衣、礼衣、公服、花钗礼衣、大袖连裳。

唐代命妇的礼服款式通常为上衣、下裳两截式，与传统周制规定中女子上衣下裳连属的情况不同。

翟衣青色[1]，因衣上绣翟鸟纹，故得名。翟鸟纹按照双九行双九列共十八只的顺序依次呈现在上衣和下裳上。交领上装饰有黼纹，袖边、裙裾和衣襟都镶有浅红色的缘边，蔽膝随下裳色，大带随衣色。有青衣、革带、青袜、舄（复底的履）、佩、绶，青色、罗质。翟衣内衬青色纱质衬袍，交领饰黼形纹，朱縠纱绲边的袖口、衣底边、裙裾，蔽膝随裳色，以緅为领缘，上绣两行两列雉纹为章。大带随衣色，有革带、青袜、舄、佩、绶。这是内命妇受册、从蚕、朝会，外命妇出嫁及受册、从蚕、大朝会的服饰。

钿钗礼衣、礼衣、花钗礼衣的身服大致相同，皆脱胎于翟衣，是内命妇常参和外命妇朝参、辞见、礼会的礼服，三者的区别在于首饰钿钗数不同。

钿钗礼衣与翟衣不同的是没有翟鸟纹，颜色随身份不同而不同（杂色）。前文已述，皇后的礼衣杂色是因为典礼的性质不同，相同款式礼衣，以不同服色代表不同的礼仪等级和场合。命妇们的礼衣杂色则是指命妇服色随夫，不同地位的官员其妻礼衣随夫服色，同款礼衣服色也不相同，故称杂色，虽同言杂色，却有着不同的含义。

在《车服志》和广池本《大唐六典》中均有“加双珮、小绶”的记载，唯《舆服志》载为:“唯无雉及珮绶。”孰是孰非有待考证，综合分析钿钗礼衣的用途，“双珮小绶”的可能性更大。

礼衣因其用无纹杂色所以又叫杂色礼衣，是内宫六尚、宝林、御女、采女等女官的礼服，除此之外，七品以上女官遇大事也可

① 青色，学者王清宇认为是个非常“暧昧”的颜色，在古人的行文中可以指代蓝黑色、绿色、蓝色和黑色，此处的青色是指用蓼蓝制作的蓝靛染出的蓝黑色。

通服。服制具形与钿钗礼衣相若，唯独没有首饰、珮和绶，这可能和女官的职责有关，每逢宫廷大事，内廷这些中级女官还要担负很繁重的组织工作。

此处公服的作用和唐男子的公服相类，是内宫女官们日常供职之服。在礼衣的基础上去中单、蔽膝、大带，更加简洁，方便行事，九品以上女官遇大事、日常供职也可通服。

太子东宫的内官也使用相同制式的礼服，只是东宫内的女侍日常供职、侍奉主人时则改服半袖裙襦，在制度上有减等示小于皇宫女侍。

花钗礼衣是亲王纳妃时王妃穿服的婚礼礼服，具体形制以王妃所嫁之亲王的品级而定。主要有花钗、大袖衣、裳、中单、蔽膝、大带革带、袜履等组成。在《新唐书·车服志》中则认为“庶人嫁女亦用之”，《唐六典》中注称：“其钗覆笄而已。其两博鬓任以金、银、杂宝为饰。”可见花钗礼衣的主要用途是做婚礼的礼服使用，而且头饰的丰俭由穿着者的地位确定。

大袖连裳服是六品以下官员的妻、九品以上官员的女儿出嫁时的婚礼礼服。青色袍服，内衬素纱中单，蔽膝、大带、革带，袜、履同为青色，头饰花钗覆笄，两博鬓上用金银杂宝装饰。身份如为媵妾的需在此基础上降等，五品以上媵降妻一等，妾降媵一等，六品以下妾降妻一等。如果品官的妻有诰封的话，嫁女时其女的婚礼礼服可以按照其母的品级来定。

需要强调的是，花钗礼衣和大袖连裳就其款式而言是同一礼衣的不同称呼，花钗礼衣是以冠表服，用首饰来代表整个礼衣，大袖连裳是以身服款式来命名同一礼衣，两者的基础没有变化，变化的只是按照等级不同体现出的材质、装饰上等。

(三)足服

命妇的袜、履与皇后和太子妃相同点在于：履屧、袜的颜色也必须与下裳保持相同。

命妇的履屧与皇族相比，第一不能用复底，皇后的礼服舄用复底，命妇没有相同的规定，命妇随祭也只能穿单底的履。第二翘头履居多，唐代贵族女性的履具体样式虽然变化多端，但总体上多为翘头样，翘头履按照履头的样貌可以分为岐头履、云头履、山纹履、笏头履、高台履等。

大体上，唐代命妇的礼服，除花钗礼衣和大袖连裳服之外，其他几类礼服究其用途则更像是女官官服。这也正是在官僚体制完备的唐代有女官而没有女官官服的一个重要原因。

三、民女的礼服[①]

唐代平民女性的礼服主要指平民女子在正式场合下的衣着。相对于贵族女性而言，平民女子一生需要着礼服的正式场合相对要少得多，主要有及笄、婚礼和葬礼。

(一)行及笄的年龄

先秦至明清女童的头发要么自然垂下，名曰“垂髫”，要么梳理成“丫”头，只有成年以后才将头发总束梳起。未成年女子与成年女子通过发式区别身份，是周礼的规定，《礼记·内则》中记载，“女子……十有五年而笄”。“笄”，谓古人结发后用以固发的簪子。

① 请参阅纳春英：《隋唐平民服饰研究》，北京：人民出版社，2023 年。此书对本章内容有详细论述。

当女子年满十五岁时，家人要为其“结发”“用笄贯之”，以示成年可以嫁人，自此后媒人可登门，故称女子满 15 岁为及笄。遵循周制，唐代女子也不例外。但从唐代涉及婚龄的规定来看，唐代女子的实际结婚年龄并不以及笄作为依据，而是将其作为婚龄的上限，唐初，“(太宗)诏民男二十、女十五以上无夫家者，州县以礼聘娶；贫不能自行者，乡里富人及亲戚资送之”(《新唐书·太宗本纪》)；玄宗时，“(开元)二十二年二月敕，男十五、女十三以上，听嫁娶”(《唐会要》卷 83)。从《唐代墓志汇编》所涉及女墓主的实际婚龄来看，此问题更为复杂，据《唐代女性的生命历程》一书对唐代墓志所涉及婚龄的统计数字来看，在 229 份记录出嫁年龄的唐墓志铭中，唐朝女性平均的结婚年龄是 17.6 岁，其中 15—16 岁时结婚的最多，约占总数的 27%[1]，并以晚嫁为耻。可见唐政府虽没有对及笄的年龄作过任何硬性规定，但总体上而言，唐人仍以周礼的规定为准则。

笄礼作为女孩子的成人礼，像男子的冠礼一样，也是表示成人的一种仪式，在举礼的程序等问题上大体和冠礼相同，但所举行的仪式内容和所穿的服装则充分突出了女性化特点。

在唐代，由于贵族女子婚龄普遍早于及笄的年龄，所以开元以后唐女子的笄礼与婚礼渐有一体化的趋势。这在《大唐开元礼》的礼文规定中也可见一斑，《开元礼》嘉礼部分用 7 卷的篇幅在规定各个等级男子的加冠礼仪，再加上此前有关皇帝和皇太子加元服的 3 卷，一共有 10 卷内容在讨论男子冠礼的礼仪规定，但通篇

① 姚平：《唐代妇女的生命历程》，上海：上海古籍出版社，2020 年，第 10 页。

没有提到女子及笄的相关规定。造成这种现象的主要原因是及笄和加冠原本所承担的身份转换的标志功能对女子和男子所起的作用不同。加冠礼对男子而言意味着社会角色的转变，及笄礼对女子而言则意味着家庭地位和家庭环境的转变。唐男子的加冠年龄一般小于婚龄，因为唐代男性像此前各代的男子一样，仍然遵循自周礼以来严格的一夫一妻制婚姻①，所以唐代贵族男子正式娶妻的年龄通常都要晚于加冠之年，比如白居易娶妻时年已 35 岁；《续玄怪录·订婚店》中杜陵的韦固，“少孤，思早娶妇，多歧求婚”，但是直到他遇到月老 14 年之后才娶到 17 岁的妻子，想早婚的韦固如果遇到月老时只有 16 岁的话（再小的话就不可能独自出门旅游了），那么 14 年之后也已年逾 30②。而订婚店所反映出的唐婚姻特征具有一定的代表性。就此可见，唐男子进入社会的第一步是通过加冠完成的，而唐贵族女子的一般早嫁，即未成年已出嫁，制度规定的及笄年龄反而大于或等于成婚年龄，很多贵族家庭将笄礼与婚礼合并，女子家庭地位的转变主要通过婚礼而不是笄礼来完成，笄礼被迫成为婚礼的过场，远不如男子的冠礼重要。

① 所谓“一夫多妻”，只是今人在理解古人婚姻状况时的一种误解，中国古人的婚姻正确的定义应该是“一夫多妾”，妻只能有一个，所以唐代男子很看重娶妻成家这件事，对娶妻的婚姻也非常重视。
② 按唐律规定 16 岁为中男，类似于今天的“限制民事行为能力”的准成年人。

表1-1：各代女子初婚的年龄状况

朝代	初婚年龄	资料来源
三国	17岁	薛瑞泽：《魏晋南北朝婚龄考》，载《许昌师院学报》1993年第2期。
唐代	15—16岁	姚平：《唐代女性的生命历程》，上海：上海古籍出版社，2006年，第11页。
宋朝	19岁	伊沛霞：《内闱——宋代的婚姻和妇女生活》，南京：江苏人民出版社，2004年，第74页。
清朝	17—18岁	泰尔福德：《清代中国的家庭与国家——桐城氏族的婚姻》，收于"中研院"近代史研究所编《中国近代史中的家庭程序与政治程序》第二卷，"中研院"近代史研究所1992年版，第926页。

上表可见，唐代女子初婚的年龄在与三国、宋、清各代比较中要小2—3岁，只有15—16岁，而这个年龄也是从现有唐墓志所反映出的内容推断出的一般情况。在文献资料中还有长孙皇后，13岁就已嫁于李世民；武则天14岁被召为才人；太平公主之女薛氏11岁已为人妇。因为贵族女子成婚年龄一般都在十三至十六岁之间，超过十八岁已属晚婚，超过20岁结婚，如无特殊原因则被视为丢人的事情。至于民间女子，其出嫁年龄参差不齐，但前文已述，太宗时年满十五未嫁的女子，地方政府有义务安排聘娶，如果因为赤贫无法婚嫁，乡邻中的富户有义务资助完婚。可见，即便贫女如果超过及笄年龄不婚，也会成为地方政府和乡邻的负担，无形中逼迫女子越早结婚越好，致使早婚现象普遍。女子婚龄要么小于及笄的年龄，要么与及笄的年龄相等，所以，民间并不会过多注意及笄的礼仪性质，而是将女子成人的身份转变和婚姻紧紧地联系在一起。再加之闺阃笄礼本身的私密性，使得后世很难窥

见笄礼相关的礼服形象资料。

（二）笄礼的礼服

隋唐平民女子的笄礼礼服少有文献记载，出土文物中也没有相关资料，但并不表明后世就无法了解这一情况，历代都有按照传统礼法和当世律法要求，撰写给平民指导日常生活使用的“书仪”体礼书，唐代的各类《书仪》现已佚失，好在宋随唐制，现在传世的还有宋代的《司马书仪》和《朱子家礼》。

按照宋代司马氏的《书仪》和朱熹的《家礼》记载，宋代笄礼礼服就是女子们的日常盛服①。笄礼最重要的礼仪环节是用笄（簪钗）将少女的丫头、丫髻改梳成髻。宋随唐制，由此上溯可推知唐代平民女子行笄礼时的情形：少女们身着日常盛服，将代表少女的丫头或丫髻解开，改梳起发髻，插上发簪，礼成。没有三加，也没有换服的环节，所以民间常常将笄礼与婚礼合并，往往在婚礼亲迎当天，请有经验的全福老妇为赞者②，帮新娘“开脸”“上头”，及笄礼往往简化成婚礼的重要准备之一。

需要特别强调的是，后世很多人依据男子冠礼三加的规定，将男子冠礼三加制度强加在女子笄礼上，认为女子笄礼也应该三加，这是简单粗暴地理解了古人强调笄礼“如冠礼”的制度精神，因古代读书人，以窥探闺闱为耻，所以并不详述女子行笄礼的经过。但从西周起，女子便以忠贞立身，“从一而终”并不是宋明理学的创制，宋明理学只是将周礼“从一而终”的制度精神极端

① 纳春英：《时服入礼：以唐宋冠礼变迁为中心对供养人服饰的定性考察》，《唐史论丛》2022年第1期，第52页。以盛装时服代替周礼中对于礼服的规范和要求，是从隋唐到宋的新趋势。

② 全福者：夫妻健在，儿女双全，儿孙绕膝，婚姻美满的人。

化了，所以笄礼不可能违背基本的礼制精神。《仪礼 · 士冠礼》强调男子冠礼三加，是因为“三加弥尊，喻其志也”，女子一加，也正是喻志的体现，男女有别，男子三加和女子一加的制度精神一样。

时至明清，民间仍然流行将笄礼依附于婚礼的举礼方式，女子在结婚前请一位婚姻美满、多子多孙的老妇，为即将举行婚礼的新娘开额、开脸，梳拢头发，帮助新娘完成家庭身份变化的心理转变。所谓“开”就是用细丝线绞除额头、面部的汗毛，俗称“绞脸”。因为这一过程不仅暗示了女子的社会身份和家庭地位自此后将发生根本性的变化，还隐含了两性关系在其中，所以“开脸”“梳拢”这些词也具有了隐含的性意识，常常用于秦楼楚馆。

笄礼的礼服一般就是笄者的日常盛服，至于款式、颜色、材质等具体内容，通常视当世当时的具体情况而定。

（二）婚礼的礼服

唐代婚礼十分热闹，后世流行的亲迎当天要行障车、下婿、火盆、盖头、却扇、观花烛、结发、交杯酒等习俗，在唐人的婚礼中都已经出现。《封氏闻见录》记载：“近代婚嫁，有障车、下婿、却扇及观花烛之事……上自皇室，下至士庶，莫不皆然。”这是对此时婚礼的一般概括。唐人亲迎当天的礼服也异常端庄大方，据《旧唐书 · 舆服志》和《新唐书 · 车服志》记载，唐代皇后亲迎当天用花钗礼衣，命妇及以下用大袖连裳。大袖连裳，据《新唐书 · 车服志》记载：

大袖连裳者，六品以下妻，九品以上女嫁服也。青质，素纱中单，蔽膝、大带、革带，袜、履同裳色，花钗，覆笄，两博鬓，以金银杂宝饰之。庶人女嫁有花钗，以金银琉璃涂饰之。连裳，青质，青衣，革带，袜、履同裳色。

无论皇后还是民女，在亲迎当天所穿婚服，在款式上都一样，即“连裳”，所谓连裳就是上衣下裳相连属，类似现在的连衣裙，大袖连裳就是阔袖的连衣裳，女子连裳的目的仍然在于体现女子对待婚姻从一而终的制度精神。上述配饰内容是六品以下、九品以上官员娶妻、嫁女儿时，亲迎当天新娘所穿大袖连裳的配饰。如果其父、其夫是没有品级的平民嫁女儿或娶妻子，亲迎当天虽然也穿大袖连裳，但与贵妇相比，礼衣区别主要集中于以下几处：首先在连裳的面料上，平民女子只能用麻布、葛布、劣质丝绸制品等材料；其次，首饰材质、做工不同，平民女子的首饰只能用铜铁等材质，做工相对简单粗糙；再次，平民女子的大袖连裳并没有诸如中单、蔽膝、革带等超出身份等级的配饰。

另据《唐六典》中记载，平民女子的嫁衣也称“花钗礼衣”：

钿钗礼衣，外命妇朝参、辞见及礼会则服之……凡婚嫁花钗礼衣，六品已下妻及女嫁则服之……其次花钗礼衣，庶人嫁女则服之。

显然，大袖连裳是用服装款式来命名嫁衣，而花钗礼衣则是用首饰名目，类似男子的以冠表服，这种命名方式更正式，也符合《唐六典》主记制度的体例惯例。虽与《车服志》稍有名目上的差异，但两者并无冲突，大袖连裳和花钗礼衣所言同一物，只是名称不同而已。

《唐六典》的记载因更贴近唐平民女子的生活实况，并可以补充宋人的记载：唐代女子的嫁衣款式为大袖连裳，头饰花钗，平民女子的花钗以铜铁做胎镀金、银，琉璃装饰。身着青色连裳袍服，内衬青色衬袍，腰系革带。脚着履、袜，颜色与裳色相同。虽然制度要求如此，但在实际执行过程中，财力仍是决定庶民女子正式场合穿着的一个重要指标。

总体上，有关唐代皇后、命妇、平民女子的礼服制度规定都出自于唐前期的《武德令》，在唐统治将近三百年的历史里有无变化？变化如何？征之图像资料，懿德太子墓室石椁东壁外正中一块石板上刻有头戴凤冠的女官像，颇能说明问题。这两个女官被沈从文先生在《中国古代服饰研究》中称："高冠卷云，前后插金玉步摇，佩玉制度亦极严整，在唐代图像中为仅见材料。"懿德太子卒于公元 701 年（大足元年），葬于公元 706 年（神龙二年），下葬时虽属中宗李显执政时期，但此时仍被看作武则天时代，此时虽距《武德令》颁布只有 85 年，但女官的礼服与《武德令》中的记载已有了显著的变化：从图中的宫女袍服的形制来看，大袖连裳，无翟纹、无中单、无蔽膝、无绶，应属花钗礼衣或大袖连裳的形式，但她们的头部装饰，并不像制度规定的花钗装饰，而是像男子通天冠一样的帽服，却又帽插凤形步摇，此类装饰并无明文记载。可见《武德令》在后世的执行过程中还是有变易的。诚如《旧唐书·舆服志》所载：

既不在公庭，而风俗奢靡，不依格令，绮罗锦绣，随所好尚。上自宫掖，下至匹庶，递相仿效，贵贱无别。

如此看来，在不同的社会条件下，天性爱美的唐代女性，尤其是其中的贵族女性，在礼服缺乏强力保障实施的情况下，也会听凭时尚做主，对制度进行改造。

值得注意的是，唐代的礼服，无论官民，上自皇后，下至百姓，除鞠衣外，尤其是其中的花钗礼衣（大袖连裳服）和平民女子的结婚礼服服色都用青色，这与后世中国人以红色为喜庆的观念相去甚远，难免被现代人误解。其实中国人以红色为吉祥、喜庆的观念产生于元明时期，元代以前的中国人，将色彩分为正色与间色两大类，正色有五种:青、赤、黄、白、黑，这五色与五方、五脏、五行相对应，在当时的染色技术条件下，代表高贵、正直、美丽，富含正面意义。而青色乃五正色之首，是日出东方充满勃勃生机的木色象征。青色一直是元代以前中国人做礼服的首选服色。唐人以青色为婚礼礼服的颜色,并无不尊重女性或婚礼的因素,以青为婚礼礼服的颜色恰恰体现的是唐人对婚礼、庆典的尊重。

第二节　风华绝代的常服

唐代女子的常服，尤其是贵族女性，在继承周汉传统的基础之上，广泛吸收西域各民族文化的精髓，自创出一种前无古人后无来者、风华绝代的服饰。虽然在初唐、盛唐、中晚唐又各有明显的时尚变化，但总体上，有唐一代女性在服饰领域自觉地保持了这种独创性。譬如唐代女性常服中的坦露之风，至今仍令许多现代人瞠目，有人干脆称其为："早在唐代，中国的女性已经创造出可以媲美好莱坞的时尚，美妙、开放、争奇斗艳。"[①] 唐女性常服中的透视之风，也应该是现代透视装的先河，女着男装的风尚更是开风气之先，比女权兴盛的欧美还早1000多年，难怪人们会将唐代长安定义为中国女人最美的时间和地点。

一、贵妇的常服

唐贵族女性的常服，就是唐内外命妇、官员妻女燕居、私处时的装束。

前文已经讲过，唐贵族女性"既不在公庭，而风俗奢靡，不依格令，绮罗锦绣，随所好尚"。在强大的经济实力支撑下，宽容开放的社会风气浸润下，贵族闲适的生活促使贵族女性在燕居、私处着装时更多关注时尚的变化，而非礼教、律令格式的要求。她们不仅是时尚的热心推动者，更多时还是时尚的制造者。她们对时尚生活的热衷与追求对整个唐帝国的社会风气都有巨大的影响。

唐贵族女性服饰时尚潮流走向大致可简单地分为：款式由初唐的遮蔽而趋盛唐的露透，晚唐后复趋保守；服装风格由初唐简朴趋于盛唐奢华再至求新求异；穿着者体貌由初唐的清丽渐趋盛唐的丰腴、中晚唐的肥硕；面料花纹、妆饰由初唐的简单趋于盛

① 潘向黎：《唐朝长安》，《中国国家地理》2005年第5期。

唐的繁富、复杂发展；饰物由初唐的简单向盛唐的奢华再向中晚唐的繁复演变。但总体上，唐贵族女性的服饰主要有：衫（襦）、裙、帔帛组成。

值得一提的是唐衫与唐襦的区别，据马缟记载，魏晋南北朝及以前，襦就是平民所穿的长仅及膝的上衣，因为穿这样的上衣，可以省略下裳，类似衣裳连属的深衣，故被文人刻意褒称为“襦服深衣”[①]。《说文解字》中释意“襦，短衣也。”段玉裁进一步解释云：

《方言》：襦，西南蜀汉之间谓之“曲领”，或谓之“襦”。《释名》有“反闭襦”，有“单襦”，有“要襦”，颜注《急就篇》曰：“短衣曰襦，自膝以上。”

（段）按：襦若今袄之短者，袍若今袄之长者。

说明秦汉到魏晋时，襦服短时仅到腰间（腰襦），长也不过膝。隋唐及以后，襦服有了新的含义，从《舆服志》《车服志》中“襦”的用法来看，再结合段玉裁所说的“若今袄之短者”，可知唐襦就是后世的袄子，跟唐衫比起来，唐襦是夹衫，中可絮绵更适合天气寒冷时穿着。

有关唐贵族女性的常服形象的资料主要来源于：墓道壁画、出土陶俑、传世绘画作品和正史、子、集的文字描述等。

（一）初唐贵族女性的常服

服饰史上的初唐时期指的是唐开国至贞观二十三年（618—

① 纳春英：《襦服深衣：桃花源里的平民社会与服饰——兼论砖画像中所见汉魏平民服饰》，《东方论坛》2021年第6期。

649年）之间的这31年间（对时尚风气的流变而言，任何严格的时间界定都是可笑而徒劳的，此处的界定也同样只能是一种大概的范围划定）。

1.发式

初唐女子的发式名目虽多，但整体较低平，比如《步辇图》中抬着腰舆的宫女们，李寿墓中伎乐女子，敦煌壁画中隋与唐初女供养人（譬如第62窟成天赐家中的女性成员们、390窟女供养人），发式都呈现低平起伏又错落有致。除《步辇图》中宫女的发式公认为云髻外，大部分发髻没有明确对应的名称，通过上述宫女、富户女眷、家伎所代表的初唐各个不同阶层的女子所反映的情况来看，总体上此时流行别致而精巧的低平发式。

2.身服

在这段时间里，唐随隋制的特征较为明显，女服也概莫能外。隋末贵族女性的常服主要有：窄袖紧身衫、及胸长裙、披帔子，孙机先生在《中国古舆服论丛（增订本）》中指出："唐代女装无论丰俭，这三件都是不可缺少的。"可见这三样，不仅是隋末女装的必备，也是唐、五代女装的必备，甚至影响到了宋。

初唐的衫，仍为紧身、圆领、窄袖，但唐初的贵族女性对此又有所改进。一方面逐步加大了圆领衫、襦的领口开口，使之更能体现女性胸部的曲线美；另一方面，增加了长裙的"破"和裙长，使得长裙更加飘逸。长裙一般裙腰高至胸线以下，长及垂地，此设计极其巧妙，在大胆表现女性胸部曲线的同时，省略腰际线，有拉长下肢的视觉效果，完美地掩盖了亚洲女性因肚脐位置较低缺乏的挺拔感，表现出亚洲女子独特的身姿美。不仅美得大胆，而且美得聪明。

敦煌莫高窟第389窟隋供养人图（参看图1-9）所描绘的是隋贵族女性进香时的情形。从图中的贵妇人内袖大而外袖小的情形看，隋代上层女性衣着形式，犹有齐梁风气。但此时身份较低的人物，如图中的随行侍女们，则多穿着窄袖短衫襦、长裙和披帔子，侍女们的穿着因实用方便，在隋末渐成流行趋势并日益普及。初唐女性即在此基础上，将隋已成流行趋势的窄袖短衫襦、长裙、披帔之风发扬光大。

唐初贵族女性的装束的图像资料，在李寿墓北壁乐舞图中有较为典型的纪录（参看图1-10）。李寿是唐高祖李渊的堂弟，卒于公元630年，葬于631年。李寿因追随高祖李渊平定京师有功，封淮安王，死后得以陪葬献陵，其墓绘满壁画，壁画的题材十分丰富，有飞天、狩猎、骑马出行、步行仪卫、列戟图、重楼、农耕、牧养、杂役、庭院、娱乐等场景，真实地记录了初唐时的社会状况。在李寿墓中，画于墓室北壁上的乐舞图，颇能形象地说明唐初上流社会女性的时尚好恶。此图所描绘的场景为贵族庭院内的一组乐舞片断，五名乐伎分别持箜篌、筝、琵琶等乐器，跪坐在地毯上专注演奏，后立四人，其一手执菱网纹瓶，一执竹杖，其余两者站立似在和声，此九人均穿白色窄袖衫，着绯碧（红绿）相间的间色长裙。另外,四位立伎中有三位在肩上搭一条轻薄细长的帔子，这是典型的唐初贵族女性的常服装束。

同样的装束，在《步辇图》中也有体现，用腰舆抬着太宗的宫女们，个个窄袖衫、及踝间色长裙、肩搭细长帔子。与李寿墓的乐舞伎不同，《步辇图》中的宫女们在长裙之下，还穿着一条竖条纹卡夫口（翻边）的裤子，为方便行走，在长裙及臀的地方，用丝带系扎出一个垂胡。此种方法，在北朝男子的裤褶裤、大口裤的裤腿部分也曾出现过，其目的也是为了方便行动（参看图 1-11）。

唐衫是夏装，单层较薄，襦是冬装，可夹也可絮绵，衫襦的替换可视季节而定。初唐衫式随隋制多为圆领或小交领，衫襦领式较为保守，衣袖紧窄，色彩多为浅而纯的单色。整个衫的风格紧小、朴素，但从《步辇图》中已见袒露的端倪。

此时的长裙，由于帛布幅面较窄，不管是丝布还是麻布，幅宽统统为 1.8 尺，如果用唐大尺折算，也不过 53.28 厘米，如果用小尺折算，仅 44.1 厘米①，拼接两幅的最大围不过 106.56 厘米，这样的宽度，在剪裁缝纫中，两幅布很难完成围裹成人身形的任务，围成圆桶尚且需要多幅布拼接，更何况丝绸衣裳在使用中，合体的缝纫线迹容易扒丝，制作适合迈步的下裳（裙），常常需要使用多幅帛布拼接而成，每一个拼接就被称为一“破”。由于布帛幅面宽度受织机宽度的制约，无论男女的下裳都需要拼接。这也就解释了为什么在十六国及以前，也会出现男子穿间色②下裳的原因。譬如哈拉和卓彩绘男墓俑的下裳也有间色拼接的痕迹。受纺织技术的制约，越是人类早期，布幅越窄，原始腰机的布幅只有一个成年女子的腰宽，这样的织机纺织出的面料，无论男女在裁剪缝纫衣服时，都要拼接才能装身。这一点也得到今天仍保有传统制作

①1 大尺 =29.6 厘米；1 小尺 =24.5 厘米。

② 此处“间色”中的“间”读 jiàn 四声，指的是间隔，表示的是一种面料色彩装饰，而不是与正对的间色。

工艺的中国缂丝、日本西阵织幅面的证明，这些传承至今的手工面料，因为秉持人力织机手工操作，一般情况下幅面都不宽。布幅作为市场监管的重要项目之一，历代都有严格的法律规范，如果擅自减少布幅的宽度被视为“劣”货，对制造、售卖人都有惩罚。

值得注意的是，在色织工艺中的间色条纹也被称为“破”，一种色条称为“一破”。从考古发现来看，色织条纹也称“破”，就是前述布帛幅宽造成的间色“破”的延伸，在间色裙流行之初，条纹较宽，此时的“破”主要以布幅为主，这从甘肃酒泉丁家闸5号十六国墓墓道壁画中上身着衫、下身着三色条纹裙的女子身上可以得到印证。晚期条纹变细，每一“破”不仅不再以布幅计量，而且随着色织技术的提高，在吐鲁番阿斯塔那北区105号唐墓出土的晕繝彩条提花锦裙上，还可以看到直接用黄、白、绿、粉红、茶褐五色丝线为经色织晕间条纹（参看图1-12）。显然随着时代发展和技术的进步，“破”的真实含义也在悄然变化，在丝帛等轻柔的面料上，“晕繝”是一种独特的用细条纹间隔变化呈现色彩晕染变化的织锦工艺，条纹越细越多此裙也就越精致越华贵。

唐初的繝裙一般用六幅布制成，“裙拖六幅湘江水，鬓耸巫山一段云”（李群玉：《同郑相并歌姬小饮戏赠》）。就是对此的写照。不过对于贵族女性而言，六幅长裙的裾围折合成今天的度量单位也只有三米多，在隋唐尺度变化不大的情况下，比起隋炀帝“十二破”的留仙裙要逊色得多，所以唐初贵族女性的长裙裾围很快达到了八幅、九幅。此时的间色裙，又被称为“间裙”“繝裙”。此裙虽非唐人始创[1]，但唐初的㡠裙较两晋的在剪裁上有很大的不同。唐代的㡠裙因为大部分面料的“破”是色织出来的条纹，所以裁剪时对面料的处理更灵活，裙身更修长，更能体现裙子的立体感，使穿着者的身材也显得更加修长。

需要特别强调的是，㡠裙可以称为“间裙”“间色裙”，但却不能称其为“裥裙”。因为裥裙是指在剪裁时为修型特意打褶皱处理的裙子，这是一种裙形，类似今天的百褶裙；而“㡠裙”“㡠色裙”和“间色裙”则都是指从两晋十六国开始到唐初的以色彩条作为间隔装饰图案的长下裳。㡠是一种面料的纹饰，㡠裙中也许有打褶皱的㡠色裙，但裥裙却不一定使用晕㡠的面料。

3. 足服

此时的女性常服，上至皇后，下至平女，无论贵贱脚上穿的都是履。履的样式繁多，以鞋头形状来分主要有：尖头、圆头、方头、高头、复瓣头、歧头、多层头等。贵贱之别主要集中在质地和文饰上。

据《盐邑志林》载：“唐文德皇后遗履，以丹羽织成，前后金叶，裁云为饰，长尺，底向上三寸许，中有两系，首缀二珠，盖古之岐（歧）头履也。”此记载有新疆吐鲁番阿斯塔那北区 381 号唐墓出土的歧头锦履（参看图 1–13）为佐证，此履云头、方口、锦质，鞋底用线纳成，内衬黄色绫纹绮鞋垫，履头缀卷云饰，并用两根锦襻贯穿履前口与履帮，与樊氏记载相若。可见《盐邑志林》所载不谬，因此故，现代考古工作者也将此履定名为“长孙皇后履”。

韦顼墓中石椁上的线刻女子画像内，可以看到一双锦缎面的

① 前文提到过，在甘肃酒泉丁家闸古墓壁画中就已见到两晋十六国时期，以两种以上颜色的布帛条间隔拼接而成的相同装饰效果的裙子。

线鞋。它比起文德皇后长孙氏的歧头履要逊色很多，长孙皇后的歧头履前后有金叶子剪裁成云朵状的装饰，履头上还有两颗大珠子装饰，履头向上三寸多，出土的这双锦履虽然没有金玉装饰，但比起平民的麻履来已尽显华丽高贵。可见，唐初的贵族女性足衣锦履也是一代风气。

(二)盛唐贵族女性的常服

服饰史上的盛唐大体是指从高宗永徽元年（650 年）开始至 9 世纪初期文宗即位（827 年）的这一时段。盛唐贵族女性的着装在整个唐代女子服饰中最具代表性。当今人把“唐装”作为中国传统服饰的统称时，殊不知现代唐装，根本无法和唐代服装的千姿百态、灿烂夺目相比。唐代尤其是盛唐女性的着装，其明艳、大胆、奢华、雍容大气、标新立异，在中国古代服饰史上概莫能有出其右者。

此时的身服，虽仍是初唐的衫襦、及胸长裙、帔子这旧三样，但盛唐的贵族女性穿出了新气象。盛唐在贞观之治创造的良好社会经济环境中起步，贵族女性的体态从唐初的清丽渐至丰腴，穿着风格也由唐初的比较朴素渐变至绮丽奢华。

1. 发式

盛唐贵族女子的髻式好高“尚危”，装饰上有整朵的牡丹花、芍药花。以墓道壁画中的人物为例，就会发现盛唐女性对高髻、危髻情有独钟，不过这个喜爱，也有一个较为完整的发展过程。譬如李震墓戏鸭图中的女子和新城公主墓中夫人的发髻虽然高竖，但高度和发量有限，显然还是女子们自己的真发，也就是说此时发髻的高大程度，还在人类自然发量的限度内；李爽墓的吹箫女子、新城公主墓中与夫人同行的最后三位女子的发髻，无论高大的程度，造型需要的发量，还是造型需要克服的地心引力，都已经超出了自然和发量的束缚；尤其是周昉《簪花仕女图》中相对而立的两个女子，高髻巍峨。可见在初唐向盛唐发展的过程中，也存在一个发髻由真发向假髻发展的变化过程，到天宝年间已有杨贵妃喜欢高大假髻的明确记载。

2. 衫襦

初唐的女子常服衫襦较紧窄短小、朴素。盛唐由于贵族女性的体态渐至丰腴，衫子也变得逐渐宽大、性感、华丽。在衫襦视季节替换的实用性没有变的前提下，盛唐衫襦领式变化较大：初唐领式紧小保守，盛唐风气大变，衫襦渐成张扬的敞领衣的天下。衣袖在武则天时代还有紧窄之风，开元天宝年以后，衫襦的衣袖渐阔渐肥，至文宗前后肥大至垂地。颜色有白、青、绯、绿、黄、红等，又以红衫为多。

衫的材质灵活，贵族女子一般用丝帛，秋冬用锦帛，春夏用纱罗，女子面料图案多以变形的缠枝花卉纹、连续花卉纹、对鸟等图案装饰，喜欢净色面料上起暗花。装饰手段多样，可以用五彩线绣出图案，“连枝花样绣罗襦”，也可以用泥金、描金等方式装饰图案的局部，比如用金泥勾勒花卉的边沿，所谓“薄罗衫子金泥缝”等，襦则更喜欢绣出花样。盛唐衫襦的风格华丽，由紧小向宽松肥大发展。这种风气的变化，可以清晰地由这一时期的墓道壁画表现出来。在入葬于龙朔三年（663 年）的新城公主墓中（参看图 1–14），还可看到墓室壁画中的侍女图中有方领衫子、綳色长裙、肩披帔子的女性，只是图中衫子的领式已有了较为明显的变化，已由紧小的圆领向开领较大的方领趋势发展，色彩仍以素色为主。

晚于新城公主三年之后入葬的李震墓里，戏鸭女性身上领式已变成不方不圆的长圆形，开领明显变大；衣袖没有变化，与初唐保持一致；綳色裙的“破”越来越窄，色间越来越细（参看图 1–15）。

在与李震相去三年的李爽墓中，托盏盘侍女和吹笛乐伎的衣领非常有个性，如若壁画家没有亲见，是无法绘出的（参看图 1–16）。这个领子的开口非常立体，已不再有圆形的痕迹，酥胸已呈半露之势，进入 8 世纪之后，在同卒于 701 年，又同时迁葬于 706 年的懿德太子墓和永泰公主墓里，内宫女官、宫女个个敞领露胸，“粉胸半掩凝暗雪”。从执失奉节墓发现衫襦的领式发生变化算起，经过了将近半个世纪的发展变化，盛唐服饰中的坦露之风终登时尚巅峰。

懿德太子李重润和永泰公主李仙蕙同为中宗李显之子女。李重润还是武则天与高宗李治的长孙，在周大足元年（701 年）与其妹永泰公主之夫武延基同时获罪①，李重润、武延基被杖杀，李仙蕙在惊惧、伤心之际难产而死，年仅十七岁。中宗复位后，于神龙元年（705 年）将其三人灵柩由洛阳迁至乾陵陪葬，同时追赠李重润为懿德太子、李仙蕙为永泰公主，并给予二人“号墓为陵”的安葬殊荣。李重润作为长孙皇位的继承人，生前未曾享用的尊

① 李重润与武延基的获罪原因，学界有如下三种讨论：一、学者赵文润、王双怀经研究得出：李武不睦，违背了武则天在圣历二年四月为李武两姓在明堂订立的“永言和好”的铁券誓言，由此获罪。二、《旧唐书·外戚传》记载，李武议论二张获罪。三、李武议论朝政获罪。

崇富贵死后全部补齐，所以懿德太子李重润墓的墓道壁画规模大，内容宏富场面壮丽，题材有仪仗队、青龙、白虎、城墙、阙楼、伎乐、男侍、僮仆、宫女、内官、畋猎、驯兽、饲禽和各种异彩缤纷的花饰图案等，塑造的人物精美，艺术手法高超，线条、笔法皆出自大家之手，营造出气势磅礴的宏丽场面，逼真地反映出唐代皇亲贵族的生活场景，极具史料价值。永泰公主墓特别是墓道前室东壁所绘的两组宫女形象优美、传神逼真，对了解盛唐贵族女性的服饰极有帮助。

懿德太子墓中有关贵族女性生活的宫女图、执扇图所描绘女性皆为窄袖短衫上衣、长浑色裙、肩披帔子，短衫敞领露胸，乳沟毕现，连石椁上的线刻女官图，礼服的开放程度也令今人难以置信。同样的风格在永泰公主墓道壁画侍女图中也有相同体现（参看图 1–17）。唐代正史《舆服志》《车服志》对此现象未置只言片语，就连专门记载“服妖”的《五行志》对此也保持了不可思议的沉默。现代中国人非常震惊地说：“当我无意中看到 76 届奥斯卡颁奖典礼照片的时候，突然想，唐代的开放真是难以想象。身着美艳晚礼服的某些好莱坞明星，胸前泄露出来的春光，还不如永泰公主墓壁画中的持高足杯宫女。”① 唐代贵妇是否真的有过一个以袒胸露乳为风尚的时段？从唐人传世的文字与出土的壁画来看，答案是肯定的。至于为什么会出现如此开放的流行时尚，沈从文先生在《中国古代服饰研究》中认为，这些内宫女官和侍女各捧器物，是在举行某种规格的祭奠礼，因懿德太子、永泰公主、章怀太子的祭

① 潘向黎：《唐朝长安》，《中国国家地理》2005 年第 5 期。

礼规格相同，所以画面的人物数量、队列形式、所捧器物、穿着方式都基本相同。但这种“胸前堆雪”的情景只存在于仪式中吗？从唐诗的记录来看，诗人们描述的袒胸女子有当红歌伎、邻家女子、炼师、小道姑等，显然沈先生的推断值得商榷。孙机先生在《中国古舆服论丛（增订本）》一书中说：“唐代前期，往往愈是贵妇人愈穿露胸的上衣。至中唐时，此风稍敛。”孙先生关于“唐前期”的划分有些过于笼统，但“愈是贵妇人愈穿露胸的上衣”这个结论也并不代表唐代其他阶层就少有露胸的女性。除永泰公主墓道壁画、懿德太子墓道壁画、章怀太子墓道壁画之外，在鲜于庭诲墓出土的三彩女俑、吐鲁番阿斯塔那张礼臣墓出土唐舞女绢画上的舞女，以及在西安王家坟出土的唐三彩梳妆女坐俑（参看图 1-18）身上，都有袒露的情况存在。尤其是在西安王家坟出土的唐三彩女乐俑，穿窄袖小衫，锦半臂，长裙束在短衫外面，袒露胸前美丽的肌肤和线条，堪称盛唐女性袒胸第一俑。可见，对于女性美的展示，风潮虽起于贵族女性，但在不同地点和不同时间，以及不同身份的唐代女性身上，我们都能见到袒露的痕迹。

唐代贵族女性们创造出的时尚，美妙、开放、争奇斗艳，令今人自叹弗如。在唐代，跳出礼教约束的贵族女性坦然面对自己的身体，表现出对人体美的大胆追求，暴露前胸不但是美的，而且是高贵的。其中“慣束罗裙半露胸”（周濆：《逢邻女》），“半胸酥嫩白云饶”（李洞：《赠庞炼师》），“姑山半峰雪，瑶水一枝莲”（白居易：《玉真张观主下小女冠阿容》），所表达的是诗人们对此毫无保留的赞美（这种诗句在《全唐诗》中有十几处之多），与正史中

"中宗即位、宫禁宽弛"的政策记载相印证，则更是反映了当时的时尚风气、审美标准和政策导向。

更有甚者，盛唐女性还有不着中单（内衬衣）的喜好，仅用轻纱蔽体，露肩裸背，肌肤若隐若现，世俗对此毫不为忌。8世纪的画家周昉《簪花仕女图》（参看图1-19）中的贵族女性，就作如此装束——仅穿可透视的纱衣蔽体，慵懒、华美、性感。类似袒露胸部的半臂或无袖衫还可以从敦煌壁画或文学作品中看到："急破摧摇曳，罗衫半脱肩"（薛能：《柘枝词》）、"差重锦之华衣，俟终歌而薄袒"（沈亚之：《柘枝舞赋》），共同的特点是大胆地表现女性的形体之美，所流露出的女性意识和世俗情感与儒家传统礼教的道德要求背道而驰，成为千古绝响。

相比同时期的欧洲，正处于"文化的黑暗时代"，社会上层女性的装束总体上朴素简单，与同一时期盛唐的服饰比起来，还处于注重保温的实用阶段。

3. 半臂

半臂，样式与衫襦相同，唯一区别在衣袖上，半臂的衣袖只有衫襦正常袖长的一半，故得名"半臂"。初唐时，是宫中低级女官的制服，盛唐时普遍流行于贵族女性中，此时男子也有穿半臂的习惯，"不着半臂已显得是很不随俗的举动"（见孙机：《唐代女性的服装与化妆》），但女子的半臂与男子的半臂样式略有不同。女子半臂的开领与衫襦保持一致，比男子半臂开领更大也更低，且多为对襟，没有扣袢，只在胸前用带子系扎，可以裸露出胸部，一般春秋套在窄袖衫外面，唐后期因衫襦越来越宽大，半袖套不进去，外穿的人就少了。

盛唐女性的半臂一般是用质量比较好的锦缎制作的。据《新唐书·地理志》记载，扬州进贡的物品中有一种“半臂锦”，应该是专供宫廷制作半臂使用的材料。唐玄宗时，曾命令皇甫询在益州督造“半臂”，这可能也是专供宫中使用。

前文提到的永泰公主墓壁画中的大批着衫、裙、帔帛的侍女，大多在衫、裙外面再加穿一件半臂。其中有一梳螺髻的女子，在衣裙外罩了一件半臂，这件半臂腰身窄小，短袖却显得很宽松，女子的双手举起一幅宽宽的帔帛，正在向肩上披放，神态十分生动（参看图 1-20）。此外在陕西省乾县唐章怀太子墓道壁画、陕西省礼泉县唐阿史那贞墓道壁画、陕西省西安市雁塔区羊头镇村唐李爽墓道壁画中，都有大量穿半臂的侍女画像存世。在各地出土的唐代女陶俑上，穿着半臂的情形更是随处可见，如陕西省西安市王家坟出土的三彩梳妆女坐俑，身着小袖长衫、锦半臂；陕西省西安市唐鲜于庭诲墓出土的女立俑，穿着半臂并披帔帛。这些半臂的造型特点乃依据衣袖的长短和宽窄作处理，这是审美形式变化的关键；在功能上，既能减少多层衣袖带给穿衣人动作上的压迫感和累赘，又合乎制度和美学要求。直到今天，半袖式衣衫仍然是现代服装造型的一个重要形式。

盛唐也有将半臂穿在外衫里面的穿法，永泰公主墓石椁线雕人物及韦泂石椁线雕人物，衣服肩部都有一种隐约呈现半臂轮廓的装束，类似今天的垫肩，就是这种穿法的写照。另外唐人常有在肥大的礼服袖子中部加缀一道褶裥边的装饰袖，使服装上臂得到更好的装饰效果，这种手法也仍在现代女装设计中得到广泛运用。

至于半臂的来历，孙机先生认为“唐代女装中的半臂，应受到龟兹服式的影响”（孙机：《唐代女性的服装与化妆》），因为在新疆拜城克孜尔石窟中有龟兹人着半臂的图像资料问世。不过据中原地区文献记载，三国时已有关于“半袖”的记录。《宋书·五行志》记载：“魏明帝著绣帽，被缥纨半袖，尝以见直臣杨阜。阜谏曰：‘此于礼何法服邪？’”可见，三国时，中原地区已经出现使用半臂的情况，但因无图像资料佐证，因而无法认定这就是唐半臂的前身。

在拙著《唐代服饰时尚》成书之前，孙机先生关于半臂来历的“龟兹影响说”无疑是最具参考价值的研究结论，但本人在研究中有了新的发现：半臂的形成与中式剪裁技术分不开。所谓的半臂其实就是不上袖子的衣身，因为中式裁剪不挖袖笼，肩与袖相连，肩余留给袖的一段长度被古人称为“袖端”（同样的衣服，越瘦的人袖端余量越长），这段袖端在今人看来就是半臂的那一段袖子，其实它的正确称呼是“袖端”，袖子就是接缝在袖端的袖管上。按照唐代布帛的幅宽①，袖端正好在胳膊的中间，所以只有袖端的唐衫被称为“半臂”，这就解释了为什么三国时就出现了半袖的原因。综述之，在连肩裁剪出现的每一天，都有可能出现半臂，但唐以前却没有人将半臂外穿，主要因为半臂就是缝纫衣衫过程中的半成品，所以，两晋的文人认为魏明帝以一国之君的身份，公然穿半成品（半袖）是不符合礼节的服妖行为，预示着曹魏国

① 中国古代布帛的幅宽一直是固定不变的90厘米，这个宽度受法律保护，擅自缩短幅宽是犯法的行为。

运的半途而废。唐人对于传统的周礼文化多有异化，但即便如此，平西王李晟还是认为穿半臂不符合礼法。

综上所述，半臂不仅不是异质文化的代表，而且还是土生土长的中原服饰文化概念。

4. 裙

盛唐的长裙，造型更加符合人体结构，此时的间色裙，其“破”越来越窄，“破”的演变更像是裙褶或直接就是裙料织成的纹饰，且越来越多。高宗时曾下诏禁止："天后，我之匹敌，常著七破间裙，岂不知更有靡丽服饰，务遵节俭也。"（《旧唐书·高宗本纪》）高宗李治用武后常穿七破间裙的事实告诫臣民，不可靡丽浪费，可见此时武后的裙裾不过七破（裙裾幅不到 4 米），但大多数的贵族女性的裙裾都要超过八破、九破。除间色裙外，此时还流行裙色为浑一色的“浑色裙”，不过无论间色、浑色，唐裙的这两种裁剪方法基本相同，都源于深衣下裳的裁剪法。具体讲来，就是将长方形的面料裁成大小相等的梯形，深衣这样的梯形料要裁 12 份，以应对一年十二月的天象，唐裙并没有相关的制度规定，但前文所言七破、八破，应该就是这种小梯形的个数，因为梯形有大头小头。剪裁之后，将所有小头联结缝纫起来当作下裳的腰头，大头联结起来作为裙裾。这种剪裁能够最大化地利用长方形面料幅宽，几乎没有任何浪费，而且也没有臃肿冗余的缝纫包边和线迹，上可束胸，中可贴臀，下又不妨碍裙裾呈圆弧状散开，既便于行走，又能充分体现贵族女性富丽洒脱的优美身姿。总之，充分体现了自周代以来，中国古代掌缝（类似今天的服装设计师）和缝纫女工的巧思和智慧。

款式繁多的裙子，使这一时期女性服饰在外观上姿态万千。将女性的仪态映衬得婀娜多姿，为盛唐女性展示风采提供了机会。从色彩上来看，曾经主流的间色裙已渐被各种色彩鲜艳的浑色裙取代。浑色裙的颜色主要以红、黄、青为主，上品有红色的石榴裙、黄色的郁金裙、蓝染的青裙等，此外还有紫、碧（青绿色）等诸色裙。此时的染匠掌握了染色三原色，并利用绞缬、蜡缬、夹缬的方式和一次染、套染、多次染等方法染出多重色彩。从裙子的形状来看，有笼裙、大袖连裳、留仙裙等。从裙子的材质种类来看，此时有绸裙、纱裙、罗裙、银泥裙、金缕裙、金泥簇蝶裙、花笼裙、百鸟毛裙等。

盛唐女子的各种裙各有特色，命名方式常常以“材质 + 颜色 + 装饰 + 形状”的顺序命名，譬如“单丝碧罗花笼裙”等，但也有仅用其中的一种特性命名，譬如“花笼裙”等。以“花笼裙”为例，笼裙是指用一种轻软细薄而透明的单丝罗织物制作的裙子，上饰织文或绣文的花裙，因为透明只能罩在其他裙之外，通过透视达到对朦胧、柔和色彩的追求（参看图 1–21）。这种审美方式对日本影响甚为深远，日本婚礼中新娘的“十二单”礼服就深受此透视晕色审美观的影响。

唐中宗时，安乐公主下嫁武延秀，曾得到“益州献单丝碧罗笼裙，缕金为花鸟，细如丝发，大如黍米，眼鼻嘴甲皆备，瞭视者方见之”（《新唐书 · 五行志》）。益州（成都）不仅因城市经济发达，在唐中后期有“扬一益二”的美誉，而且蜀锦的精美也是天下闻名，益州进献给安乐公主的这件单丝碧罗笼裙：碧色纱轻薄透明，上面点缀着用金线刺绣的花鸟，刺绣花鸟的金线像头发丝般细小，绣出的图案最大也不过小米粒般大小，即便如此大小，小鸟的眼睛、鼻甲和鸟喙一样都不少，精巧到只有视力好的人才能看清，由此可推想这件花笼裙的精美程度。

除此之外，安乐公主还授意内廷制作过两条“百鸟裙”同样令世人惊叹。“百鸟裙”顾名思义就是在裙子上展现很多鸟儿的图案，为达到逼真的效果，将很多鸟的羽毛捻线与丝线一起织成面料制作裙子。“安乐公主使尚方合百鸟毛织二裙，正视为一色，傍视为一色,日中为一色,影中为一色,而百鸟之状皆见”(《新唐书·五行志》)。因为有鸟羽的添加，成品不仅在不同视角呈现不同颜色，还在光影变化下呈现的颜色也不同。负责内廷服饰供给的尚方局制造此裙共两件，安乐公主将其中一件献给韦后，接着贵臣富室之家纷纷仿效，“山林奇禽异兽，搜山荡谷，扫地无遗”(张鷟:《朝野佥载》卷 3)，据此当可推想百鸟裙在当时被推崇的程度，以及盛唐贵族女性服装奢侈华丽的状况。这两件裙子因为极其穷奢极欲被记录在《五行志·服妖》中，后世才能一窥盛唐女装的样式与色彩，其他没有被记载的精工巧思之作都淹没在历史的长河中，成为被遗忘的唐代日常。

5. 足服

盛唐贵妇们更喜欢轻便舒适的小头履，不过此时的履和初唐的履相较更加奢华，通常会用缀满金玉珠宝、质地华丽的织锦做履。

从唐代的传世画作中可以看到，皮靴也是此时女子经常穿着的一种足服，它常常与襕衫、长袍等一同穿用。随着胡服和女着男装的日益流行，女性穿靴子的越来越多。除了完全用皮革做的皮靴外，当时还有用锦缎做靴面，式样却仿照皮靴的锦靴问世。锦靴上可以缀加各种装饰，非常受贵族女性的欢迎。有一种将皮革切割成许多部件小片然后缝合起来的靴子，叫作“六合靴”，它的制作方法与今天的皮靴制作方法已经十分接近，剪裁精细，包脚性强。由于受胡人靴子式样的影响,此时的皮靴与线靴都呈薄底、尖头样，小巧精致，与以往汉族传统的圆头厚底的履、舄等完全不同。中唐时期的大诗人白居易在《上阳白发人》一诗中描写一位穿着天宝末年时尚服装的老宫女时说：“小头鞋履窄衣裳，青黛点眉眉细长。外人不见见应笑，天宝末年时世妆。”诗中描写的轻便小头鞋、窄袖小衫、青黛细长眉等服饰妆饰，与生活于唐宪宗时代的白乐天常见到的宽肥大袖、翘头大履形成鲜明的对比。

盛唐贵族女性的常服，除以上提到的衫襦、帔帛、半臂、浑色长裙、靴之外，还有更具特色的胡服和女着男装等时尚。

中国女性的着装在唐代前后都一直处于男权思想的支配之下，在社会生活中，女性没有穿着的自主权。然而到了盛唐时期，女子的衣着经历了一个由朴素到华丽的自主转变，为盛唐气象增添了不少神韵和魅力。

这一时期女子服饰空前华丽夺目，款式新奇繁多，材质上乘，代表了中国古代服饰文化所能达到的巅峰，是中国古代服饰的典型代表，也成为盛唐时期政治气氛宽松、社会经济繁荣发达、民族关系融洽、中外文化交流频繁的真实写照。

盛唐时期女性衣着的趋新、尚奇和大胆开放，为文人墨客进行文学创作提供了鲜活的素材来源。唐代初年，女性还以“幂篱”遮面,到唐玄宗时,已经“靓妆露面,无复障蔽”(《旧唐书·舆服志》),开始向薄、透、露方向发展。宽袖衫襦、婀娜多姿的裙子和披纱成为展示女性美的主要服饰。因此，“胸前瑞雪灯斜照”（李群玉：《同郑相并歌姬小饮戏赠》)、“慢束罗裙半露胸”（周濆:《逢邻女》)、“粉胸半掩疑晴雪”（方干:《赠美人四首》)、“血色罗裙翻酒污”（白居易：《琵琶行》）等描述女性着装风格的诗句成为唐诗的重要组成部分，石榴裙更成为唐代诗人笔下女性的代称。

盛唐女性的着装不仅为诗人的创作提供了生活素材，还为这一时期的画家们带来了绘画的灵感，丰富了盛唐绘画艺术的内容。仕女画一直是中国古代绘画的重要种类。唐代，特别是盛唐和中唐时期的仕女画在题材上开始突破汉魏时期贞女、烈妇的范围，逐渐偏重于描绘俗世女子的生活情趣。通常仕女的形象是：开领较大较低、浓妆艳饰、穿锦着罗，异常华丽，故又称此时的仕女画为绮罗人物画。盛唐画家张萱的作品足可以证明这一点。

盛唐女子的服饰无疑是美的代言。它不仅仅为整体上保守、沉闷的中国古代服饰添加了开放、活泼的氛围，其影响力还辐射到我国的周边国家和地区，将盛唐服饰中的美丽光被四表，成为中外文化交流的桥梁。在这之后，宋代的服饰将盛唐女子着装的独特风格全盘否定，又恢复到保守、沉闷的格调，盛唐服饰的大气和在国际上的影响力亦不复存在。

服饰文化作为社会生活体系的一个重要组成部分，在一定程度上反映了当时社会的价值取向和国民精神实质。以开放、华丽和富有朝气为主要特征的唐代女性服饰文化与当时雄浑博大、崇尚交流、讲求实效的社会风气是一致的。开放的政治格局、繁荣的文化领域以及多元化的生活方式，从根本上决定了唐代女性服饰的发展方向和基本特征。同时，女性服饰文化作为唐代文化的一个重要组成部分，不仅对唐代自身，更对未来中国文化的发展产生了积极长久的影响。

(三)中晚唐的贵族女性服饰

之所以称之为中晚唐，是为了对应人们习以为常的阅读习惯，从服饰流行风格的一致性来看，从唐文宗即位开始至唐末，盛唐形貌虽在，但盛唐体现在服饰、装束上的富足、华丽、洒脱、开放的精神面貌已日薄西山、气息将尽。总体上，此时贵族女性的体态越来越丰肥，衣裙也越来越宽肥、奢华，但服饰总体上却又恢复保守。

1. 发式

此时仍然盛行从盛唐而来的高大髻式，发髻虽依旧高大，不过不再出现像簪花仕女那样夸张的高髻大花，此时的贵族女性“变本加厉地”喜欢发量超出自然的大髻，不过与盛唐不同，此时的高髻往往通过变形来克服盛唐高髻所需要的巨额制作花费。与盛唐相比，此时的高髻更注重发量的厚度，而不是高度。比较常见的是发量超出自然的坠马髻、倭坠髻、抛家髻、半翻髻等，也就是将原有的高大髻式做了垮塌处理。这是中晚唐时期的独特审美，更像是对太平盛世的追缅。（参看图 1-22）

坠马髻和倭坠髻的区别在于发髻垮塌部分的形状和高低，坠马髻因为是高坠，所以本应直竖的高髻完全垮塌，形成偏塌的侧向状态，所以叫“坠马髻”；倭坠髻属于低坠，本来髻势就偏低，只是做出倾斜状即可（参看图 1–23）。

2. 衫襦

中晚唐的衫襦随此时女性的体态由丰腴向臃肿变化而呈逐渐肥大的趋势。盛唐时服装的样式已日趋宽大，到了中晚唐，这种特点更加明显，一般女性的衫襦，袖宽往往四尺（今 1.18 米）以上。在敦煌莫高窟中保留了大量晚唐时期的女供养人像，例如莫高窟第 9 窟、89 窟、107 窟、144 窟、156 窟等处的女供养人像，她们大多神态安闲、慵懒，穿着直领大袖的衫襦，束于胸线之上的长裙低垂曳地，宽大的帔帛散垂，脚蹬翘头履，显得稳重而雍容。这就是为什么白居易会说：“小头鞋履窄衣裳，青黛点眉眉细长。外人不见见应笑，天宝末年时世妆。”天宝年间紧小、轻便的时尚在中晚唐的女子看来，已经是过时落伍的装束。

中晚唐的直领很有特色，乍一看之下像交领，但它既不用左搭右，也不用右搭左，左右领子并不相交。左右衣领相对，在胸线上被固定裙子的大带约束住，根据年龄的大小、地位高低，领子的开口可大可小，相对而言年轻、社会地位低的女性领子开口大一些，地位高、中老年人的领口更紧小一些。五代末期，这种直领的领式重新被交领取代，在《韩熙载夜宴图》中的伎乐、侍女等女性身上已然再难看到直领的样子，领口同样紧小，但五代末年到宋、明的紧小领口是通过左右领子交叠完成的，这样的剪裁处理只能紧小，而不能像唐末直领可大可小，具有一定的灵活性。

另外，与整个唐代相比，宋代女子的衫不仅重回交领传统，就是衫、裙的连接处也明显下移。由唐代的胸线之上重回腰际，使唐风成为古代服饰史上最易辨认的特色。

晚唐的唐衫，衣袖都较为宽大，唐文宗曾下令天下女性衣袖不能超过一尺五寸，证明大袖是中晚唐的通行时尚。有意思的是在一众宽肥大袖中，西安土门出土女俑（参看图 1–24）所穿唐衫很有特色。这件唐衫衣袖收口，像现代衬衣的收口（袖口），有明显的翻边处理，而且颜色与整体衣身也不同，呈现拼色效果，如果没有现实所见，很难想象有这样的陶俑设计，这显然不是制陶工匠的心血来潮。

3. 半臂

唐中后期虽仍有“银鸾睒光踏半臂”（李贺 :《唐儿歌》）这样的句子描写半臂，但与盛唐初相比，此时半臂在女子服装中逐渐隐退，主要原因是唐前期的女装大多上身窄小，袖子又细又窄，衣袖紧贴身体，便于半臂的穿套。而盛唐以后，女装逐渐向宽松肥大转变，衣袖过于宽肥，半臂的配饰功能消失，所以外穿半臂的风尚也就退出了时尚，但又催生了半臂内穿的潮流。土门出土的晚唐女俑，在肩袖处有一个明显的类似现代垫肩的内衬，据黄正建老师考证，这就是半臂内穿形成的垫肩效果。不过黄氏认为半臂内穿会形成垫肩效果多见于男式着装，从土门女俑的身服来看，晚唐女子也有同样的装束（参看图 1–24）。

4. 裙

中晚唐的裙一般长可曳地、肥大且宽松。唐文宗即位之初，就曾传谕“以四方车服僭奢，下诏准仪制令……妇人裙不过五幅，曳地不过三寸，襦袖不过一尺五寸”(《新唐书·车服志》)。裙裾不超过2.6米，裙长曳地不超过0.08米，襦袖不超过0.4米，唐文宗的要求并没有得到响应。“诏下，人多怨者。京兆尹杜悰条易行者为宽限，而事遂不行。唯淮南观察使李德裕令管内妇人衣袖四尺者阔一尺五寸，裙曳地四五寸者减三寸。”(《新唐书·车服志》)文宗禁奢的诏令，在京兆都无法推行，更遑论藩镇势力遍地开花的帝国全境，只有官二代李德裕在自己任观察使的淮南遵照文宗的敕令将管辖内的女性衣袖限定在一尺五寸内，裙裾离地减三寸，可见此时宽肥、长大裙的流行。

据文献记载,唐开成四年(839年)正月,唐文宗在咸泰殿观灯,发现自己的女儿延安公主身穿宽大逾制的服装，就当众将她斥退，并且以她的服装逾越了礼仪制度为名，罚其夫窦浣两月薪俸。文宗改变服饰宽肥奢华状况的愿望，从唐代文物所反映的实况看收效甚微。自盛唐以来的服装宽肥之风在唐文宗以后越演越烈，唐中后期的贵妇们用宽松肥大表示她们的富有(参看图1-25)。

此时的裙，在穿着方法上也与初、盛唐不同，初、盛唐的裙是束、系在腋下，或掖于衫襦之内，或束于衫襦之上，但都不影响胸部线条的表现，有时还可以起到烘托胸线的效果。而中晚唐时期的裙大部分穿于胸部高点之上，领式虽仍为直领，开领也较大，但盛唐女性胸部的曲线美被彻底掩盖了。

5. 履和靴

唐中后期，女性足衣喜着高头履，因为这时贵族女性喜欢穿长拖曳地的裙子，用高头履将裙前裾抬起，方便行走。贵族女性更是在高头上大做文章，一般仿照男子祭礼之服的形式，将其设计成云头、笏头。这在敦煌莫高窟的第 9 窟、12 窟、144 窟、156 窟供养人身上都有体现（参看图 1–26）。除此之外，唐代宗朝，令宫人侍左右者穿红锦鞠靴。

总体上，唐代贵族女性的常服经过了一个由紧窄向宽肥发展的过程，在这个过程中盛唐的贵族女性们又创造了既露又透的盛唐风尚（参看图 1–27）。

二、民女的常服

(一)材质

荆钗布裙是唐平民女子的最普遍装束。不过此时“布裙”的布，并不是今天人们所理解的棉花纺出的棉布，而是苎麻纺出的麻布。因为棉花是从印度传入中国的，唐时棉花虽已传入中国，但当时北路仅传到新疆，南路也仅传到两广、福建一带。受气温和湿度的影响，一年生草本植物棉花还没有在唐帝国全境广泛种植，直至 13 世纪上半叶，经过近 400 多年的适应性培育，南路棉花才传入长江中下游，北路棉花也才传到中原地区，元代中国全境才开始普遍种植棉花。

上古至唐宋的 3000 多年间，中国人的纺织原料中主要有：葛、麻、丝，其中平民使用的服饰材质主要为葛和麻，麻又有大麻、苎麻等。白居易《秦中吟 · 重赋》诗说：“厚地植桑麻，所要济生民。”麻不仅可以纺纱织布，还可以制作麻绳、麻袋，麻是平民阶层赖以生存的主要生产生活资料之一。杜甫的《茅屋为秋风所破歌》

说:“布衾多年冷似铁,娇儿恶卧踏里裂。”葛鸦儿《怀良人》云:“蓬鬓荆钗世所稀,布裙犹是嫁时衣。”说的都是麻布制成品。唐平民穿不起丝织品,只能以麻布蔽体。

(二)款式

唐代平民女子服饰资料所见不多,就仅见的一些材料来看,唐代士庶女子通常着衫襦、裙、裤,披帔帛,但庶民女子的衫襦、裙与贵族女性的衫襦、裙款式上是不太相同的。因为庶民女子要劳作,要为生计奔波,所以她们的装束比起贵族女性的装束要紧窄、简单,一方面要便于行动,另一方面也因工料费更少。

初唐时,士庶女子的装束外形差异不大,差异主要集中在材质和数量上。庶民女子的服饰材质差、服装数量少。盛唐士庶女子的装束变化较大,在贵族女性沉浸在由丰腴、宽肥、薄、露、透所营造的艳色、奢华的时尚氛围时,庶民女子的身形较为清瘦,衫襦材质粗陋,领、袖为便于劳作,相对地也较为紧窄,与贵族女性的艳丽奢华之风形成鲜明对比(参看图1-28)。此时在着男装和胡服风气影响下,更多庶民女子选择男装或胡服,在敦煌壁画中就有着幞头靴衫“似男儿”的婢女形象。此时的庶民女子即便着裙,裙长也仅及膝,内着紧口长裤。中唐时,在敦煌壁画《弥勒变》中,一农妇束高髻,着连衣裳、白布大口裤、麻鞋,卷起袖筒挥手播种(段文杰:《敦煌壁画中的衣冠服饰》)。用衫裙连属的“连衣裳”制造衫、裙的穿着效果,这是此时较为典型的劳动女性形象。晚唐的女性因时局动荡、社会贫富分化加剧,庶民女子的社会生存状态极度恶化,庶民女子的服装在款式上仍以衫、襦、裙、裤为主。

在敦煌壁画中，也有一些中晚唐采莲的江南劳动女性的形象，“白练束腰袖半卷，不插玉钗妆梳浅”（张籍：《采莲曲》）。这时的劳动女性虽也着衫裙帔帛，但质地则为粗糙的绢葛，色彩限于黄白，和中唐没有太大变化。此时出现在诗文中的晚唐女子大多终日忙碌却衣衫褴褛，在秦韬玉《贫女》一诗中有很真切的描述：

蓬门未识绮罗香，
拟托良媒益自伤。
谁爱风流高格调，
共怜时世俭梳妆。
敢将十指夸偏巧，
不把双眉斗画长。
苦恨年年压金线，
为他人作嫁衣裳。

不仅因为要为“他人作嫁衣”没有时间描眉画妆，而且还因为“桃花日日觅新奇，有镜何曾及画眉。只恐轻梭难作匹，岂辞纤手遍生胝”（秦韬玉：《织锦妇》），日夜劳作损害了健康和美丽。

诗人的描述并非只是文学家的笔法，总体上，唐代的平民女子不仅与时尚无缘，即使在欣欣向荣的初唐和国力强盛的盛唐，平民女性的日常劳动强度也极大，这是由唐代租赋劳役的制度决定的。据《通典》记载，唐前期实行租庸调制，唐代的租是每丁每年纳粟二石（岭南诸州纳米：上户 1.2 石，次户 8 斗，下户 6 斗）；

调是各乡的土产，每户每年如交绫（或绢或絁）二丈，还要兼交绵三两（产布之乡纳布二丈五尺，麻三斤）；庸是每丁每年为官府服役 20 天，遇闰加二天。此外，有事而加役 15 日者免调，加役 30 日者租调皆免，但连正役不得超过 50 日。不亲自服役者，可纳绢代役，每日绢三尺或布三尺七寸五分，也叫“输庸代役”。贵族享有蠲免租庸调的特权。这里值得注意的是，租庸调虽都以男丁为规定对象，但除租之外，“调”和“输庸代役”的规定都与小农经济中负责纺纱织布的女性有关，这样的规定虽然使唐女性的家庭经济地位达到前所未有的高度，但也给唐代女性带来了除家务之外繁重的日常劳动，女性为了帮助父、兄、夫免除劳役就不得不织更多的绢或麻布。

在租庸调实施时，按照唐令的规定，每年每丁需承担“调”的工作量，折合成今天的长度就是绢 5.92 米或麻布 7.4 米，“输庸代役”20 天也不过交 17.76（闰年 19.53）米的绢或 22.2（闰年 24.42）米的麻布，相对于全年而言，这个数量显然不能构成苛政。但这只是政策字面上的数字规定，事实上唐代女性所承担的劳役远胜于此，尤其是在丝织业发达的地区，劳动女性所承担的实际摊派要远远大于唐令规定。以唐代三大植桑养蚕织丝之一的河东地区[①]为例：景龙二年（708 年），监察御史张廷珪奏称“河南、北[②]桑蚕倍多，风土异宜，租、庸须别。自今以后，河南、河北蚕熟，依限即输庸调，秋苗若损，唯令折租，乃为常式者。”（《请河北遭

① 另两处是：一是巴蜀区，包括剑南道和山南道的一部分；二是吴越区，包括淮南、江南两道的大部分。
② 唐代的河南道相当于今河南、山东两省黄河故道以南，江苏、安徽两省淮河以北地区。河北道相当于今河南黄河以北及山东、河北之地。

旱涝州准式折免表》）河南道与河北道同属于河东区，就算不是丰年，在蚕熟之后，仍然要输庸交调，即使秋天田地没有收成，租可以不用交粟，但也要折合成等值的丝织品。张廷珪是怀着忠义之士的抱负在提这个建议，因为唐代丝织品不仅是法定货币，而且还是国家财政收入的重要支柱[①]，所以平民女子的劳动不仅是为了满足贵族阶层的喜好，这只是其中很小的一部分原因，更为重要的是织女们的劳动直接决定了唐国家经济的走向，这种情况在两税法实施后仍然没有根本变化。

以唐代技术含量较高的缭绫为例，在元稹《阴山道》诗中写道："越縠缭绫织一端，十匹素缣功未到"，意即用织十匹普通素绢的工力，也织不出一端缭绫，但因为国家需要就不得不加倍劳动。据文献记载，长庆四年（824 年），穆宗"诏浙西织造可幅盘绦缭绫一千匹"，观察使李德裕认为太扰民，"上表论谏，不奉诏，乃罢之"（《旧唐书 · 敬宗本纪》）。这种在唐代属于新型高级丝织物的制作难度是普通织物的十倍，但在上贡、封赏、贸易往来、国库储备等方面都有不可替代的地位，所以也只有时年 34 岁的世家子弟李德裕不谄媚朝廷以求进身，唯以减轻百姓负担为虑，才敢上表请停，因事迹突出得以记入正史。从法门寺迎佛骨时贵族敬献的精美丝织物的数量来看，如李德裕这般敢于"抗命"的官僚还是少数，对于大部分官员而言，丝织物不仅是国家政治、经济生活中不可替代的重要物资，还是官员们自己的俸禄和政绩。整个唐社会对丝织物的依赖有多么强烈，对织女们的劳动依赖就有多强烈。

① 参见卢华语：《唐代桑蚕丝绸研究》，北京：首都师范大学出版社，1995 年，第 149—173 页。

背负国家经济重担的平民织女们，其工作的辛劳程度自不待言。辛勤纺织的越溪寒女不得不日夜纺织，不仅要赔上自己的青春美丽，甚至还要赔上自己的人生。元稹《织妇词》云："缫丝织帛犹努力，变缉撩机苦难织。东家头白双女儿，为解挑纹嫁不得。"在室女子有镜没空照，双手遍生茧，忙碌一生为人做嫁衣，婚姻大事尚且不能解决，哪里还有时间描眉画眼。出嫁之后的贫妇："夫是田中郎，妾是田中女。当年嫁得君，为君秉机杼。筋力日已疲，不息窗下机。如何织纨素，自著蓝缕衣。官家榜村路，更索栽桑树。"（孟郊：《织妇辞》）不仅仍然没有追逐时尚的时间，而且终年劳碌，每日辛苦织出的越縠缭绫、奇纨异织，最后都与她们无缘。贫民女子物质匮乏，与贵族女性们极尽奢华的物质情况形成鲜明对比，白居易诗《缭绫》云：

缭绫缭绫何所似？不似罗绡与纨绮。
应似天台山上月明前，四十五尺瀑布泉。
中有文章又奇绝，地铺白烟花簇雪。
织者何人衣者谁？越溪寒女汉宫姬。
去年中使宣口敕，天上取样人间织。
织为云外秋雁行，染作江南春水色。
广裁衫袖长制裙，金斗熨波刀翦纹。
异彩奇文相隐映，转侧看花花不定。
昭阳舞人恩正深，春衣一对直千金。
汗沾粉污不再著，曳土踏泥无惜心。

缭绫织成费功绩，莫比寻常缯与帛。
丝细缲多女手疼，扎扎千声不盈尺。
昭阳殿里歌舞人，若见织时应也惜。

贵族女性对缭绫这样“天上取样人间织”的高级织物“汗沾粉污不再著，曳土踏泥无惜心”；但像葛鸦儿一样的贫家女“布裙犹是嫁时衣”,不知葛鸦儿婚龄有多长,一个“犹”字所道出的寒酸、艰辛仍让今人震撼。贫富差异在服饰制作的差别上是显而易见的。

除经济条件使得贫女在服饰款式和材质上与贵族女性不同之外，地域、气候条件也是影响庶民女子服饰的一个重要因素。盛唐时长安的贵族女性为了保温，常在曳地长裙中加膝裤御寒，据《致虚杂俎》载：“太真著鸳鸯并头莲锦裤袜，上戏曰：‘贵妃裤袜上乃真鸳鸯莲花也。’太真问何得由此称，上笑曰：‘不然，其间安得有此白藕乎？’贵妃由是名裤袜为藕覆。注云：袴袜，今俗称膝裤。”对此，沈自南又援引《留青日札》的解释是:“女袜，袜，足衣，今之膝裤。”从宋人的记载来看，盛唐长安的贵族女性可以袒胸露臂，却要以裤袜裹足，除保暖的因素之外，长安文化中华夷杂糅的成分可见一斑。吴越之地的普通庶民女子在劳作过程中，为方便起见，常常会在撑船时“屐上足如霜，不著鸦头袜”（李白:《越女词五首》），浣纱时“一双金齿屐，两足白如霜”（李白：《浣纱石上女》），只穿屐不着袜，即使寻常水道偶遇时也会赤足相见：“东阳素足女，会稽素舸郎”（李白：《越女词五首》）。在李白所到之处，东阳（浙江中部）、长干（南京附近）、金陵（南京）等吴越之地，江南庶民女子素足的风气与长安贵妇们的袒露之风截然不同，透露出独特的吴越文化特质。江南女子的素足之风和江南水乡的地理、气候有关，也正是这种地理气候的不同，使得长安和江南在风气流变、时尚流行方面产生反差较大的对比，李白只是凭一个浪漫诗人的直觉抓住了这种不同之处而已。可见，士庶女性之间的着装差异其根本原因不仅在于审美与经济条件也受地域、气候、实用性等综合因素的影响，不过还没有见到唐女性只着裤而不加裙的记载。

总体上，下层平民女子大多过着“妻子无裙复，夫体无裤裈”的生活。在敦煌壁画中还有“乞讨者头无花钗，衣无纹饰，破衫蔽裙，衣不蔽体”（段文杰 :《敦煌壁画中的衣冠服饰》）的现象存在。在今人吟唱梦回唐朝时，有多少人想到在繁华、奢华背后的穷人呢？

三、时尚胡服

唐代女性着装风尚，除前文已提到的衫襦、长裙、披帔帛等主流装束之外，还受到了其他民族文化的影响。“胡风”“胡服”“胡帽”在初、盛唐大兴。

由于地理环境及生活方式所决定，西域及西域以北、以西各民族的服饰形制紧窄，质料较厚实（多为毛质），纹样粗犷，颜色鲜亮、纹饰题材禽兽居多。此种风格与周汉传统汉族的褒衣博带、高冠浅履形制差异较大，历来被称为“胡服”。自战国赵武灵王胡服骑射，在地处北部的赵国推行胡服始，胡服就因方便实用，渐被中原民族所接受。秦汉之际多用于军旅，至东汉末“灵帝好胡服、胡帐、胡床、胡座、胡饭、胡箜篌、胡笛、胡舞,京都贵戚皆竞为之”[①]。魏晋以后，随着南北交流日益广泛，胡服广为流行，流行的胡服款式以胡帽、袴褶、钩络带、长靿靴为主。胡服中紧腿合裆裤的使用对于后世中国人的生活影响较大。

到了唐代，初唐的胡服主要有幂䍦、帷帽、对襟窄袖衫、卡夫口条纹裤、鞢韘带及靴;盛唐胡服主要有帷帽、胡衫、胡帽、锦靴;中晚唐的胡服主要有回鹘装等。

(一)幂䍦

《大唐新语》记载“武德、贞观之代，宫人骑马者，依《周礼》旧仪多着幂䍦，虽发自戎夷，而全身障蔽”。发自戎夷是唐人记载本朝的事迹，只是这个“戎夷”究竟是哪里，争议颇多。周锡宝先生认为幂䍦之制来自北方民族,时间当是北魏前后。因《北史·附国传》《周书·吐谷浑传》及《通典》皆有:附国，即西汉时的西夷，其俗“或戴幂䍦”和“多以幂䍦为冠”的记载，另有学者则以《晋书》中有“或戴幂䍦”的句子，得出“六朝时期男女均用”的结论。其实旧书已有明确时间记载，唐初女性骑马着幂䍦是沿袭北齐、隋两朝的旧制，说明北齐、隋两朝已盛行女子骑马戴幂䍦了。幂䍦之制的始行当早于此，但不早于北魏。有学者认为武周之后，幂䍦渐被淘汰。笔者通过对宋代女性服饰的研究发现，幂䍦并未退出女性生活,只是随时间的推移,形状和戴法发生了变化,在《明皇幸蜀图》[②]（参看图 1-29）中有多个头戴幂䍦的宫女形象出现,可

① 向达:《唐代长安与西域文明》，北京：三联书店出版社，1979 年，第 41 页。

②《明皇幸蜀图》的作者，宋人叶梦得认为是唐代山水画大师李思训，但据后世考证，李思训死于安史之乱以前，故此又有人认为此图既有李氏画风，又得见玄宗避走四川的史实，应为李思训之子李昭道的作品。至于现在传世的作品究竟是宋人仿唐，还是明人仿唐、仿宋已经不能考究。总体上，即便此画为宋人所作，也能证明幂䍦并未退出使用，只是穿戴方式发生了时尚变化，并不影响本文对幂䍦认识的结论。

知羃䍦由最初的可遮蔽全身发展至宋代成为仅可盖头的装饰，形式虽变，意义却在。

关于唐羃䍦的具体形制，古人的记载非常笼统，难以确知，历来众说纷纭，今人论及，也多以马缟《中华古今注》“羃䍦之象类今之方巾，全身障蔽，缯帛为之”为据。然马氏所言也多引《舆服志》语，形象仍难明了，且论据不足。沈从文先生在《中国古代服饰研究（增订本）》一书中则认为：

照唐俑来看，虽有全身罩裹骑马人，但所着未能肯定即羃䍦，因多系仆从身份。乘马明确属于上层身份，多具帷帽特征，不问是上作硬笠或软兜，下垂物多只及肩而止，通名为“裙”，罩头而不盖身，十分明白。本图（指《明皇幸蜀图》和唐俑女性形象）即是几种比较有代表性的帷帽女性不同形象。有如软胎观音兜风帽的，或可叫作“羃䍦”。

接着又说：“就敦煌画迹和近几年出土墓俑分析，有穿遮蔽全身近似加观音兜披风外衣的，脸部却少遮蔽，和不欲人窥视不尽符合。”周锡宝先生则本着“礼失而求诸野”的精神，引用朝鲜电影《春香传》的形象证明羃䍦的形制，虽具体但难服众（参看周锡宝：《中国古代服饰史》）。从近年的敦煌研究情况来看，羃䍦应当是一种衣帽相连的与后世斗篷相似的装束（参看图 1-30）。沈先生的疑惑源自《舆服志》所言羃䍦的作用是“不欲途路窥之”，此实为史家溢美之词。唐宫禁宽弛，宫人出宫游玩、骑马、打马球实为平常之事，何惧路人窥视？有学者猜测羃䍦初入中原时，可能全身遮蔽，而后渐改，这种猜测和沈先生对“软胎观音兜风帽的，或可叫作羃䍦”的观点相映证。由此可见，羃䍦的长大、短小完全可以因时间地点不同而不同，或仅为盖头齐肩，或不仅盖头而且能遮盖全身；大多为朴素的单色，纱质较多，但也有粗厚料质；帽胎有硬有软。齐肩背的羃䍦在使用时，也可以视情况撩起绾在脑后（参看图 1–31），穿戴羃䍦的时候，其他衣裳的穿戴与经济条件、社会地位、流行时尚有关，并不受羃䍦的影响。

学界公认羃䍦是“发自戎夷”的胡服，段文杰更是认为，“这种服制大约是吐谷浑民族的风俗，也可能与阿拉伯服饰有关”（《敦煌壁画中的衣冠服饰》）。这主要和段先生生活在西北的所见所闻有关，今天在西北信奉伊斯兰教的女性中，仍通用盖头蔽身。此习俗虽源自宗教，但也和阿拉伯日晒强、风沙大的自然环境有直接关系。因此，其实际用途是远行旅客乘马时用以围裹身体防晒、蔽尘。从最初男女通用，不择尊卑的穿着状况来看，唐女子出行乘马穿着此服，不仅为时尚，更是注重它的实用功能。至于其来历，就其穿戴方式来看，应该起源于需要防风、蔽沙、防晒的阿拉伯半岛地区，然后经由信奉伊斯兰教的中、西亚商人在经商旅行过程中将其带入大唐，吐谷浑只是羃䍦传播的中转站之一，而非源起之地。

（二）帷帽

帷帽之制始于隋，盛于唐永徽至开元年间（650—741 年），曾两度被禁，皆因统治者认为帷帽“过为轻率，深失礼容（《旧唐书·舆服志》)。

帽为毡笠，纱质拖裙至颈项间与羃䍦的遮蔽性相比，帷帽的形状并不符合周礼对女子出行的要求。帷帽是一种高顶的大檐帽，因其檐下垂一丝网似“帷”故得名。

它是由西域传入中原的一种少数民族佩戴的帽子。《旧唐书·吐谷浑传》载：“男子通服长裙缯帽，或戴羃䍦。”“长裙缯帽”据向达先生考证：“帷帽即吐谷浑男子所服之长裙缯帽，吐火罗人所著之长裙帽。”[1] 这里所说的长裙，即指帽檐下所垂的丝网。可见，因西域风沙大，帷帽用来障蔽风尘。

关于帷帽传入中原的时代，历来众说纷纭，但多以宋人高承的说法为据。高氏在所著的《事物纪原》中说：“帷帽创于隋代，永徽中使用之，施裙及颈。今世士人，往往用皂纱若青，全幅连缀于油帽，或毡笠之前，以障风尘，为远行之服，盖本于此。”实际上，“创于隋”此说援引《车服志》刘子玄给唐中宗的奏议。据《新唐书·车服志》载，景龙二年（708 年）七月，左庶子刘子玄议曰：“……画《昭君入匈奴》，而妇人有施帷帽者……帷帽创于隋代，非汉宫所作。岂可因二画（另有张僧繇所画《群公祖二疏》）以为故实乎！”在这里刘子玄引阎、张两画中人物服饰为自己的辩题佐证，所以帷帽是否创于隋代还需详查。据《隋书·礼仪志》记载可知，南北朝宋、齐间及后周之时，就已经有了这种“垂裙”的胡帽。《礼仪志》云：“案宋、齐之间，天子宴私，著白高帽，士庶以乌，其制不定。或有卷荷（卷檐），或有下裙（垂网），或有纱高屋（高顶），

① 向达：《唐代长安与西域文明》，北京：三联书店出版社，1979 年，第 45 页。

或有乌纱长耳（耳遮）。后周之时，咸著突骑帽，如今胡帽，垂裙（垂网）覆带，盖索发之遗象也。”其中的“垂裙覆带”已得到徐显秀墓道壁画中人物头巾的证实，“或有下裙”是否就是隋唐“施裙及颈”的帷帽的形制，虽然目前尚无画塑资料佐证，但据此仍可断定，帷帽传入中原最晚在南北朝时期。尔后随着风俗的易化，以及中原与西域地理气候的不同，帷帽的形制亦有所改变。从最初类似徐显秀墓中头巾后披裙至脖颈到隋帽下“帷裙”，其形式上的变化完全符合服饰时尚在历史长河中有继承、有发展的变化规律。宋人高承的记载也得到近年大量出土文物的佐证，在新疆阿斯塔那出土多宗女子戴帷帽骑马俑（参看图1–32–1），因气候原因，这里出土的帷帽俑，其帽多为毡帽样，拖裙较短。陪葬昭陵的燕德妃墓道捧帷帽女侍图（参看图1–32–2），侍女手捧之物分油帽与拖裙两部分。之所以称之为油帽，因为图中的帽为编制硬顶笠帽，这样的笠帽隋唐人通常会用竹、藤、柳条等物编制，然后再刷大漆（桐油）防雨，所以民间称油帽。高承并没有看到唐人的墓道壁画，但所叙述与燕德妃墓道壁画所绘制的图像一致，证明唐宋间帷帽的形制基本一致。

帷帽在穿戴时，唐女子多着窄袖短襦、长裙、靴。另外，从新疆阿斯塔那出土的彩绘陶俑来看，它还可以和当时任何一款流行时装与头饰相配，同时，它也不会遮盖唐代女性引以为傲的任何面部化妆，这也是帷帽屡禁不止的原因。帷帽在隋唐五代时期甚为流行，且不分男女，宫廷内外、官宦士庶，甚至在《清明上河图》中仍能看到戴帷帽的骑驴女子离开城门时的情景。

（三）窄袖衫和条纹裤

窄袖衫、卡夫口条纹裤、窄袖小衫是北周时出现的新装。唐初的窄袖小衫一般具有如下特征：小翻领、左衽、紧窄的小袖、圆领内衬。昭陵墓群出土的大量陶俑中都存在着胡服的现象，在同期敦煌壁画中的贵族女性也有着此装束者。

条纹裤是胡服中重要的组成部分。大部分有收裤口的习惯，也有一部分不仅收裤口还要加卡夫，这两种样式都比较常见。卡夫是近代人在西裤流行之后根据英文对裤口反边折上装饰的音译而来的一种称呼，今人多以为这是西俗，其实这种装饰在唐代的女服中就已经出现了。

陕西长安出土的韦项墓石椁装饰图中有一个手捧温壶的女子(参看图 1—33)，衣着华丽胡服，头戴浑脱帽，身穿小翻领胡服袍，腰挂鞢躞七事，佩承露囊，袍下穿条纹裤，足着金锦小蛮靴，在同一墓道中还有同类形象的装饰图。除此之外，在永泰公主墓道壁画宫女图和陕西省西安唐韦洞墓等处的石刻、壁画中也有描绘得很精致的胡服女子画像。韦洞墓的石棺线刻画中有一个穿胡服的侍女，身穿圆领窄袖长衫，袖口上还缀有锦制的宽边，腰间紧束革带，衣衫长至小腿，露出下身的条纹紧口裤和脚上的六和皮靴。另一个侍女身穿大翻领中掩襟长袍，束带，内穿紧口裤和长靴，在新疆吐鲁番阿斯塔那唐墓中出土的绢画上也有穿着这种胡服的女子像。

（四）胡帽

胡帽是种泛称，是指西域少数民族所佩戴的帽。包括珠帽、貂帽、毡帽、浑脱帽、搭目帽、蕃帽以及卷檐帽等帽服。以胡帽为代表的胡服，通常有与帽相配的其他装束搭配成成套服饰。与帽相配的服饰变化不大，一般即翻领、窄袖长衣、条纹卡夫小口裤，腰间佩革带，饰鞢躞七事，足着绣花短靿锦靴或软履，所以常常单以帽来命名整套装束，胡帽即为胡服的代称。

根据《舆服志》的记载可知，胡帽是继帷帽之后为盛唐女性骑马时所戴的一种帽子。元稹《法曲》诗曰："自从胡骑起烟尘，毛毳腥膻满咸洛。女为胡妇学胡妆，伎进胡音务胡乐。火凤声沈多咽绝，春莺啭罢长萧索。胡音胡骑与胡妆，五十年来竞纷泊。"元稹生于中唐，其"五十年来竞纷泊"一句，上溯则恰指盛唐。可见仕女着胡服在开元、天宝年间尤盛，中唐继其余，元稹所咏与史志相符。只是中唐至五代由于受安史之乱的影响，胡服以回鹘装与时世妆为代表在形式上与盛唐及其以前以突厥、西域为主的装束又大不相同。

唐女子着胡服不同于唐男子的胡服；唐男子的胡服多是胡服与汉装结合之后形成的一种改良胡服，一改汉魏旧制，独具大唐特色。唐代女子胡装同样独具唐代特色，但她们并不以改良为尚，多直取原样。

胡服在唐女性的穿着过程中也发生了一些变化。盛唐的女装胡服与初唐相较，此时的直筒长袍或者圆领的窄袖长衫翻领较初唐开领要大，仍对襟、窄袖，下身所穿的长裤除条纹装饰外，还有以小碎花装饰的裤子，裤口形状变化不大。足蹬靴鞋，腰束鞢躞带，这种腰带上缀有花饰，并且还挂上佩刀、砺石、契苾针、哕厥针筒、火石袋等游牧民族惯常使用的配饰和工具。胡服在开元天宝年间达到了流行的巅峰状态，这种状态一直持续到安史之乱爆发。

安史之乱的领导者安禄山父子和史思明父子，在唐朝人眼中是地道的“杂胡”，即昭武九姓出身的粟特人，他们发动了这场叛乱给唐朝社会造成了巨大创伤。因此，在安史之乱的平定过程中和以后很长一段时间里唐朝境内出现了对胡人的攻击和对“胡化”的排斥。

据《旧唐书·肃宗本纪》载：至德二载（757 年）十一月，肃宗进入刚刚收复的长安后便下令：

宫省门带“安”字者改之。

在《唐会要·城郭》中也记载有：

至德二（三）载正月二十七日，改丹凤门为明凤门，安化门为达礼门，安上门为先天门，及坊名有“安”者，悉改之，寻并却如故。

“安”字本身寓意美好，但出于对安禄山的憎恶而把一些地名、坊名和城门名中的“安”字改掉，可见唐人对战乱的厌恶，极力想要抹掉安史之乱带来的痛苦记忆。

这种对安史之乱的厌恶殃及所有胡人，逐渐演变成对唐朝前期胡化现象的否定，并且把胡化现象看成是安史之乱的直接原因，最直接的表现就是对胡服的否定。《安禄山事迹》卷下称："天宝初，贵游士庶好衣胡服，为豹皮帽，妇人则簪步摇，衩衣之制度，衿袖窄小。识者窃怪之，知其（戎）（兆）矣。"这里把天宝初年长安盛行胡服的风气直接看作是安史之乱的服妖预兆。在唐人对此问题观念渐趋一致的情况下，初唐至天宝末的头戴胡帽、身穿窄袖、左右前（或者左右后）开衩长袍、下身穿条纹裤、足蹬锦靴的胡服女性形象很快就退出了唐代时尚舞台，连带轻便、窄袖的盛唐女装风气也成为了过去。与唐关系友好的回鹘装扮渐成中晚唐女性仿效的对象，这说明任何时尚都不能脱离当时社会的政治文化环境而独立存在。

（五）回鹘装

回鹘，是唐中后期活跃于西域的游牧民族，也是今天维吾尔族的前身，此时回鹘人信奉摩尼教，崇尚光明，所以回鹘上层女子服装追求明艳华丽，样式不同于突厥、吐蕃、吐谷浑等大唐熟知的样式，比较新颖，在与唐相邻的西北一带非常流行，并影响到中原地区。开元、天宝以后，回鹘因在安史之乱时发兵济难有功，回鹘王被赐圣天可汗号，并赐姓李，一度成为北方最强盛的少数民族政权。回鹘与中原王朝有着亲密友好的关系，相互间的文化交流与经济来往从未间断。回鹘装在中晚唐有较大的影响，尤其在贵族女性及宫廷女性中间广为流行。回鹘装的基本特点是：略似男子的长袍，圆盆领，袖子窄小而衣身宽大，下长曳地；颜色以明亮的暖色调为主，尤喜用大红色；材料大多用质地厚实的织锦，领、袖均镶有较宽的织金锦镶边。穿着这种服装，通常都将头发挽成椎状的髻式，称“回鹘髻”（参看图 1–34）；固髻用的是一顶缀满珠玉的桃形金冠，上缀凤鸟；两鬓也有类似汉地皇后博鬓一般的簪钗修饰，耳边及颈项各佩许多精美的首饰；足穿翘头软锦鞋，这种锦鞋的实物在新疆吐鲁番阿斯塔那的唐墓中曾经有过发现。除此之外，在甘肃省安西榆林窟第 10 窟壁画中的曹议金夫人李氏像、莫高窟第 61 窟北宋女供养人像等处都可见身穿回鹘盛装的女子形象。有人认为，这种回鹘装是综合了希腊、波斯与中国服饰文化因子的产物。

胡服之所以在唐朝盛行，首先和唐朝的国情有关。陈寅恪先生在其著作中指出，唐朝最高统治集团中有许多人或杂有胡人血统，或本身就是汉化的胡人，唐高祖李渊的祖父为西魏柱国，曾被西魏鲜卑拓跋氏赐姓为“大野氏”。唐皇室之母系血统亦都杂有胡族成分，高祖之母为独孤氏，太宗之母为窦氏（即乞窦绫氏），高宗之母为长孙氏，皆是胡人后裔。鲁迅先生据此得出“唐室大有胡气”。这使得统治集团内部“华夷之辨”的思想观念显得相对淡薄，女子对胡服的喜爱程度基于血统的缘故便更深了。

其次，唐朝开国后，国力逐渐强盛，尤其到开元、天宝时期，首都长安不仅是全国政治、经济、文化的中心，也是国内外各民族和外国使者的云集之地，人文荟萃，四方辐辏，音乐舞蹈在继承传统的基础上染有了异质文化的特色。唐玄宗时，被称为“十部乐”的燕乐、清商、西凉、天竺、高丽、龟兹、安国、疏勒、康国、高昌中有 70% 属于西域各民族的音乐，胡舞在中原也十分流行，为社会各阶层所喜爱，成为日常生活中人们的主要娱乐方式。

有文献记载，唐玄宗是胡舞的积极倡导者，而杨贵妃、安禄山等人则都是胡旋舞、胡腾舞高手。胡舞者的穿戴打扮各有风格，具有浓厚的民族特色。女性从对胡舞的喜爱发展到对充满异域风情的胡服的模仿，胡服日益成为新的时尚。

最后，大唐国威远播、怀柔万国的政策，使通往中亚、西亚、阿拉伯半岛、欧洲等国家地区的道路畅通。在陆上丝绸之路、海上丝绸之路以及蜀身毒道等中外交流的主要道路上，“引进来的不只是‘胡商会集’，而且也带来了异国的礼俗、服装、音乐、美术以至各种宗教”①。四通八达的陆路、水路交通网络不仅促进了商业的繁荣，也促使各地的文化交流更加地畅通无阻，从而使唐代的许多服饰习俗受到异域文化的影响。唐代是一个对外开放的王朝，亚、非、欧等洲众多异族人络绎不绝地前来中国，他们当中除官方使节、留学生等定期返回之外，大量的胡商、胡姬、胡僧、胡医、胡奴等滞留不归，客死中国，其中一些则入籍为唐人，子孙不绝。1999 年隋虞弘墓中出土的大量中亚图文资料颇能说明隋唐时期中西交流的实况。随着胡人的大量涌入，异域的服饰风俗也在通婚混血的过程中融入到了汉族服饰风俗中。由于血统交融的缘故，唐人更容易接受胡服，加之胡族女性豪放的个性对盛唐女子的影响，使她们在穿着方面敢于大胆地彰显自己的个性，勇于尝试各种新奇的穿着风格。

在唐代，许多地区的人和货物都被称为“胡”。其实“胡”这个名称在秦汉中国专指中原王朝北方边境地区的邻人。但在秦汉

① 李泽厚:《美学三书》，合肥：安徽文艺出版社，1999 年，第 128 页。

以降，包括在唐代，随中外交通的地域扩大，“胡人”的称谓内涵变大，从而引起后世在理解“胡人”的所指时也出现歧义。现代历史学界认为中古以后的“胡人”主要用于称呼西方人，特别是用来指波斯人——有时唐朝人也将天竺人、大食人以及罗马人统称“胡人”①。近年来也有学者更是认为唐代的胡人主要指伊朗系统的粟特人、于阗人②。正是这些“胡人”在与大唐进行政治、经济、文化交流的同时，对盛唐初女子的着装产生了极大的影响。

唐初女性喜欢穿窄瘦上衣的风气，可能仍然是北朝胡服流行的余韵，同时有西域以及境外风俗的影响。北朝胡服的实用性，使它的一些特点一直在北方的服装中保存下来。隋唐时期空前兴盛的中西交往，使得西域、中亚、南亚甚至欧洲的各种服饰进入中原，并且受到中原人士的欣赏和模仿，又兴起了新的一轮胡服流行热潮。由于这次的胡服热不是由政府强行规定形成的，没有掺杂任何民族压迫的政治色彩，而纯粹是社会自发的一种追求时髦、追求美的消费倾向，这就使得此次胡服流行发展得既迅速又深入，给华夏衣冠带来了全新的面貌。

唐朝以其强大的武装力量作为后盾，采取了比前代更为宽松怀柔的民族政策，册封、羁縻、和亲、互市等措施相继实施，大大提高了大唐的威望，唐朝帝王更被称为“天可汗”。在这种环境下，国内外各民族与汉族之间的交流日益频繁，文化上相互渗透，一股属于游牧民族的豪放之气开始注入到含蓄、谦和的儒家文化中。这种豪放之气表现在服饰上便是女性们对胡服、男装、戎装的倾

①［美］谢弗著，吴玉贵译：《唐代的外来文明》，北京：中国社会科学出版社，1995年，第8页。
② 邓小南：《唐宋女性与社会》，上海：上海辞书出版社，2003年，第740页。

心。唐代民族融合所带来的民族之间相互影响和学习的特点到了宋朝就再难觅踪迹。两宋时,汉族和北方各民族政权之间战乱不断,民族关系远没有盛唐时期融洽，再加上儒学礼教正统地位的逐渐牢固，胡族习俗被宋人嗤之以鼻，并竭尽所能地加以摒弃，以维护纯正的儒家传统文化。此后经过元代“四等人制度”对汉人和南人的歧视性统治之后，朱元璋以“驱除胡虏，恢复中华”为口号统一了全国，并建立明帝国，服饰中的胡俗胡风也就被当作“政治正确”与否的华夷之大防，将其性质上升至国家、民族的高度，并将此思想融入到汉民族的日常生活。所以自宋明之后的汉民族，再也不可能像唐人一样轻松、愉悦地接受胡风胡俗。

对照唐代安史之乱前后明显不同的服饰倾向，我们可以看到：唐代前期服饰兼收并蓄具有显著的胡化倾向；唐代后期至五代，却又重回汉族衣着传统,逐渐排斥外来服饰的影响。这个变化的产生,与中国历史上其他的几次重大服饰变革一样，都是由于社会变革，特别是民族意识与民族关系的变革所造成的。据此我们可以看到，中国古代服饰发展的历史，不仅仅是生产技术发展的历史，更是思想意识与政治发展变革的历史。

四、女着男装

据文献记载,最早好穿男装的女子是夏桀的宠妃末嬉。《晋书·五行志》记载:“末嬉冠男子之冠,桀亡天下”,末嬉之所以好着男装,据《汉书·外戚传》颜注解释：“(末嬉)美于色，薄于德，女子行，丈夫心。桀常置末喜于膝上，听用其言，昏乱失道。”从颜师古的解释可知,末嬉像男子一样着装,是因为她不安心于后宫生活,胡乱干预国事，她虽是女着男装的先行者，但也只能算一个特例，《晋书》就将其行为列入“服妖”，可见此举并不具备时尚性。

据载，早在春秋时齐灵公喜见身边的女性作男子装扮，于是宫中女子纷纷着男装，潮流所及国中女性纷纷效法。但这种时尚里并不见女子自觉自愿的成分，促使女子着男装和最后禁止女子着男装，都出自齐灵公的个人意愿和喜好，和当时齐国女子的普遍意愿无关。

唐代女着男装的现象从各种文物资料的情况来看，主要集中在初唐、盛唐时期，开元年以后女着男装已属个别现象。2003 年荣新江先生在《女扮男装——唐前期女性的性别意识》一文中，根据此前发表的考古资料和相关纪录以及研究成果，将唐女性女着男装（包括女着胡服的现象）的具体情况汇总成表，现加上此后新出墓道壁画如下表：

表 1-2：考古发现所见的女扮男装图像

年代	墓主	出土地点	女扮男装情形
643	长乐公主	昭陵	男装女骑马俑；胡服女骑马俑
649	司马睿	西安	胡服女骑马俑
651	段蕑璧	昭陵	男装女骑马俑；天井 4—5 壁画；男装侍女
657	张士贵	昭陵	男装女骑马俑；胡服女立俑
660	新城公主	昭陵	过洞 2—5 壁画；男装侍女，有捧包裹、秉烛、持试卷者
664	郑仁泰	昭陵	男装女立俑；男装女骑马俑（参看图 1—35）

续表

667	苏定方	咸阳市	过洞 6 壁画：男装侍女
668	李爽	西安市	墓室壁画：男装侍女，以捧物，一吹箫
673	大长公主	献陵	甬道与墓室壁画：男装侍女，有提壶，持花托盘者
675	虢王李凤	献陵	甬道壁画：男装侍女，一持团扇，一捧包裹，一持如意
	阿史那忠	昭陵	过洞 3—5 壁画：有托盘、捧包裹、端盒者；天井 3—5 壁画:男装侍女，有持物，捧幞头帽、抱弓及箭囊者
684	安元寿	昭陵	男装女立俑；过洞壁画：男装提壶侍女
688	鞠氏	吐鲁番	男装女戏弄俑
699	梁元珍	固原	墓室壁画：男装侍女，一捧包裹，一端果盘
706	章怀太子	乾陵	甬道壁画：托假山男装侍女；墓道壁画：托包裹侍女及宫苑侍女
	李嗣本	洛阳偃师	胡服女骑俑
	韦泂	韦曲	石椁画:男装侍女,有托盘、捧包裹、托瓶、持花、抚鸟者
708	韦浩	韦曲	墓室壁画：男装侍女，男装喂鸟侍女
710	节愍太子	定陵	过洞、天井甬道壁画:男装侍女，有持壶、拱手、相向而语等多种
	薛氏	咸阳市	墓室壁画：男装侍女，一提物，一托盘
718	越王李贞	昭陵	男装女骑马俑
	韦顼		石椁画：胡服侍女
721	薛儆	山西万荣	石椁画：男装侍女，有捧包裹、端碗、拱手、捧方盒者
724	金乡县主	西安市	男装女立俑，胡服女立俑，男装骑马伎乐俑；天井壁画：胡服侍女，捧方盒；墓室壁画：男装侍女，抱包裹
728	薛莫	西安市	墓道壁画：捧盘侍女

续表

737	李承乾	昭陵	男装女立俑
737	武惠妃	敬陵	女着男装侍女两人，以及石椁上贵妇的女着男装侍从多人
738	李道坚	献陵陪葬	北壁捧文房四宝男装侍女壁画（参看图 1-36）
740	韩休墓	西安 长安区	捧盒男装女侍、斜扛琴匣男装女俑
745	苏思勖	西安市	墓室壁画：男装侍女，持如意

此表中，荣先生将胡服也归入女着男装的行列。因为胡服在裁剪式样上没有明显的男女区别，差异仅在于女装的颜色、花饰比男装多一些，所以在中原的胡服热中，也隐含着女着男装的风气。

段蔄璧是唐高祖女高密公主之女、太宗的外甥女、高宗的表姐，卒于永徽二年（651 年），段墓壁画可以看作是初唐社会生活的典型。其墓第五天井东壁小龛南第一位侍女，头扎红色抹额（后世称为勒子或者勒眉子），身穿白色窄袖圆领袍，长仅及膝，束腰、佩革囊。下穿红白相间的条纹波斯裤，裤脚饰以花边。足穿花锦履，袖手而立。无论勒发的红色抹额，还是精美花俏的锦履，都是女子装扮的一派初唐俊俏少年郎的模样（参看图 1-37）。

章怀太子李贤，高宗第六子，武则天所生。先后封为潞王、雍王，上元二年（675 年）立为太子。李贤在奉诏监国时与武则天发生抵牾。后在调露二年（680 年）被武则天以私藏兵器和谋反朝廷的罪名废为庶人，徙于巴州（今四川巴中）。文明元年（684 年）死于巴中，时年仅 31 岁。中宗复位后于神龙二年（706 年），迁棺陪葬乾陵。

永泰公主李仙蕙，是唐高宗李治与女皇武则天的亲孙女，中宗李显的第七个女儿，死于武则天大足元年（701 年），年仅 17 岁。其墓葬中出土陶、三彩、木等材质的俑有 878 件，是现发掘规模最大的唐墓之一。

章怀太子墓和永泰公主墓道壁画同样表达了武周到中宗复位时期的社会生活。《观鸟捕蝉图》位于章怀太子墓前墓室的西壁上，宽 1.80 米，高 1.75 米。画面由三个侍女及鸟、树、蝉、石组成。三位宫女中，两位女装侍女，肩披宽大披帛，其中一位，红色披帛、椎髻，看不到短衫，绿色曳地长裙高系，翘头履，作仰视飞鸟状；另一位肩披墨绿长巾，黄色曳地长裙高系，椎髻随意，高翘头履，作目视前方状。画面正中的男装女侍，浅绯圆领窄袖长衫，左右开衩，露出翻边装束的长裤口，脚穿尖头软鞋，腰束细革带，带上有红色圆形盛蝉囊，目光下探作捉蝉状（参看图 1–38）。同样的壁画风格在永泰公主墓和章怀太子墓墓前室壁画中均有体现，它们共同的特点是：墓前室四壁绘有多幅女性群像，往往有一个高大的人物在前，后面跟随侍女 2 至 8 人不等，长裙帔子、面容秀丽、身材修长窈窕。在队伍最后总有一同样娟秀的男装侍女（裹头内人），头戴幞头，或穿圆领长袍者，或穿翻领胡服者，下身多穿条纹裤，有的手中捧物，有的则拱手向前（参看图 1–39、40）。虽然此间戴幞头遮住发髻的男装女侍，在过去很长时间被误认为年轻男侍，但随着近年学界的深入研究，从腮红、口脂、神态上，还是可以将此类男装女侍与年轻男侍分开，再加之男女有别，贵族女性的随侍本就很少使用男子，所以此类情况多已被更正。长安县南里王村韦泂墓石椁线刻女像也属同期风格（参看图 1–41、42）。

薛儆出身于河东望族，娶唐睿宗女息国公主为妻，其墓位于山西万荣县皇甫村，埋葬于开元九年（721 年）。墓中所出墓志极具史料价值，出土的壁画及石椁、石门上的线刻画精美且内容丰富。石椁已被鉴定为国宝级文物，绘于其上的人物图是盛唐时的代表作。其中的捧包裹男装女侍，头戴幞头，着半臂，圆领窄袖衫，外穿翻领小袖长袍，边有花饰，腰系鞊鞢带，以悬挂算带、小刀、砺石、针筒等胡人游牧生活常用的“鞢𨁂七事”作装饰（圆囊包括在七事之中）。下身着条纹裤，脚穿小翘头软锦靴。双手捧包裹，面容丰满，身形丰腴（参看图 1–43）。

阿史那忠（611—675 年），突厥族，姓阿史那，原名泥孰，因擒东突厥颉利可汗有功，赐名忠，字义节，赐配定襄县主。上元二年（675 年）卒于洛阳私第，十月，与夫人定襄县主合葬陪于昭陵。既是功臣，又属国戚，夫妇合陪昭陵，意义更不寻常。其墓保留壁画多幅，其中的牛车图、抱弓和箭囊女侍图尤为珍贵（参看图 1–44）。抱弓箭囊女侍像在其墓第五天井西壁北侧。头戴幞头，身穿圆领左襟长袍，下身穿条纹裤，腰束带，穿袜着线鞋，穿戴虽然与其他男装女侍相同，但不同的是她怀抱弓和箭囊，这可能和墓主的身份有关。

苏思勖卒于天宝四年（745 年）。苏思勖生前是内侍省的宦官，其墓壁画《胡腾舞乐图》中舞蹈与奏乐的男子均鼓腹丰体；仕女人物皆头梳高髻，体态丰腴，仪容端庄。墓室北壁所绘的高髻阔服女像，其后跟随的身形略小之男装女侍，头戴幞头，身穿白色阔袖圆领长袍。下身由于壁画损毁无法辨别，手袖于胸前，左肩扛一如意，意态娴静（参看图 1–45）。圆领袍的袖子明显由窄变宽肥，时尚变化明显。

除此之外，张萱的《虢国夫人游春图》是开元年间长安宫廷女性出行侍女着男装的典型而真实的写照。画面中虢国夫人和韩国夫人居于左后部的中心，画的右前方有三位“俊俏黄门引马”，从前有学者认为这些男装的侍从是“黄门”或“从监”，现在学者们经过对唐墓壁画的深入研究得出，他们就是唐开元间宫廷女性出行时女扮男装的真实写照。周昉的《挥扇侍女图》中为贵族女性执扇的男装宫女也是传世画作中女扮男装的写照。

女着男装的壁画形象在敦煌也有发现，“盛唐壁画中有戴幞头，着窄袖衫、穿长靿靴的侍女，幞头罗纹如纱，透出额头”（段文杰：《敦煌壁画中的衣冠服饰》）。比如洪辩像身后壁画中的侍女。

总之，从考古资料中，我们能看到比之文献更多更有价值的女着男装的材料。这些资料为我们研究唐代女着男装的社会风尚提供了坚实的基础。

以上资料说明，唐女性女着男装的形象前后变化不大，大多为头戴幞头，身穿圆领袍衫，腰系鞢躞带，下身紧口或卡夫口条纹裤，脚蹬高靿翘头靴或尖头轻便线履。唯一的区别在于袍衫的长度和衣袖的宽窄变化，贞观年间的袍衫长及膝下，开元以后的袍衫长及脚踝。从已经发表的考古资料和正史的文献记载来看，唐女性女着男装的现象主要集中在贞观十七年（643 年）至天宝四年（745 年）这 100 多年里，正是唐从建国初期走向极盛的时段。这时国力强盛，经济雄厚，对外开疆拓土，国威四震；对内统一安定，人民乐业；繁荣的“丝绸之路”又带来了中外文化的大融合。唐代文化在继承前朝的同时，又毫无畏惧与顾忌地对外来文化兼容并蓄，从而对世界文化的发展产生重要影响，这便是女着男装形成的社会基础。天宝年以后，此风戛然而止，虽然有武宗和王才人同一装束射猎于苑中的记载（见《新唐书·后妃传（下）》），但这种孤证并不能说明唐后期也有女着男装的社会风气。

女着男装的形象不仅大量出现于唐朝京师长安周边埋葬的王公墓中，也见于唐朝东都洛阳、山西万荣、宁夏固原、甘肃敦煌、新疆阿斯塔那等各地的唐墓中，除壁画、石椁线画之外，还出现在大量的传世绢画和出土陶俑等器物上。虽然目前所见这种风尚流行的范围主要在以长安和洛阳为中心的西北地区，但这并不能说明两京往东、往南就不会有相同的流行风尚，因为就《旧唐书·舆服志》记载来看：“或有著丈夫衣服靴衫，而尊卑内外，斯一贯矣。”同样的史料《中华古今注》记载：“至天宝年中，士人之妻著丈夫靴、衫、鞭、帽，内外一体也。”由此可知，女着男装的流行时尚应遍及整个大唐全境。墓道壁画受气候条件影响较大，现在发现壁画的都是地处干燥区域的唐墓。墓道壁画的局限不应成为事实的局限，在讨论这个问题时，也应参校文字资料。

从现有材料来看，此风尚不仅流行地域广泛，而且流行涵盖的人群也极为广泛。《旧唐书·舆服志》所记载：“或有著丈夫衣服靴衫，而尊卑内外，斯一贯矣。”其中“尊卑内外，斯一贯矣”就很能说明当时女着男装在大唐各阶层流行的盛况。文献资料中这种女扮男装的习尚在初唐已经出现。不仅在高宗宫廷有太平公主曾着“紫衫、玉带、皂罗折上巾，具纷砺七事，歌舞于帝前。帝与武后笑曰：‘女子不可为武官，何为此装束？’”（《新唐书·五行志》）的记载，也有中宗以后，“……（女子）有衣男子衣而靴，如奚、契丹之服”（《新唐书·车服志》），以及开元中“初有线鞋，侍儿则著履，奴婢服襕衫，而士女衣胡服”（《新唐书·车服志》）的记载。类似的女子男装还可见于洛阳博物馆收藏的一件打马球的女俑，她身穿翻领窄袖长袍，腰间束带，头戴幞头，脚上是一双长筒马靴。她骑在飞奔的骏马上，右手挥动球杆作击球状。马球是唐代非常盛行的大型运动，宫廷中、都市里都修有马球场，在西安还曾经出土过标志马球场的石刻。女性能在这些公开的娱乐场中竞技奔驰，不仅说明她们在服装上与男人一般打扮，在社会地位上也有极大的对等性。这些记载中提到的不仅有宫廷的贵族，也有下层的侍女和奴婢，弥补了墓道壁画中缺少社会下层人民纪录的缺憾。

有关这一段时间女着男装现象出现的原因，历来解说不一。大多数传统史学家认为唐统治者出身胡族，因此社会风气开放，再加之唐女性尚武，故而喜着男服。从现有的记载唐女性着男装的情况来看，仅仅用开放和尚武来解释唐代女性喜着男装的原因很显然是不够的，具体情况应该更为复杂。

长乐公主墓出土的男装女骑马俑是现有记载中有关女着男装出现的最早材料，苏思勖墓手持如意侍女是现在能看到的最晚的女着男装图。在这中间的 100 多年里，促使女着男装成为一种流行时尚出现的原因还有：第一，唐代经济始终处于上升阶段，国力强大，社会生活稳定。此时随着唐王朝在经营西域过程中的节节胜利，东突厥被击败、高昌被征服，大批粟特人、高昌人、于阗人成为唐的编户，原本只有使臣往来的两地，现在商人可以比较容易地相互往来，随商贸活动的增多，一些商人，尤其是其中的粟特商人，将他们的妻女、女奴带到了中原。当垆、掌柜的胡姬着胡服揽客，对喜欢求新求异的唐代女性而言，胡服是一种新的表达方式，胡服因剪裁不辨男女的特性，暗合了源自北魏以来的贵族女性要求社会、家庭地位的潮流，于是在胡服大兴的同时，女着男装出现。第二，正如前文所述，唐前期施行的“租庸调”赋役制度，其中大部分赋役劳动由家庭内的女性完成，男装与女装相比，更轻便、更利落、更便于行动，也是这一时期出现女着男装的一个重要原因。此一点尤其适合解释社会底层劳动女性着男装的原因，着男装是对她们在家庭经济生活中与男性地位接近或相等的一种肯定与确证。

另外，唐女性着男装和此前提到的末嬉、齐国男装之风有着本质的区别。首先，唐女子着男装完全没有被迫的成分。其次，从以上的资料来看，唐女着男装之风，涉及社会各阶层，从西域到两京再到南方，都有风习流及，不仅地域广、影响面深，而且持续时间长。

女着男装在欧美也只是近 100 年的事。至于早在 1836 年，就穿着男装见肖邦的乔治 · 桑，在世俗眼里就是一个骑马、喝酒、抽雪茄、穿男装、放荡不羁的怪人。直到 1920 年欧洲的女性才开始在运动场、练马场穿男式的家常裤，但仍不被大多数人认同，“到了 1930 年，女性已经可以穿毫不束缚的衣服去野餐、打网球，或者去花园里研读，但是她们只能在私人生活中和较不正式的场合拥有这项自由。所以绝不可以穿家常裤去上班或宴会，如果在正式场合穿裤装出现，会被视为是豪放不羁的怪人，或者可能是女同性恋。”① 其过程也并不顺利，可见在安史之乱的打击之下，社会将唐女性着男装视为“服妖”也在情理之中，脱离了群体自我共识的唐代女性的仿男装，只会以符合它时代特征的方式结束。

五、潮流迭起的出行装

唐代交通发达，长安有连接各主要城市的道路。女性日常行为规范与儒家礼教所倡导的“主中馈”“备酒食”、侍奉舅姑、相夫教子的传统相去甚远。她们走亲访友、寻职劳作、游山玩水，甚至参政议政，生活内容异常丰富，外出机会大大增加，旅行和出游成为此时女性生活中不可或缺的重要组成部分。出行装既重要又普遍，和彼时社会思潮、女性风尚紧密相连。颇能体现制度史之外，社会精神在女性心理上的投影，反过来这种影响又对社会发展又有作用。据《旧唐书·舆服志》记载：

武德、贞观之时，宫人骑马者，依齐、隋旧制，多著羃䍦。虽发自戎夷，而全身障蔽，不欲途路窥之。王公之家，亦同此制。永徽之后，皆用帷帽，拖裙到颈，渐为浅露。寻下敕禁断，初虽暂息，旋又仍旧。咸亨二年又下敕曰：“百官家口，咸预士流，至于衢路之间，岂可全无障蔽。比来多著帷帽，遂弃羃䍦，曾不乘车，别坐檐子。递相仿效，浸成风俗，过为轻率，深失礼容。前者已令渐改，

①[美]艾莉森·卢里著，李长青译：《解读服装》，北京：中国纺织出版社，2000 年，第 215 页。

如闻犹未止息……此并乖于仪式，理须禁断。自今已后，勿使更然。”则天之后，帷帽大行，羃䍦渐息。中宗即位，宫禁宽弛，公私妇人，无复羃䍦之制。

开元初，从驾宫人骑马者，皆著胡帽，靓妆露面，无复障蔽。士庶之家，又相仿效，帷帽之制，绝不行用。俄又露髻驰骋，或有著丈夫衣服靴衫，而尊卑内外，斯一贯矣。

《新唐书·车服志》记载：

初，妇人施羃䍦以蔽身，永徽中，始用帷冒，施裙及颈……武后时，帷冒益盛，中宗后乃无复羃䍦矣。宫人从驾，皆胡冒乘马，海内效之，至露髻驰骋，而帷冒亦废，有衣男子衣而靴，如奚、契丹之服。

这两段材料的记载大致体现了唐代女性出行着装的概要。显然，旧书记载将羃䍦之于帷帽，帷帽之于胡帽，胡帽之于仿男装的女性出行装束之变迁作了较为详细的介绍。除以上几种女子出行装以外，唐女子出行迎合时宜的还有：油衣、油帽与风帽；羃䍦与帷帽；胡服等。

（一）油衣油帽与风帽

1. 油衣油帽

油衣油帽即今人的雨衣雨帽，是隋唐时贵族雨天出行时的御雨工具。这里所说的“油”，就是桐树种子榨出的桐油，从现有的资料来看，油衣油帽始行于隋唐，宋明清沿袭。需要强调的是这里的油衣油帽一定是在麻布、丝帛上刷桐油制成的防雨衣帽，而不是所有的防雨的衣帽都叫油衣油帽。因为就平民日常生活而言，御雨工具的出现一定要早于隋唐，据传说，鲁班发明锯子之后，鲁班的妹妹根据凉亭的启发,设计了携带方便的凉亭——雨伞。早期，雨伞伞布所刷防雨涂料不是桐油而是大漆，因漆有毒性，制漆衣漆帽容易使人过敏或生皮肤病，所以油衣油帽的出现，对于贵族而言才有了更为方便的雨天出行体验。至于渔樵耕猎防雨用的蓑衣笠帽的诞生应该比漆伞更早，毕竟防雨作为日常生活的一部分，自人类诞生之初便已存在。

《隋书·炀帝本纪》记载炀帝:“尝观猎遇雨，左右进油衣，上曰:‘士卒皆沾湿，我独衣此乎！’”炀帝以与士卒同进退为理由拒绝了左右的殷勤；《北梦琐言》中也记载，“唐孔拯侍郎作遗补时，朝回遇雨，不赍油衣”。由此可见，上自帝王，下至百官，油衣油帽出行皆备。从炀帝不愿独享油衣的拒绝态度中，后世也能看到此时的油衣油帽防雨性能极佳的事实。

2. 风帽

风帽据文字记载始于南齐[①]，属暖帽的一种，用皮毛或厚实的织物制作，也可用两层轻薄的丝绸制作，中纳绵絮即可。风帽必有后披裙，穿着时披戴及肩。历经后世各朝流传直至民国，现代冬装虽然千变万化，但类似风帽的冬装仍然有一定的销售市场。

唐代的风帽具体式样可以从近年陕西邮电学校出土的一件唐

①《南齐书·五行志》中有“永明中，萧谌开博风帽后裙之制”的记载。

墓风帽俑的形象得到印证。这件风帽俑，通体施白衣，上涂黄彩，头戴及肩风帽，此风帽软胎有两长可及膝的耳朵，非常别致，与 20 世纪六七十年代的风雪帽近似。右手衣袖贴身自然下垂，左手微握横置于胸，上身着开领交衽衣，腰系带，下身穿袍[①]。（参看图 1-46）据考证此墓属初唐墓，可见，在唐初气温下降时出门还可以戴风帽。

（二）羃䍦与帷帽

羃䍦与帷帽的具体形状在《胡服》一节已经做过叙述，在此不再赘述。羃䍦和帷帽在唐代更多用于女子出行。从服装结构上看，羃䍦装比之帷帽，体现出很强的封闭性。从羃䍦装到帷帽的变化体现的是初唐至盛唐之初，女性自主务实唯美的精神气息。

据竺可桢先生的研究来看，从三国到唐初中国大陆气候比较寒冷干旱；自唐中叶至北宋中叶，气候比较温暖。[②] 可见公元 4—11 世纪的气候条件，不仅为羃䍦的流行提供了必要的气候基础，而且也解释了从羃䍦到帷帽类出行装转变的根本原因。从北魏到唐初，在相对寒冷干旱的条件下，出行时全身遮蔽，符合当时的气候条件。自唐中叶到北宋中叶在相对温暖潮湿的气候条件下，出行时考虑通风透凉因素，着帷帽、胡服、仿男装继而露髻，气候条件在其中所起的作用是不容忽视的。

回顾羃䍦的历史，唐女性接受羃䍦完全是从实用的角度考虑，全身遮蔽所制造的温暖而神秘的氛围既满足了女人天生的审美意愿，又符合自北魏以来的动荡时局所要求的方便实用。方便实用是它中选的直接原因，此与传统服饰伦理无关，所谓的“不欲途

① 咸阳市文物考古研究所：《陕西邮电学校北朝、唐墓清理简报》，《文博》2001 年第 3 期。
② 竺可桢：《中国近五千年来气候变迁的初步研究》，《考古学报》1972 年第 1 期。

路窥之”，不过是治史的儒士们的附会。至于荣新江先生所说的幂䍦的使用“反而说明了唐初皇帝和王公贵族对于女性的狭隘自私观念”（荣新江：《女扮男装——唐代前期妇女的性别意识》)，是有些言过了。

从幂䍦在唐初的使用情况来看，也正是这种“方便实用”成为日后它的终结因素。在气候变暖以后，不再实用的幂䍦随即被帷帽取代，其间唐女性并没有因为它的封闭符合“不欲途路窥之”的儒家传统而稍加怜惜，而是一窝蜂地选择了被道德家贬为“过为轻率、深失礼仪”的帷帽。

帷帽与幂䍦一样遮风蔽尘却又轻便浅露，带檐的帽、轻薄的纱帷，既挡风又清凉通风，且在穿着时仍可梳高髻，仍可穿袒胸的半臂。即使在天寒地冻时也可用长耳飘逸的风帽御寒。总之，这是盛世初现时的美女们，在欣欣向荣的社会里追求舒适、美、健康的服饰，虽然她们的选择并不被主流社会认同，皇帝曾多次下敕禁断，但流行时尚却不受任何命令、理论、思想的局限，很快又以更强烈的流行势头回击。

社会风尚所及偶有逆潮流而动者，也会被视为是古板、落伍者。从这一时尚的变迁不难看出，作为一种流行时尚，从幂䍦到帷帽的使用所体现出的自主、务实、唯美的精神也正是初唐至盛唐之初时女性的精神面貌。

(三)胡服

《旧唐书 · 舆服志》所载：“开元初，从驾宫人骑马者，皆著胡帽”，此处的胡帽就是胡服的代称。前文已述，“安史之乱”以后的胡服，不再流行粟特、突厥等部族的胡服，此时流行的胡服更偏向于与唐廷关系密切的各部族的民族服装。

回鹘装源自于回鹘，时世妆的风气源自于吐蕃（黄正建：《唐代衣食住行研究》）。向先生认为“唐代长安对于外国风尚之变迁，每因政治关系而转移，回鹘装束之行于长安，当在安史之乱后”（向达：《唐代长安与西域文明》），回鹘装的流行是因为回鹘曾助兵李亨。李亨即位以后，回鹘与唐关系友好，“以致大量回鹘人随着频繁的贸易往来而入居长安，回鹘习俗便也浸入中原”[周峰：《中国古代服装参考资料》（隋唐五代部分）]。回鹘装有流行这样的来历，不足为怪。但不施红粉，以“乌膏注唇”和“妆成尽似含悲啼”（白居易：《时世妆》）的时世妆出自吐蕃，也成为时尚广为流传，就显得很奇怪。颇见盛唐之后唐女性精神世界中对强势的崇拜，即现代心理学理论中的“慕强”，因为只有强大的力量才可以留得住往昔的辉煌，也只有强大的力量才可以挽救衰退。

自安史之乱之后，吐蕃与中原王朝关系恶化，盛唐初时的甥舅关系已荡然无存。此时的吐蕃不仅截断了河西走廊通往西域的通道，而且多次寇边，成为唐中后期的主要边患和大敌。吐蕃军队曾经三次惊掠长安，其中最严重的一次，广德元年（763年）曾攻入长安，代宗出逃，吐蕃人在长安抢掠半月之久，才退出长安。自764年以后的13年里，吐蕃人每年都要发动秋季攻势，“我们没有关于在8世纪60和70年代吐蕃人偷掠了多少东西的确切材料，但可以毫不夸张地说，他们的侵袭给唐朝缓慢的恢复进程制造了破坏性的后果”（[英]崔瑞德：《剑桥中国隋唐史》）。在时世妆最流行的元和年间（806—820年），吐蕃也仍然是唐最大的强敌之一。穿着艳色的回鹘装、饰黯淡悲苦时世妆的唐女子，不知在吐蕃人的骚扰之下生活会是一种怎样的心情，恐怕不是仅用愤恨能形容的吧，反差如此之大，难怪人们会把此妆称为“时世妆”，也难怪西平王李晟“治家整肃，贵贱皆不许时世妆梳”（王谠:《唐语林》）了。

胡服的流行表面看起来是唐女性喜欢新奇喜欢热闹所致，还有受整个社会的思潮裹挟的被动。实质上，除前文所提到的审美精神层面的原因之外，还有一个重要的心理因素，胡服的小帽、窄袖、紧腰、小口裤、线靴与中原男子的装扮何其相似。在胡服流行的半个世纪里，也正是盛唐后期向中唐过渡的时期，女性身处其间，感受由盛而衰的秋意，承受原有社会制度被破坏之后的失望。虽然贵族女性仍可以赋诗作文接受教育，但整个社会中的大部分女性在家庭中的经济地位全面崩溃，租庸调所建立起来的家庭内部平等的男耕女织的关系瓦解了，“不重生男重生女”的时代留下的唯一余续就是可以在社会不加限制的情况下，女性们自由自在地模仿她们认为是强权的力量。再次，仿男装的出现表明盛唐中后期的女性对男权的向往和模仿，从高宗朝开始有明文记载到安史之乱之后被视为服妖结束，仿男装的流行时间并不长，在传统的男权中心的社会里，女人第一次在服饰上和男人“平等”了。从《虢国夫人游春图》中不辨雌雄的“俊俏黄门引马”（宫女）身上不难看出，几个世纪以来，用以区分男女性别、地位的服饰界线第一次模糊了。这股潮流虽然有武周女主当政的推波助澜，但更多的是唐女性对自己的一种重新认识。不过在当时的社会环境里，这种认识也仅仅停留在“和男人一样”的层面上。出行装对方便的要求使这一领域的仿男装的流行之风更猛烈一些,继而“尊卑内外,斯一贯矣”。至此，在明清道学家看来“肆无忌惮”的唐代女性，在表面上彻底地与她们同时代的男子保持了相同水平的“社会地位”，但事实上，模仿暗喻一种强烈的向往之情，模仿的过程也就是对男权的认同过程。

在盛唐,每个女性的内心都纠缠着一个“和男人一样”的情结，这也是她们关于两性最先进的认识。当社会的动荡让她们认识到还有比她们的男子更强大的势力时，回鹘装、时世妆、线靴等强势外族的装饰也纳入了她们的视野，于是中唐的女性着装由模仿男子向模仿强势外族转变。

从胡服到露髻装的变化体现的是晚唐女性生活中儒家文化的回归。露髻装是晚唐女性对传统的回归，因为在唐中后期，儒家文化已经在日常生活中占据了上风，传统女性露髻的装饰也渐被认同，出行露髻则是传统与唐现实融合的产物。

初唐与盛唐前期的女性，在出行装的选择、使用上表现出很强烈的自主、实用和唯美的精神，这种精神和时代欣欣向荣的气氛相互影响，对社会的发展产生了积极的推动作用。盛唐中后期出现的女服男装现象在世界服装史上以及女性史上都可以被称之为是壮举，但终被“服妖”之说终结，使中唐的女性沦为可叹的模仿者角色,由模仿男性转而模仿强势外族,唐的衰落也接踵而至。过去对女性心理、精神对历史进程的作用不太重视，从唐女性心理精神的发展历程不难看出，盛唐之盛和女性心灵的舒展、心智的健全有着很密切的关系。事实上,一个时代如果女性心智不健全,那么这个时代男子的心智会更加地不健全,始于五代的缠足之风至明清中国的情形就是最好的诠释。

六、唐女服中的袒露风尚

唐贵族女性在唐极盛前后曾有过一个崇尚袒胸、轻纱蔽体的露透期,这在中国古代服饰史上是绝无仅有的。

有关盛唐女性露透的具体形象,前文已叙,在此不再赘述。在周昉的《簪花仕女图》与《挥扇仕女图》中,贵族女性的服装达到了露透的极致和极度绮丽奢华的程度。这因周昉"长安人也。传家阀阅,以世胄出处贵游间,寓意山水,驰誉当代……世谓昉画妇女,多为丰厚态度者,亦是一蔽。此无他,昉贵游子弟,多见贵而美者,故以丰厚为体;而又关中妇人,纤弱者为少。至其意浓态远,宜览者得之也。此与韩干不画瘦马同意"(《宣和画谱·人物》)。周昉对长安贵族女性社会生活的描绘不仅是传神的,而且还是逼真的,是可做信史的传世资料。周昉笔下的这些美丽的仕女,个个体态雍容,神态安闲,肌肤晶莹似玉。她们的头上梳起巍峨的高髻,插上发簪、钿花,戴上大朵的牡丹花;手臂上戴着连成一排的金条脱、身上穿着锦绣丝织品制作的长裙,裙子用锦带束于胸线之下,宽大的裙裾拖曳在地上,没有内衣,仅外着一件薄薄的透明纱衣,颈部与胸、臂的大部分都裸露在外(参看图1-19、47),正像唐代诗人描写的"绮罗纤缕见肌肤"(欧阳炯:《浣溪沙》),纱衣袖子宽肥,垂及地面;在肩部还披着彩色的织锦帔帛。整套衣饰给人一种既充盈着华贵气质,又充满女性魅力的深刻印象。这种服装可能是中国古代社会中女性人体美所能达到的。

如果唐代女性的袒胸透背让今天的世人吃惊不已的话，那么执失奉节墓中穿吊带背心的舞女，坦露前胸、后背、双臂与脖颈，高耸的半翻髻、裙腰纹饰与臂钏遥相呼应，其张扬女性性别美的方式令今天的时尚女子黯然（参看图 1-48）。

盛唐时期女子着装之独具特色昭示着盛唐时期的歌舞升平。那么是何种原因使得盛唐时期女性着装如此具有个性呢？仅仅是女性爱美的天性使然吗？还是有更深刻的原因？

唐女装坦露之风的来历，据孙机先生考证："女装上衣露胸，汉魏时绝不经见，南北朝时才忽然出现。……唐代女装露胸，既沿袭北朝这一颓俗"（孙机：《唐代女性的服装与化妆》）。证据则是在山西大同北魏司马金龙墓和河南安阳北齐范粹墓均有袒胸女俑出土，不过孙先生的这个结论值得商榷，原因有三：其一，山西大同北魏司马金龙墓属北魏早期墓，墓中的女乐俑的袒胸非常有限[①]，这从它的发掘简报中只字未提"袒胸"一事的描述也可见一斑，而且所有的女乐俑中也没有关于胸部曲线的任何刻意描绘。河南安阳范粹墓属北齐晚期墓，墓中的女俑的情况有所不同，范粹墓出土的 10 件女俑中，有 7 件"似为模制，头梳双髻，袒胸，着长裙，其左手缠握衣裙，右手下垂，神态自然"[②]；另 2 件跪坐女侍俑，"……梳高髻，上胸略袒，下着长裙垂地"[③]。这两座墓中出土的女俑，其穿着皆为"上衫下裙"的形制，且衫都为交领式，

① 山西省大同市博物馆：《山西大同石家寨北魏司马金龙墓》，《文物》1972 年第 3 期。
② 河南省博物馆：《河南安阳北齐范粹墓发掘简报》，《文物》1972 年第 1 期。
③ 河南省博物馆：《河南安阳北齐范粹墓发掘简报》，《文物》1972 年第 1 期。

这和此后唐袒胸女装在款式上有很明显的区别，唐袒胸女装的领式较多，有大圆领、大方领、大交领，交领只是其中的一种。其二，从时间上来看，司马金龙墓属北魏早期的墓葬，范粹墓属于北齐末的墓葬，其间相差半个世纪还多，其间并无其他墓葬可资佐证。可见就是在北朝，这种袒胸的穿法也并不是一代风气，更何况在唐初的墓葬出土中也并没有袒胸的情况出现，所以唐受其影响的可能较小。其三，北朝的袒胸被孙先生称为“颓俗”，而唐的坦露之风并不是奢靡颓废的产物，唐代女性坦露之风盛行时，正是唐由贞观之治经由武周向开元盛世发展的国力上升阶段。

关于唐女装袒露的原因，除孙氏北朝颓俗说之外，还有沈从文先生的祭礼说、王祺明的多文化交流说，不过上述说法都有不能自圆其说的地方，[①] 一种社会现象的存在必然与当时的社会客观因素有着不可隔绝的联系。

唐自建立以来，总体上中枢机构决策正确，适应了经济发展的需要，因而国力迅速昌盛。社会经济的繁荣带来了人民自我认同心理的加强，使得唐朝人在社会生活的方方面面表现出了前所未有的主动性和创造性。高宗后武氏又利用《大云经》中未来佛陀将化女身降临人间教化民众的教义思想，在这些社会大背景下，唐代女性以更为大胆的方式去追求美和表现美。

唐朝的统治者虽然没有抑制儒家思想的生存，却也并未将之供奉在原有的神龛宝座之中。自李唐王朝建立以来，高祖、太宗虽以儒学为主，但归宗于道；高宗薄于儒术而归心于佛道；武则

① 具体论证过程参见纳春英：《隋唐平民服饰研究》，北京：人民出版社，2023 年，第 76 页。

天则以佛教治国；玄宗时道教大炽，儒佛并行。从这里可以看出，当时的社会思想体系已与前代大有不同，形成了儒、道、佛三家并存的新格局。加之祆教、摩尼教、拜火教、景教等外来宗教纷纷传入中国，人们的价值取向进一步突破传统枷锁的桎梏，呈现出多元化发展的趋势，带来了思想和信仰自由发展的空间，使唐代的女性能够生活在宽松、自由的社会环境中。“当时人的行为未被严加束缚和防范，自然人性还能相当程度地呈现和流露，女性的思想和行为也就不会像礼教理学化以后的宋代那样受到种种的拘禁和约束”[①]，女子在一定程度上获得了身心的自由和解放。生活在这个时代的女子洋溢着艺术的激情，以她们开放的心灵和自由的思想创造出极富时代特征的服饰艺术。绚丽多彩、尽显女性体态美的袒露装便是这一时期女性心灵自由的产物。然而在宋代，儒家思想在经过长期的整合以后又逐渐占据了统治地位，对女性加强了礼法控制。像盛唐女子那样大胆新奇的着装在宋代是绝对不能为社会所容许的。

唐代女性虽然仍生活在一个以男性为中心的社会中，但唐代女子的社会地位较前代大有提高。唐朝建立的过程中，唐高祖的女儿平阳公主曾在陕西司竹园起义，她手下的将士中有不少是女性。此外，唐朝实行租庸调制，允许男子以女性所织的绢、帛代替徭役，女性们的劳动成果得到了社会的肯定，家庭地位随之上升。在社会活动中，女性的天性得到顺应，未被苛刻约束，故唐代女性能较多地接触公众，参与各种娱乐活动，如饮酒、评诗、蹋球、

① 潘向黎：《唐朝长安》，《中国国家地理》2005年第5期。

出游、打猎等，这些活动往往都隐含着展现和观赏女性风采的意味。《开元天宝遗事》云："都人士女每至正月半后，各乘车跨马，供帐于园圃或郊野中，为探春之宴。"除了初春自然风光的吸引，围坐在和煦春风里，绿草之上、鲜花之旁，三五成群的名媛、士人，有的围坐斗百草，有的在野炊郊宴，有的在并肩漫步，她们在享受春风欣赏春景时，也是游人们欣赏的重点，这是平日难以看到的人文景观。装扮各异、各具风采的女性的参与更是郊宴、春游备受唐人喜爱的原因。这个时代的士人也极懂得欣赏歌颂女性的美，这从大量的诗词歌赋中可见一斑。"女为悦己者容"，这样的氛围促使女性更加注意服饰妆容修饰的艺术，从而推动了服饰文化的发展。武则天的出现，对于唐代袒露之风的出现，也有推波助澜的作用，所谓"有非常之人，然后有非常之事"。

可以说，唐女子的袒胸之举是整个社会宽容、赞美、支持的结果。相反，宋明礼教对女子的约束近乎苛刻。女子，尤其是大家闺秀被深锁闺中待嫁。即便是在出嫁以后，女性的生活也是以相夫教子为主旋律。她们的思想被三从四德、三纲五常牢牢地禁锢着，无法像盛唐女子一样，可以追求和男子相对同等的社会地位。

第二章 女子装饰

第一节 披帛

一、帔帛的由来

唐代的贵族女性还有披帔子的习俗，披帛是唐代女性的主要服装装饰。对于帔帛的由来，有史料记载："三代无帔说。秦有披帛，以缣帛为之。汉即以罗，晋永嘉中，制绛晕帔子。开元中，令王妃以下通服之。"（高承 :《事务纪原》）有学者据此得出帔帛"始于秦汉，盛行于唐"（周汛等 :《中国衣冠服饰大辞典》）的结论。对于此段史料，南宋陈元靓《事林广记》补充道 ："今代霞帔非恩赐不得服，而直披则通用于民间，披则始于晋矣。"他所说的披子主要是指宫中女子的霞帔，霞帔的形状像后世的领衣，而他所言"直披”才是我们这里讨论的唐代披子。不过沈从文先生在《中国古代服饰研究》中对宋代学者的记载已作了辨伪，认为这是：

唐宋以来的读书人，谈日用器物历史起源，多喜附会，用矜博闻，照例是上自史前，下及秦汉，无所不及，而总是虚实参半。谈披帛应用，也难于征信。既有所称引，又容易把同物异名分为二，和同名异物和为一，相互混淆。

也有学者认为这种衣饰是印度沙丽的变形。依据是《大唐西域记校注》有过类似记载：“绕腰络腋，横巾右袒”，而且它在佛教造像中也出现过。但印度人的纱丽最大的特点是裙披相连穿在身上，只一端披在肩上而已，还没有形成单独的一条帔子，因而在印度人的服饰中也找不到唐帔帛的原型。以孙机为代表的一部分学者认为，帔帛是唐代服装中新出现的成分，因为在隋代以前的中原服装资料中很少见到过唐式的披帛，它也不是中国境内原有的少数民族的服装样式。环视中古时期的鲜卑、契丹、回纥、吐蕃等民族服装，也找不到帔帛的痕迹。故而，孙机先生考证认为，在与大唐有过交流的各国民族服装中，只有波斯与波斯附近的一些小国使用帔帛。《旧唐书·西戎传》中记载：“丈夫翦发，戴白皮帽，衣不开襟，并有巾帔……妇人亦巾帔裙衫……”在欧美以及伊朗等地博物馆收藏的波斯萨珊王朝金银器图案中，可以看到披着帔帛的波斯女子形象，故而唐披帔之风可能来源于波斯。

另外，因帔子最早出现在佛教造像上，所以总有人以为它和印度本地的社会文化或佛教文化有关，前文虽然已否定了帔帛与沙丽的关系，换句话说，披帛和印度世俗文化无关，那是否和印度的佛教文化有关？有关这一点，可以从阿富汗兴都库什山地区现存的巴米扬佛教遗址的佛教造像群中得到印证。当代的文化艺术学者皆认为巴米扬佛教遗址所体现的艺术糅合了印度、波斯及希腊、罗马影响的犍陀罗风格，虽然两尊大佛现已被毁，不存于世，但多褶轻纱质地的袈裟永远留在人们的记忆里，却没有唐式帔子的形象，这就说明同样是佛教造像，披帔子的习惯只在丝绸之路沿线范围内才有。在唐代十分流行的帔帛，应该是从西亚传入的波斯文化与中原原有的道教帔氅、飞仙文化结合的产物，是丝绸之路文化交流的产物。

帔帛进入中原，是佛教东传和丝路贸易的结果。现在见到的早期帔帛人物形象都出现在佛教的壁画与雕塑中，如新疆克孜尔石窟（参看图 2-1、2）、莫高窟第 228 号窟。在这两处皆属于北魏时期的壁画中，就已出现了披有长帔帛的上界飞天、俗世舞女、女供养人等，这说明帔帛在北魏时期已经进入了西域。但在同一时期中原出土的陶俑身上，还见不到帔帛的形象，可见，帔帛的使用有一个由西向东发展的过程。到了唐代，由于唐政权的势力已达中亚，强大的国防力量保证了丝绸之路的畅通，西亚文化经由西域迅速地传入中原，帔帛这种带有异族风格的服饰装饰，在唐初李氏认祖归宗于李耳的崇道风气的推波助澜下便很快传播开来。唐代各种表现女性生活的文物中都能见到它的影子,形式多样，精美异常。从西部的新疆克孜尔石窟壁画到东部的山西唐墓陶俑，从初唐的《步辇图》、盛唐永泰公主墓壁画到中晚唐的敦煌莫高窟第 9 窟、12 窟、130 窟、144 窟、156 窟中的供养人身上，都可见到披帔帛的人物形象。至于西安、洛阳等中心地区出土的大量唐代女陶俑、三彩俑，更是人人都披着长长短短、宽宽窄窄的各色帔帛。

据高承《事物纪原》引《二仪宝录》记载："唐制，士庶女子在室搭披帛，出适披帔子，以别出出处之义，今仕族亦有循用者。"高氏的记载说明披帔子的习俗不仅由来已久，直至宋代贵族女性还有使用披帛的纪录，而且使用广泛，无论未婚已婚都有披帔帛的情况。这段记载影响力极大，后世往往据此认为披帛和帔子是两件物品，而且还是区别少女与妇人的外在显著特征，只是高氏对于未婚女子的帔帛与已婚女子的帔子具体差异表现在哪里？却又没有明确交代。

二、帔子的形状

盛唐女性十分喜爱帔帛的装饰性，披帔成为时尚不可或缺的一部分。不知高承所言披帛、帔子的区别有何依据？但从唐墓壁画中宫女披帔得到的信息却是：相较而言初唐的帔帛较长而窄，盛唐的帔帛普遍较宽，武周至开元天宝年间的帔帛短而宽，天宝年以后直至晚唐的帔帛长而宽。虽然墓道壁画中的女子不容易猜测婚否，但宫女的身份还是很明确地说明了她们未婚的事实，即便是六尚女官，年龄再大也仍然是未婚。以《观雀捕蝉图》为例（参看图 2-3），画面中除正中的男装女侍外，剩下两位走在前、后的女子，看起来年龄虽有差异，但都披上下异色的宽短披帛，可见宋人所谓的披帛就是如图中宽短厚实的帔子，此类披帛实用性更强；而帔子应该是《簪花仕女图》或者《捣练图》中贵妇所披的细长、柔软、轻薄的帔子。盛唐的女子尤其是贵族女性以丰腴为美，柔软、轻薄、细长的帔子为丰腴的体态平添了许多轻灵和柔美，此类帔子装饰性更强。如此看来高氏的所谓在室帔帛和出适帔子也有一定的道理，未婚女子更重实用，出适女子更重装饰。在实际使用中，追求时尚的贵族女性们也并不完全按照文人总结的规律穿着，个性仍然是时尚中不容忽视的魅力所在。段成式在《酉阳杂俎》中记载：

上夏日尝与亲王棋，令贺怀智独弹琵琶，贵妃立于局前观之。……时风吹贵妃领巾于贺怀智巾上，良久，回身方落。

杨贵妃的“领巾”也是帔子，而且还是一种材质异常轻而薄的帔子。从段成式的这段记载来看，杨贵妃的帔子完全具备了开元时期轻薄、短宽的时尚特征，正因宽而短才被称“领巾”；因轻而薄，才能被一阵清风吹落，挂在贺知章的巾帽上。“帔帛正是发展了传统服饰艺术以虚代实、以动育静的艺术法则”[①]，所以深受唐代女性的喜欢。在永泰公主墓道壁画中的侍女身上、懿德太子墓道壁画的侍女身上及章怀太子墓道壁画《观鸟捕蝉图》中的女性身上，以及在张萱《虢国夫人游春图》《捣练图》、周昉《簪花仕女图》等图中的侍女和贵妇身上都可以看到披帛和帔子被使用的情形。

① 黄能馥、陈娟娟：《中华历代服饰艺术》，北京：中国旅游出版社，1999年，第217页。

中晚唐的女性仍以披帔帛为时尚装束，此时的帔帛普遍较长较宽。轻盈的帔帛，配上原本繁丽的衣裙，不但变化多端，而且增加了奢华妩媚的动感。

三、帔帛的材料

唐制作帔帛的材料主要有绢、纱和锦。绢是用生丝织成的一种平纹织物，主要产于北方，就是今天的绸。绢的显著特点是质轻，本身不起花纹，要靠印染来装饰，唐绢“每平方厘米约有经线34—65根，纬线19—41根”①。甘肃敦煌千佛洞发现的唐代绢幡，都是用几近透明的薄绢制成的，挂在佛堂的过道上，也不阻碍光线。《太平广记》中记载有一种绢，一匹长四丈，重量却只有半两，可见绢之轻薄。

纱是一种表面布满纱眼的丝织物，又有“轻容纱”之称，唐代纱类织物的制造水平普遍比汉代高。有学者将1968年吐鲁番出土的绛色轻容纱和马王堆出土的素纱作了比较，发现唐代的纱眼更稀疏、孔眼更大、制造更精巧。唐纱中的极品是亳州纱，陆游《老学庵笔记》说“亳州出轻纱，举之若无，裁以为衣，真若烟雾。一州惟两家能织，相与世世为婚姻，惧他人家得其法也。云自唐以来名家，今三百余年矣”。亳州轻纱由于过于精细轻薄，入手如无重量，做成衣服，像身披轻雾，但限于技术，这种纱产量有限，不过却是唐代贵妇的最爱。2013年发掘的韩休墓墓道壁画的乐舞图中（参看图2-4），正在起舞的女子身披印花轻纱帔子，轻纱软垂透明的质感似乎触手可及，可见实物一定更轻薄更透明。

① 吴淑生，田自秉：《中国染织史》，上海：上海人民出版社，1986年，第143页。

锦是一种多彩织花的高级丝织物，是唐代丝织物中最为鲜艳华美的产品。唐锦在起花方式上可以分为：经锦和纬锦。经锦较之纬锦，织机简单、织法繁复、幅面较窄，而创制于武周前后的纬线起花的纬锦织法，织机经过改良之后，能织出更繁复复杂的花式。锦中的极品是加金丝的金锦。益州、扬州的锦最负盛名，蜀锦绚丽多彩，精美绝伦。可以想象用以上材料制作的帔帛是如何的精致华美。

多数人只知道元代的金锦（纳石失锦或纳失思锦）著名，其实盛唐的能工巧匠已能织出夹金线的织锦，在敦煌第 334 窟彩绘观音裙子的用料中，即显示了唐代宫廷金锦的特征，“以金箔为地，用金丝织纬,闪闪发光”[①]。除了捻金线镂金片的织金之外,从诗文、笔记和出土实物来看，唐人还有销金法、蹙金法和盘金法等几种织金技术。其中销金法就用金泥或银泥绘画、印花的织物加金法，蹙金法和盘金法就是用金丝在织物表面再做织绣。在法门寺地宫出土的丝织物中就有此类夹金的织物出土，虽然法门寺地宫丝织品保存完整者甚少，但其中绫纹织金锦因其工艺精美绝伦、捻金线细密厚重，被称为考古发掘中的新发现，填补了自汉代以来只见文字记载不见实物的遗憾，同时也说明唐代丝织品高超的工艺水平。

唐代帔帛制作精良、图案精美、装饰华丽均达到前所未有的高度。《太平广记》记载：

① 常沙娜：《中国敦煌历代服饰图案》，北京：清华大学出版社，2018 年，第 32 页。

唯李以夫婿在远辞焉。章仇妻以须必见，乃云："但来，无苦推辞。"李惧责遂行，着黄罗银泥裙，五晕罗银泥衫子，单丝罗红地银泥帔子，盖益都之盛服也。裴顾衣而叹曰："世间之服，华丽止此耳。"

这是个发生在开元、天宝时期，神仙爱上凡间人妻的狗血故事，这个故事里裴神仙是上元夫人的衣库官，面对益州的盛服，也只得叹一声"华丽不过如此"。而益州盛服中，单丝罗红地银泥帔子的描述甚为抢眼，单丝罗谓材质异常轻薄，红地是说此帔子为红色，银泥是装饰方式，红色单丝罗银泥装饰的帔子在裴神仙的眼里也不过尔尔，因为即便三等天衣，也胜却民间无数[①]。

《中华古今注·女人披帛》记载：

古无其制。开元中，诏令二十七世妇及宝林御女良人等，寻常宴参侍，令披画披帛，至今然矣。

可见披帛的装饰工艺除织物本身夹金织、金泥、银泥印花的纹饰外，还有彩绘、手绣、镂空、镶片等工艺手段。

张礼臣墓出土的原嵌在屏风画上的半臂女子披帛颇为典型。画面人物似为舞伎形象，女子除头挽高髻、额描花钿、短襦长裙之外，还罩一件卷草纹半臂，足穿高头绚履。可惜此画已破损而难见全貌，不过从人物身姿动作来看，帔帛的右端被右手臂绕至

① 这个故事中裴丈的身份值得考究，故事中天宫里的上元夫人有影射杨玉环的含义。

背后，帔帛的左端则由左手牵拈（原画右手也已破损，仅存手臂）（参看图 2–5）。该图显示，半臂帔帛这种穿着方式，不仅在中原地区流行，西北地区的女性也同样喜欢。

四、帔帛的颜色

唐代女子帔帛的颜色可分为引入期和本土期两个阶段。这一点与形状和材质不同，在引入期，帔帛颜色主要受域外审美的影响，克孜尔洞窟壁画上，无论飞天还是俗世女子的帔子都是暗色的和黑、褐等色，在整体服装中，帔帛的色彩过渡性较强；进入本土期，帔帛的颜色鲜丽多彩，纯色居多，色彩的饱和度较高。譬如淡绿色、大红色、绛红色、黄色等鲜丽的颜色频繁出现在仕女的帔帛上，帔帛色彩的过渡性降低，装饰性增强（参看图 2–6）。

将帔帛用于服装装饰，不仅是唐帝国贵族女性闲适、富足、精致、讲究生活细节的体现，还是唐女性聪明才智的体现。

五、披搭方式

前文已论，唐代女子的帔帛有三种披搭方式：其一，直挂式。就是直接把披帛搭在肩背处，并借助双臂形成自然弯折固定，类似于今天的披肩搭法。其二，一端固定式。如前文所述，类似于张礼臣墓出土的屏风画上的披帛女子、《观鸟捕蝉图》中左侧的女子，她们都是先将帔帛的一端（一般都是左端），固定在束裙带内，然后再将帔帛绕过肩背在右臂上形成固定弯折（参看图 1–38），这样的披搭方式在贵族和平民女子身上都可以看到。一方面适合比较轻薄的材质，另一方面也更方便日常生活劳作，天冷时，还便于保暖。其三，系结固定在胸前。这类固定帔帛的方式多见于外出时，比如永泰公主墓的侍女们（参看图 1–17）、《明皇幸蜀图》（参看图 1–29）、安元寿墓执扇仕女图（参看图 2–7）中长途出行的后宫女子多将帔帛搭在肩背处，然后从后往前系结固定在胸前领口的位置，其作用类似于后世牛仔的领巾，防寒、蔽尘、遮阳。

第二节　佩饰

唐代贵族女性经济富足，社会生活环境宽松，拥有良好的文化教育背景，所以她们的日常生活非常精致。对服饰、佩饰的时尚审美要求极高，造型创意、制作工艺、色彩搭配都有较为严格的要求。加之此时的工艺在继承前代的基础上也有了长足的发展，陶瓷、染织、金银器、漆器、木工艺、雕刻工艺以及玉器工艺等都取得了前所未有的成就。故而，这一时期佩饰的种类十分齐备。发饰有簪、钗、步摇、梳、篦、金钿、珠花、簪花等；颈饰有：项链、项圈、念珠、璎珞等；耳饰有耳环、耳坠；手饰有指环、手镯、臂钏等；带饰有带钩、带扣、鞢躞带等；腰饰有佩鱼、香囊等，样式繁多。这些款式繁多的佩饰不仅在中原地区流行，在长江流域广大地区、西域以及朝鲜半岛和日本等地也广泛流行，而且有些佩饰在制作上独具唐代特色。

唐代女性的佩饰一般用金、玉、银、铜等贵金属材料制作，制作精良考究。除此之外，还有用青金石、珍珠、水晶、珊瑚、花草、竹荆、动物骨皮、鸟兽羽毛、丝帛等材料制作的装饰品。

一、发饰

唐代女性的发饰主要有簪、钗、钿、步摇、梳、篦、珠花、簪花等类型（参看图 2–8 部分实物）。

唐簪、钗、钿就其使用方法而言同属固发装饰，都属古代的“笄”类。商周时男子用笄系髻固冠，女子用其固髻。刘存《事始》引《实录》：“自燧人氏而妇人束发为髻。……女娲氏以羊毛为绳向后系之，以荆梭及竹为笄，用贯其髻发。”史游《急就篇》记载：“冠帻簪簧结发纽”，颜师古对此注称：“簪，一名笄”，马缟《中华古今注》称：“钗子，盖古笄之遗象也”，明人集大成总结为“笄，不独女子之饰，古男子皆戴之”（《五杂俎》）。可见，大家对于簪钗起源于固冠结发的认识相同。

《全唐诗》中涉簪钗的诗句一共有 774 条，其中 504 条描写男子用簪的情况，只有 270 条描写女子用钗的情形。以“诗圣”杜甫为例，“白头搔更短，浑欲不胜簪”的是男诗人自己，“簪缨世家子”是贵族子弟，“野花山叶银钗并”的是到老未嫁的村姑，“花钿委地无人收”的是宫廷贵妇和伎乐女子，没钱时花钿还可以换米的“米尽坼花钿”。

总体上，唐人在社会日常生活中，非常清楚簪、钗、花钿三者之间的差异。簪男女通用，是男子固发固冠，女子正式场合固发的用品，故簪缨世家成为世家大族的代称；钗通常用于女子塑造发型时使用，不分贫富，是女子日常必备的发饰，而花钿则用于头首部装饰，鲜见社会下层女性使用。

（一）簪、钗

簪、钗在现代人看来区别不大，今人看古代常常簪、钗不分。不过在唐人自己看来，簪、钗的区别很明显，簪男女通用，钗只用于女性。

唐簪分两部分，第一部分是簪首，第二部分是簪擿。使用时，簪首在发外，簪擿没于发中。发簪整体像树，所以又有"簪树""花树"之称。吴王李恪杨妃墓出土金簪就是很典型的独擿花树型簪（见图 2-9-1），考古工作者以用途命名，将之称为"金笄"，名称更为古雅，道出了簪来源于商周的笄的历史渊源。

簪是唐代男女使用最普遍的首饰，作用在于总发固冠。每支簪都有一个繁复、华丽装饰性极强的簪端，也就是今人所言簪首，和一个或一双擿（"擿"为汉唐旧称，宋以后多称"股"）。因为需要总发固冠，所以在所有首饰中簪通常尺寸较长。唐簪如固冠通常一擿，如总发也可以双擿。

盛唐初时，唐簪很少有模制品，即便对簪也很少出现两支一模一样簪首的簪子，常常同一题材，表现内容却像连环画一样各有各的场景。譬如吴王杨妃墓出土的被考古工作者称为"金笄"的树型金簪（参看图 2-9-1），以及徐州博物馆馆藏的对鎏金银花树簪①、广东皇帝岗唐墓出土三对唐簪（参看图 2-10）、西安市西郊电缆厂出土的对鎏金银花卉鸾鸟簪（参看图 2-11）等，除整体造型呈花树形外，对簪中的每一支簪首造型都极尽夸饰，充分体现了手工制作的魅力。其中尤以吴王妃的金簪花树用材华贵、做工精巧，实为

① 博物馆方称"鎏金花树银钗"。

同类型金簪中的上品。杨妃的金簪，一支簪首为桃实形，一支簪首为桃花形，每支簪首的装饰都分三层，每层“用细如头发的金丝制成图案”①，其细缕之功包括花丝编织、花丝镶嵌、金箔镂刻、金箔制花等。只有宫廷工匠才能掌握的细缕镶嵌制金工艺，在当时世界范围内也属先进工艺水平，只是因为出土时，这两支簪子上镶嵌的绿松石、玉珠、料珠已经脱漏，只剩下嵌洞和嵌托，影响了后世的观感。如果说杨妃是皇家宗亲，首饰精巧不足为奇，徐州博物馆馆藏的一对鎏金银花树簪，从材质来看相比吴王妃的金簪逊色很多，但两支鎏金银簪首同样匠心独运，同以飞鸟莲塘为背景，一支以飞鸟栖息的莲池为主，主要表现荷叶与荷花；另一支则以飞鸟掠过莲池为主，一静一动构思巧妙。相同表现题材的簪首并不少见，相同制作工艺的还有西安东郊、西郊，以及三门峡唐墓出土的对鎏金银花卉鸾鸟簪等。

中晚唐的唐簪模制痕迹明显，大中九年（855 年）入葬的厦门陈元通夫妻墓中出土对银簪（参看图2-9-4），簪首錾刻精美蔓草纹，细节对称，还有一道属于模制或者范铸的竖条型穿孔，两支造型一模一样。同样的情况也出现在浙江长兴县出土的一批 16 件镂空凤凰、鸳鸯缠枝纹金银双擿簪中，能明显看到范制的痕迹。从首饰的发展历史来看，开模制范虽然会降低首饰的艺术性，但批量生产可以降低制作成本，从而有利于贵金属首饰的普及，也是人类物质生活发展的必由之路。

簪与钗相比，簪首的装饰性更强、更华丽。只是因为过去学

① 宋焕文等：《安陆王子山唐吴王妃杨氏墓》，《文物》1985 年第 2 期。有人误将这种花丝镶嵌编织工艺称为“掐丝工艺”，实属误会，掐丝工艺主要出现在珐琅制作中，其技术晚于花丝镶嵌工艺。

界总是简单地以单、双股作为簪和钗的区分标志，造成簪钗名物混淆，虽然近年来也有不少学者撰文规制首饰的名物或给唐钗分期分类，如扬之水《隋唐五代金银首饰的名称与样式》①，王洋洋《唐代鎏金发钗研究》②，王家梦《唐钗的类型与分期》③，但总体上学者们仍然忽视了双擿簪的存在，将大量的唐簪视为唐钗，尤其唐宋大量的首部装饰华丽、簪擿并拢的 V 型双擿簪，都被称为“钗”，致使钗的种类繁杂无法归类④。其实在唐人看来，簪和钗区别明显，V 型拢擿“钗”都应该称为双擿簪，如果不能先从大类上对簪和钗明确区别，就无法科学归类。

双擿簪并非唐人独创，先秦小篆显示簪为独擿，与笄的外貌类似，但在不断的使用改进过程中，为使独擿簪在总发时更加稳固，汉代已经设计出两股并拢的双擿簪，也就是今日所见的字。作为典型的象形文字，字形上簪由独擿变双擿，证明现实中，簪擿早于所造文字出现，已非独擿一统天下，“簪”的字形演化还证明，在实际使用过程中，不仅簪擿在变化，簪首的装饰也越来越繁复华丽（参看图 2-13）。

簪、钗都是古人生活中必备的实用器，簪与钗的区别，取决于它们不同的使用功能。簪固冠总发，钗固发塑形，由于作用不同，两者的区别很明显：首先，簪偏重装饰性，有一定的礼制规定，而钗更偏重实用性，譬如前章提及命妇的“花钗礼衣”中的“花钗”，就是泛指命妇首饰中的花树型簪和各种钗钿，而并非特指钗，

① 参见扬之水：《中国古代金银首饰》卷 1，北京：故宫出版社，2014 年。

② 王洋洋：《唐代鎏金发钗研究》，《西部考古》2020 年第 2 期。

③ 王家梦，郭永利：《唐钗的类型和分期》，《华夏考古》2017 年第 1 期。

④ 分类时不得不出现诸如 A、B 两大类，以及 Aa、Ab、Ba、Bb、Bc 等貌似科学实则读者很难明了的状况。

因此，簪比钗尺寸更规范、更长，双擿簪也同样。从出土实物来看，大部分唐簪尺寸在17—39.8厘米之间，没有尺寸较短的簪，因为簪首的装饰性很强，如果簪擿太短，就无法保持整个簪子的平衡性，而钗的尺寸则长短不一。比如初唐时期典型代表为辽宁省朝阳市文明路唐墓出土的银钗，长仅5.6厘米，李倕杨妃墓出土金钗，长12厘米；盛唐时期典型代表为镇江丁卯桥唐窖藏出土760多支银钗，其中最长达34厘米[①]；晚唐时期典型代表为长兴县唐窖藏出土的银钗，通长31.9—37.9厘米，但水邱氏墓中又出现了11.2厘米的金钗[②]，显然钗的尺寸取决于发式而无规律可循。其次，簪首突出，装饰华丽。钗为塑形而生，一般无首。如李倕杨妃墓出土的U型金卡钗也被考古工作者称为"金卡"（参看图2-12），浙江临安水邱氏墓中出土的卡钗（参看图2-14）与今天的发卡形状、功能类似。钗即便有首也偏于精致小巧（参看图2-9-2、3），有装饰钗首的U型钗，钗首装饰也是为了更方便插戴脱卸，不具有簪首的繁复华丽。再次，簪擿与钗擿不同。通常簪单擿，钗双擿，但双擿簪在唐代也很流行，双擿簪首下呈并拢的V型双擿，与两擿平行的U型钗有明显的造型差异。上述情况的存在，说明簪钗之间，即便双擿簪与钗之间都有较为显著的差异，应细细予以区分。譬如浙江长兴下莘桥窖藏银器中出土有大量的首饰，其中包括单擿簪、双擿簪、钗等物，因为不能簪钗分类，考古工作者只能将其分为四种钗型[③]。另外，今

① 刘建国，刘兴：《江苏丹徒丁卯桥出土唐代银器窖藏》，《文物》1982年第11期。

② 浙江省文物考古研究所等：《晚唐钱宽夫妇墓》，北京：文物出版社，2012年，第69页。此11.2厘米的金钗为此批出土金钗中最短的那一支，数据为原始数据，特此说明。

③ 毛波：《长兴下莘桥出土的唐代银器及相关问题》，《东方博物》2012年第3期；夏星南：《浙江长兴县发现一批唐代银器》，《文物》1982年第11期。"分凤钗、细花纹钗、圆头钗和素面钗四种。"

人考辨古代器物名物时，一定要考虑器物在古人生活中的定位。

值得注意的是唐簪不仅女子可以用，男性使用更多。在《舆服志》品官服制中，“簪导”是首服诸规定中很重要的一项，仍以现实主义诗人杜甫为例，“白头搔更短，浑欲不胜簪”的是老迈的诗人自己；后世以“簪缨世家”指代世代禄秩的名门望族。这里的簪和缨都是世家男子固定官帽的配饰，可见唐簪不仅男女通用，而且使用场合更正式。诗文中“丛鬓随钗敛”（元稹：《恨妆成》）的只有女性，在涉仪制规范中，也以簪而非钗作为女性首饰规范的对象，这说明对于女性而言，簪比钗也更正式。

广州皇岗唐代木椁墓出土金银首饰中有花鸟簪、花穗簪、缠枝簪、圆锥簪等，使用模压、雕刻、剪凿等工艺做成，每种样式的簪首都是一式两件，花纹相同而方向相反（参看图 2-10）。可知唐代的女性簪、钗追求的都是左右分插的对称美，对称思想在唐代的城市规划、建筑、服饰、发饰上都有体现。厦门唐陈元通夫人汪氏墓中出土有对银簪。西安南郊惠家村唐墓中曾出土一组鎏金银簪①，其中摩羯荷叶纹银钗（长 35.5 厘米）、蔓草蝴蝶纹簪（长 37 厘米）、双凤纹银簪（长 30 厘米）繁丽纤巧，体现了唐钗的神韵。摩羯荷叶纹银钗，双擿，钗托作花叶状，钗面镂空錾刻浮游于荷叶之上的鱼形兽纹（参看图 2-15），此鱼形兽即为摩羯。

摩羯（梵文 makara）本是印度神话中的一种长鼻、利齿、鱼身的动物，它的形象来源于象、鱼、鳄等动物，被认为是河水之精、生命之本。摩羯作为装饰纹样随佛教一起传入我国，自东汉发展

① 阎磊：《西安出土的唐代金银器》，《文物》1959 年第 8 期。这组银簪过去因为 V 字造型被称为银钗，但根据其长度较长的特性，以及造型来看应该是 V 字形的簪。

至隋唐，摩羯形象渐融入中原文化的元素，龙首、鲤鱼身的变化特征，使其更具中国特色，在唐代乃至唐以后仍被视为吉祥图案，也有学者将此种纹饰称之为“鱼龙变纹”。唐代的摩羯纹在使用中，有的作为主题纹饰出现，有的作辅助纹饰出现，常与水波、莲花、荷叶等组成整个画面。此处提到的这件银钗，描绘的是摩羯浮游于荷叶之上的情形，是唐代很典型的一件摩羯纹银簪。蔓草蝴蝶纹银簪，V 型双擿，簪首也作 V 型叶片状。簪面在镂空蔓草纹上饰以蝴蝶状纹样。簪首与簪擿之间有八字型交花及苞蕾；双凤纹银簪，双擿，钗面以镂空錾刻手法在阔叶花上錾刻有两只展翅飞翔的凤鸟。此处提到的这三件银簪，并非罕见之物，都是唐代女性日常的簪发之物，它们都以锤鍱成型的工艺精心制作[①]，由此也可见唐代首饰工艺制作技术的高超。

唐簪的变化除前文已述的簪首的制作方式由手工向模铸发展外，还有一点值得重视，李倕杨妃墓出土的金簪通长只有 18 厘米[②]，而西安南郊惠家村唐墓出土双凤纹鎏金银簪长 37 厘米，数据显示唐簪的长度随时代发展、发式变化在逐渐增长。原因有二：其一，唐女子的体态有变化。从初唐的纤细向盛唐的健硕，再向中晚唐的丰腴发展，唐女子体态变化明显，发式与体态相配也经历了由低平向高大发展的过程，固发的唐簪自然也经历了渐长的变化。其二，插戴方式不同。初、盛唐簪插较深，发外只留簪首。中晚唐的女性插簪除固发外，还留很长一截簪身与簪首一并展示

① 锤鍱法就是先锤打金块，使之延伸展开成片状，将片状金属放置于模具之中再打制成各种器物。一般有隆起的器物和带凹凸纹饰装饰的图案，都是用锤鍱法加工而成的。

② 同墓的著名钿钗，也有人称钿头钗，钿花加钗擿通长 19.3 厘米，可见杨妃的发髻相对低平的事实。

在发外，这种做法扩大了簪的观赏性，但也需要更长的簪。

发钗，两汉时已经非常流行，通常以金银等金属制造。到了魏晋南北朝，狂放不羁的“魏晋风度”在服饰上也有体现。女性发式追求脱俗出尘，诸如灵蛇髻、望仙髻、分髾髻等高而险峭的发式，总发塑形的发钗构造也越来越奇特，为方便制作发式，有时钗头三四并联，有时钗擿尾端弯钩，有时钗擿一长一短，两擿相距较大。这种奇特的状态经过北朝到隋的改造，唐初时，发钗又恢复到两擿并列齐长的简洁状态。

唐钗仍继承了发钗“叉也,象叉之形因名之也”（刘熙:《释名·释首饰》）的造型传统。插发处双擿平行呈 U 型，钗首造型简单，甚至没有钗首，类似于现代的黑发卡，如李恪杨妃墓出土金卡钗、厦门陈元通夫妻墓出土银钗（参看图 2-9-2）、镇江丁卯桥出土唐代窑藏银钗、浙江长兴窖藏银钗、浙江临安水邱氏墓出土金钗等，造型简单实用，且都很接近。其分布地域从两京到江南再到岭南，时间跨度从初唐直到黄巢造反，说明发钗在固发、固钿、塑形等基本功能未变的前提下，造型并没有随时间和地域发生大的变化。

唐钗虽然缺乏魏晋钗擿造型上的变化，但并不缺乏钗擿长短、钗首造型和钗擿錾刻装饰等精细程度上的变化。初唐发髻相对低平，钗长较短，除吴王妃杨氏的金钗首有三颗嵌洞外，大部分钗头没有装饰。盛唐时因流行高髻而长钗大兴，江苏丹徒窑藏银钗长 34 厘米，李倕墓中固发的长钗也有 22 厘米（参看图 2-16），钗首有手握，手握与 U 型钗擿之间饰有绿松石穿缀的花朵，但整体钗首装饰简单，这一点也反映在《簪花仕女图》中，河洛贵妇插戴的U型钗也没有多余的钗首造型。自文宗即位以后，禁高髻险妆，但在考古中发现，中晚唐仍有许多发钗长度超过30厘米，原因与唐簪一样，唐钗为了适应从盛唐开始女性以丰肥为美的体态和高大的髻式，普遍长度偏长，不过也有晚唐水邱氏墓中仅11.2厘米的短钗。

与唐簪相比，唐钗的钗首装饰非常简单，一般在钗首作云头形、鼓形、半月形等，但也不乏装饰华丽的饰首钗和饰擿钗。譬如李倕杨妃墓中出土的钗头镶嵌三颗宝石装饰的饰首钗、河南宝丰小店唐墓出土铜鎏金饰首钗、韩森寨苏三夫人墓出土金饰首钗等（参看图2-17）。韩森寨苏三夫人墓出土的金钗只剩钗首，但结合同类其他饰首钗的情况来看，此类钗，钗首长钗擿短，整体欠缺平衡；从材质来看，又以金银居多，显然其装饰性大于实用性，是贵妇套钗中的一种，具体作用有待考证。除了装饰钗首外，唐代贵妇的银钗中还有錾刻钗擿的做法，不过这种饰擿钗的数量可能较少，比如江苏丹徒丁卯桥窖藏的580多支银钗中，有15支錾刻钗擿的饰擿钗，但这15支只是580多支银钗中的极小部分。与饰首钗一样，錾擿钗也是富贵女性的生活点缀。

唐墓中出土了大量的簪、钗实物，但具体如何插戴还要看传世名画中的描述。以《簪花仕女图》为例，此图三组六位人物中（参看图2-18），五位贵妇，再加一位持扇侍女，这六位女子的头部装饰，簪、钗使用分工明确，从画面中能清晰地看到U型发钗的具体使用情况，尤其是在持扇侍女的头上，U型发钗在束发造型方面表现突出。另外在六位女子中，只有侍女发饰只有发钗，但没有发簪；

而五位贵妇头发上，不仅有发钗的钗首、钗尾露出，在高髻的正面还有繁奢的簪首装饰。可见，在唐代簪的地位不仅高于钗，而且簪、钗的使用有身份地位的区别，尤其是簪首制作奢华的簪只有贵族女性才可使用。

总体而言，唐钗插戴时钗首可以露在发外，譬如李倕墓出土长钗、《簪花仕女图》中的长钗，可以像厦门陈元通夫妻墓如意云头银钗钗首微露在发外；长钗的钗擿也可露出发外，也可隐在发内，总之唐钗的主要目的是为固发和塑形，实用性较强，装饰性较弱。

唐簪、钗用材范围极广，做工精良、名目繁多，通常以材质和形状命名。按材料分，有金、银、铜、铁、玉、花、竹、骨、琉璃、玳瑁、珊瑚等材质的簪钗；按形状分，有翠簪、凤簪、玉燕簪、凤头簪、燕簪、鸳簪、雀簪、鸾簪、蝶簪、辟寒簪、环簪、瑟瑟簪、宝钗簪等。和人们通常认知相反的是，唐簪男女通用，钗钿为女子专用。

这些材质中，由于玉、玛瑙、水晶等材质坚硬不易造型，所以唐代的玉簪首、水晶簪首往往只用玉和水晶制作手握的簪首部分，簪擿部分往往采用其他材料制作，于是玉和水晶簪首往往要预留可以插擿的插口，插口还要预留扣簧卡子，对于工匠的技术水平要求较高。

不过能用各种贵重材料做簪、钗的贵族豪门女性毕竟是少数，一般平民女子只能戴荆钗、木簪。荆钗泛指一切用竹木陶骨等廉价材料做成的钗，因此“荆钗”就成为千百年来平民女子的代称，而“拙荆”也成为平民男子称呼自己妻子的谦词。唐代边人之妻葛鸦儿《怀良人》:“蓬鬓荆钗世所稀，布裙犹是嫁时衣。胡麻好种无人种，正是归时不见归。”从中可以看出普通戍边军人妻子的艰难困苦。

“云髻坠，凤钗垂。髻坠钗垂无力，枕函欹。翡翠屏深月落，漏依依。说尽人间天上，两心知。”钗，对于女性而言不仅仅是装饰物而已，更是寄托情感的重要意象，韦庄《思帝乡》就以钗传情，描写了一个女子相思中的缠绵悱恻，以至懒得整理头上的发饰，一任云髻、凤钗凌乱倾坠。除以钗寄情之外，唐代恋人或夫妻之间还有一种以“分钗”代表离别，有分钗擿赠别的习惯。女子将头上钗的两擿一分为二,一擿赠给对方，一擿留给自己，他日重逢时,两擿分钗再次合一。香奁诗名家韩偓就曾有“被头不暖空霑泪，钗股欲分犹半疑”(《惆怅》)的诗句。与“破镜重圆”一样，“分钗”渐渐也成为爱侣分离的指代，如白居易《长恨歌》中 :“唯将旧物表深情，钿合金钗寄将去。钗留一股合一扇，钗擘黄金合分钿。”表达分钗所代表的离情。在这一点上,簪与钗的区别再次显现，即便双擿簪也不具备 U 型钗可分的特性，可见唐簪、钗之间有明显区别。

(二)唐钿

《说文解字》记载先秦的花钿主要指贴在鬓发上的花形薄金片，唐钿是指用金银、珠翠、螺钿等材质嵌合而成的花朵形发饰,《六书故》解释何为“钿”时说“金华为饰，田田然也”，说明唐花钿有一定的形状要求，通常为团、方造型，比簪、钗更规整，更接近抽象的花朵状。

唐初贵族女性的礼服首服除簪、钗之外，还有“花钿”相配。唐代花钿有两种：一种钿钗分离，花钿背后无脚，只在花蕾部分或花瓣上留有小孔，用时才以钗固定。1980年在湖北安陆县唐吴王妃杨氏墓中（杨氏葬于贞观年间）出土有被考古工作者称为“金卡”的钗，就是用以固钿使用的小发钗，大量考古实物中出现的钿花就是此类钗、钿分离状态的最好说明。另一种钿钗，花钿自带插钗，唐人称钿钗，现在也有人称钿头钗[①]，在金花背面装有钗擿，用时可以直接插于发髻。同墓出土的一对金钿钗，钗身通长19.3厘米，钗首是一朵团花，层层花瓣上做出一个一个嵌宝的小圆托，出土时有的圆托里原嵌物尚存，团花的背面有一个梯形小纽，两支钗脚即插入其中[②]。这两种都可以称花钿。

1955年在西安东郊韩森寨雷宋氏墓出土的金花即属上述第一种（参看图2-19-2）。金花钿不带钗，这些金花有大有小，大的“花的外围是用八个花朵组成的，在花朵的一边用极细小的金珠连缀成花叶，花朵之间，也各用许多细小的金珠盘绕着，中镶翠玉，可惜出土时翠玉大部脱落不见。在花的中心有隆起的庞大花朵，艳丽的花朵上有一只玲珑的小鸟，双翅展开掩蔽在花瓣中，头伏在胸部，细而尖的喙伸入羽毛内，好像在抖擞弹痒似的，两足踩在花朵上，足的下端有一扁长小孔，似乎是按器柄的地方”[③]。小金花形状各异，但都在器物表面留有贯穿钗身的孔洞。雷宋氏葬于天宝九年（750年），可见盛唐时簪钗戴钿的盛况。

① 钿头钗，不是“细头钗”，网络上以讹传讹，特此说明。
② 宋焕文等：《安陆王子山唐吴王妃杨氏墓》，《文物》1985年第2期。
③ 阎磊：《西安出土的唐代金银器》，《文物》1959年第8期。

满头花钿的形象在隋末唐初贺若氏墓中出土的冠饰中已有体现。经过唐初的发展，盛唐逐渐有钿钗合一取代花树簪的趋势，虽然为适应女性爱美的需要，初唐以后，唐簪也出现了可以换擿的换头簪，但即便如此，仅置换簪擿，而不换簪首，对于追求时尚美的唐贵族女性而言，过于简朴保守。花钿因其款式多样，花样翻新快，与钗的组合可简可奢，渐获各阶层女性青睐，尤其是花钿与钗可以自由组合的方式，深受爱美的盛唐女性喜爱。此时花钿与钗合二为一的形式被称为钿钗。盛唐女性喜戴钿花，少则数枚，多则满头皆是（参看图 2–19–1 唐代何家村窖藏金花钿）。王建的《宫词》中就有“玉蝉金雀三层插，翠髻高丛绿鬓虚”的描述，满头插戴玉蝉、金雀的后宫女子形象跃然纸上。征之图像资料，以《捣练图》为例，其中抻布的女性额前头发上自左至右有 5 朵花钿，缝纫的女性左右鬓发上各有一朵菱形钿花。综合各种图像资料中的记载来看，花钿的插法主要有：一、沿鬓发左中右拱门排列型，这种插戴法主要集中在额发全部后梳的发式上。二、发髻两侧左右对插型，这种插戴法主要集中在前低后高的发式上。三、顶发独插型，主要集中在高髻上。以上只是三种主要的花钿插戴方式，《唐人宫乐图》中的贵妇之一头上就有花钿的形象，就不属于以上三类，较有个性（参看图 2–20）。这也说明，盛唐女性在流行时尚中仍能保持个性美，这一点和今天的社会思潮有相同点。毕竟，审美是一种非常个性化的活动，古今相通。《长恨歌》中“花钿委地无人收，翠翘金雀玉搔头”，描述的就是杨贵妃香消玉殒时的面饰、头饰散落满地的惨况。

(三)步摇

步摇是一种特殊的簪，也称“珠松”“簂”。步摇因其随行步摇曳生姿而得名。《释名·释首饰》:“步摇，上有垂珠，步则摇也。”步摇是在簪的基础上由战国人始创的头饰。《后汉书·舆服志》:“步摇以黄金为山题,贯白珠为桂枝相缪,一爵九华（花）,熊、虎、赤罴、天鹿、辟邪、南山丰大特六兽,《诗》所谓‘副笄六珈’者。诸爵兽皆以翡翠为毛羽。金题，白珠珰绕，以翡翠为华云。”

东汉刘熙将“步摇”命名来历讲得很清楚，但刘熙讲的是步摇的装饰效果,《后汉书·舆服志》详细记录了步摇的具体形状，但因为后世并不清楚秦汉物质生活的细节，所以不知司马彪看到的细节内容究竟为何。不过从司马彪的记载中，仍然可以看到很多汉代步摇的细节。譬如汉代的步摇有山题、山题上有桂枝般的联接件“爵”，每爵与山题之间的联接件上装饰有白珠的掩饰（类似后世三通佛头），每爵的桂枝上都有很多的装饰，司马彪看到的这支皇后参加拜谒宗庙的步摇装饰着熊、虎、赤罴、天鹿、辟邪、南山丰大特六种辟邪瑞兽[①]，司马彪描述非常详细，只是对于名物关系后世学界理解起来仍有争议。山题原本是男子冠上类似后世帽正的物品，汉代通常做成博山形，据此孙机先生认为“步摇应是在金博山状的基座上安装缭绕的桂枝”[②],并由此联想到前燕北票房身2号墓、达茂旗西河子出土北朝遗物，以及《女史箴图》中类似步摇的出土实物和图像资料（参看图2-21）。

完整阅读司马彪对下至三百石官员妻子、上至皇后的礼服记

① 同上注,“南山丰大特六兽”有人考证认为是牛。

② 孙机:《步摇、步摇冠与摇叶饰片》,《文物》1991年第11期。

载，就会发现司马氏对步摇的记载非常详细。这些资料显示，汉代的步摇是簪的一种。秦汉的步摇特点明显，首先簪首装饰随步而摇；其次簪首与擿不相连；再次簪擿有尺寸和材质等级限制，譬如皇后以黄金为簪首、簪擿为瑇瑁、长一尺，公主黄金簪首、黑瑇瑁擿，两千石夫人黄金簪首、鱼须擿。汉代的步摇与此后的步摇差异明显。

孙机先生所举南北朝的步摇簪和东北亚流行的步摇冠，已经是步摇簪进入发展期之后的衍生品。六朝以后，步摇簪首花式愈繁，或作鸟兽，或作花枝（参看图 2-22），皆晶莹辉耀，材质以相对柔软的金银为主，簪首与簪擿联为一体，不再分离，一尺长的簪擿也较少见。在唐代其常与钗钿合用簪于发上，是女性们的重要首饰。唐步摇一般多用金玉制成鸟雀之状，在鸟雀的口中衔挂珠串，随着人体的走动，珠串便会摇动，顾盼之间摇曳生姿。

在各墓道壁画中较少见初唐步摇的踪迹，盛唐的传世绘画、墓道壁画中，步摇的使用渐多，因为步摇在走动时花枝乱颤，更能显出女子婀娜多姿的柔美，此一点对于日渐丰腴的盛唐女子的而言，确实具有吸引力。中晚唐步摇的使用渐有被插梳取代之势，除礼制规定的正式礼服之外，贵族女性更喜欢用插梳妆饰头部，也很少见步摇。

步摇的使用者身份主要集中在贵族女性中。从现存的图像资料来看，最早在永泰公主墓室椁内北面东间雕饰的侍女头上就有花形钗头的步摇出现[①]。与永泰公主改葬于同一年（706 年）的懿德太子墓中也有石椁女官像首饰步摇的形象资料[②]。此后在韦顼墓壁

① 陕西省文物管理委员会：《唐永泰公主墓发掘简报》，《文物》1964 年第 1 期。
② 陕西省博物馆等：《唐懿德太子墓发掘简报》，《文物》1972 年第 7 期。

画中的穿着时尚的贵妇头上，也可见步摇的形状[①]。据此可以证明，自武周以后步摇开始在唐贵族女性中流行，开元天宝年间达到极盛。中晚唐以后，渐被插梳和簪钗的风气取代。据佚名的《杨妃外传》中记载，唐玄宗曾派人用最上等的镇库紫磨金琢成步摇，并亲自为杨贵妃插于鬓边。白居易在《长恨歌》中描写杨贵妃“云鬓花颜金步摇，芙蓉帐暖度春宵”。花颜、云鬓与金步摇在芙蓉帐中显得如此美好、香艳，使得“君王从此不早朝”，难怪《新唐书·五行志》会不满地将其与胡服、胡帽一并称为服妖：“天宝初，贵族及士民好为胡服、胡帽，妇人则簪步摇钗”。但步摇在顾盼之间确为盛唐女子增色不少。

盛唐中原贵妇喜簪步摇，在敦煌第130窟供养人乐庭瓌夫人太原王氏头上也有插步摇簪。可见不仅在长安所代表的中原文化中如此，在西域也有同样的时尚存在。

“云鬓花颜金步摇”是唐代诗人对杨贵妃容饰的描写。征之出土文物，在安徽合肥西郊南唐保大年间墓曾出土1件金镶玉、长28厘米的步摇，整个钗头像两只双翅展开的蝴蝶，展开的蝶翅上镶有精琢的黄玉片装饰，其下分垂大小两组珠玉串饰，此物虽非盛唐之物，但也可以让我们遥想盛唐步摇之精美（参看图2–23）。

(四)簪花

簪花也是唐代女性喜爱的一种装饰。唐贵族夫人所簪之花主要以鲜花为主，且大多为直接戴在头上。常见的佩花品种有牡丹、芍药、杜鹃、月季、山茶、菊花、荷花等，偶见玫瑰、蔷薇等，

① 葬于开元六年即公元718年。

其中尤以牡丹和芍药最受盛唐女性的喜爱。

诗文中：

风带舒还卷，簪花举复低……裙轻才动珮，鬟薄不胜花。（谢偃：《踏歌词三首》）

日高闲步下堂阶，细草春莎没绣鞋。折得玫瑰花一朵，凭君簪向凤皇钗。（李建勋：《春词》）

以上说的都是唐代女性簪花的情形。征之图像资料，周昉的《簪花仕女图》中的贵妇形象当是簪花女子的典型代表，唐代女性簪花常使用国色天香的牡丹，花形大，气味高雅，簪戴在头顶，拔高身形，增加香气，这和唐以后各代女性的饰花方式迥异（参看图 2-24）。宋代女性喜欢用通草或者绢帛制作仿生花编制花冠，取名"一年景"，为应景花型，选取和制作都比较小巧，明清江南女子则常将栀子、茉莉等香气馥郁的鲜花插戴在鬓边，唐代贵妇张扬的个性和敢与鲜花一比高低的自信，通过簪花的形状偏好和簪花的位置表露得一览无余。另外，从《簪花仕女图》中的簪花贵妇形象来看，簪花时并不妨碍唐女性簪戴其他簪钗发饰。

（五）插梳、篦

插梳和戴篦栉也是唐代女性尤其是中晚唐的贵族女性喜欢的发饰。根据《释名·释首饰》的解释："梳，言其齿疏也。数言比（篦）"，梳和篦的区别在于梳齿疏，篦齿密。唐代的梳、篦也符合这个定义。唐梳、篦材料主要有金、银、玳瑁、象牙、兽角、荆木等。

元稹《恨妆成》里有：

晓日穿隙明，开帷理妆点。傅粉贵重重，施朱怜冉冉。柔鬟背额垂，丛鬓随钗敛。凝翠晕蛾眉，轻红拂花脸，满头行小梳，当面施圆靥。最恨落花时，妆成独披掩。

一个睡到自然醒的贵妇，晨起面敷昂贵香粉，巧施朱红胭脂，淡描眉黛，面画圆靥；慢慢梳头，缓缓插鬓钗，发梳插满头的晚唐美女近在眼前。

自魏晋女性开始流行在头上插梳之风后，至中晚唐大盛。插戴方法，在张萱《捣练图》、周昉《挥扇仕女图》及敦煌莫高窟第9窟、10窟、130窟、196窟、安西榆林窟唐代供养人壁画中均能看到。以传世名画中所画插梳方法为例：《捣练图》中有插梳，不过只是钿钗的点缀，一般或单插于前额，或单插于髻后，或分插左右顶侧等形式（参看图2–25–1）;《挥扇仕女图》仕女插梳方法类似，有单插于额顶，有在额顶上下对插两梳及对插三梳等形式；中晚唐以后在贵妇的日常生活中,插梳不再是钿钗的点缀。譬如《唐人宫乐图》中，吹笙的女乐在前额发髻正中对插两圆背梳，围绕此对梳左右额侧发上再各插一柄长梳。在贵妇参加的祭礼等正式场合中，插梳也不再是点缀，与簪钗共用，成为装饰额发的主要饰品（参看图2–25–2）。

初唐贵妇头部装饰以簪钗为主，盛唐时贵妇头部装饰主要以钿钗和步摇为主，在春夏季还有簪戴鲜花的时尚。插梳不是时尚主流，即便插梳形式也主要以圆背、小梳，或前或后或左或右的单插为主。将插梳时尚发扬到极致的是晚唐、五代贵妇们。敦煌莫高窟第 130 窟盛唐供养人太原王氏花梳插于右前额，旁插凤形步摇簪，头顶步摇凤冠。同一窟中的一众随从侍女也是髻饰花钿，发插圆背小梳，不过由于画面布置的关系，从画面上只能看到这些侍女右侧鬓发上的单梳①。

至晚唐、五代，插梳取代了花钿和步摇的地位，成为贵妇首饰时尚的主流，此时女性头上插的梳篦越来越多，有多到十几把的，插法也有了变化。安西榆林窟五代女供养人壁画曹夫人李氏头上插有 6 把梳篦、金银花钗、金钿花，在她的随行女眷中，“故新妇娘子翟氏”（参看图 2-26），此女在前额发上，前、左、右上下对插三对共 6 把梳篦。同种情况，在敦煌晚唐、五代供养人贵妇像中比较常见，譬如第 196 窟壁画中也有女子前额发对插梳篦的现象；在敦煌莫高窟第 98 窟五代于阗国王李圣天后曹氏像中，凤冠宝髻、金花簪篦、珠宝项链、大袖衫裙、帔帛，这些妆饰充分证明晚唐的遗风犹在，满头的梳钗依然，最醒目的是额前对插的直背大梳。可见前额对插梳是中晚唐的时尚方式，此方式一直流行至五代。“满头行小梳”“归来别赐一头梳”说的正是这种插梳风尚。

有关唐梳篦的实物，出土文物较多，较著名的有两件：一件是 1970 年西安市何家村出土，现藏于陕西历史博物馆的一个金质梳背，此梳背高 1.5 厘米，长 7.9 厘米，厚 0.34 厘米，重 3.2 克。梳背为半圆形②，先用两层金片剪裁成型，然后将金丝掐制成的卷

① 杨志谦等：《唐代服饰资料选》，北京：北京市工艺美术研究所，1979 年，第 31 页。

② 由梳背的半圆形状可推断出此梳背应产于盛唐。

草、梅花焊接在梳背的两面，花草外围还有用金珠焊接出的细密纹饰，需用放大镜才能仔细辨认。器身中空，以插梳齿。这件金梳背是唐代掐丝焊接和炸珠[①]焊接工艺的杰作。经历一千多年，焊接处仍然没有开裂、炸珠没有脱落，令人难以想象，堪称金银细工的典范，具有极高的文物和工艺价值（参看图 2–27）。另一件是出土于江苏扬州三元路唐墓的金錾花栉（参看图 2–28），高 12.5 厘米，宽 4.5 厘米，重 65 克，梳背也呈半圆形，中央刻镂卷草花叶和一对飞天，其中一个吹笙，一个持拍板，四周绕以联珠纹，镂空鱼鳞纹、缠枝梅花与蝴蝶相间，极为华丽。此篦栉，民间称篦子，篦齿细密，除装饰功能外，还可以清洁头发。

玉梳始见于殷商，此后各代皆有所见，唯早期多呈圆首圭形或长方形，及至唐代，这一形式已消失，新出现的有宽而长的半月形。这种玉梳也有两种：一是梳背梳齿为一整体，并由一块玉料制作，梳背呈半圆形，上端为梳柄，下端为梳齿，它与前期玉梳相比，齿牙加宽并变短，从而更方便制作和使用；另一种玉梳也如前述玉簪相同，即梳背为玉质，梳齿为金银或其他材料。现考古发现的多为玉质梳背，金属材质梳齿多已散佚。

现出土的玉梳背不少，保存较好的有清宫旧藏，现藏于北京故宫博物院的一件玉质花卉纹梳，长 13.8 厘米，宽 4.8 厘米，厚 0.2 厘米。梳背使用优质新疆白玉制成，两面皆饰相同纹饰，从梳背的形状看，此件梳背应属于中唐器物，梳齿不疏不密。除此之外，

① 炸珠工艺大约出现在西汉，是西方金银制作工艺对中国金银工艺影响的产物。先将黄金熔化，再把金液倒入水中，利用金液与水温度的显著差异，使之结成大小不等的小金珠，然后焊接在器物表面，形成图案。

在陕西境内还出土有两件玉梳背（参看图 2-29），其中一件梳背两面边框内凸起浅浮雕图案，中部为 2 朵花，花朵旁衬托多层叶片，叶宽厚，边沿饰细阴线。此种梳背上所饰花叶造型奇异，花心大如苞蕾，花朵下的侧形叶端部回卷，有学者认为这是受中亚造型艺术影响的痕迹，另外一件有两只振翅飞翔的鸟，考虑到玉质坚硬而用鸟首具象，鸟身抽象与花蔓融合，非常有特色。唐至五代，用于头部装饰的玉饰品一般都较薄，玉质精良，表面平整，刻画图案多用阴线，线条直而密，这些特点在此玉梳上都有明显的体现。汉代梳多为马蹄形，唐代把造型拉长呈半月形，盛唐的梳背多呈半椭圆形，中唐至晚唐梳背有一个由半圆渐渐拉长变直的过程，到五代以后，梳背则完全变成压扁的梯形。

在新疆阿斯塔那古墓群还出土有大量的木梳篦，其中属于唐代的有 39 件之多，梳背半圆、梳齿密排的木篦子应该是墓主人随身使用的装饰器。木梳、篦对于唐代平民女性作用比之贵族女性更复杂，它们不仅是女性的发饰，还具有梳理头发，清理头发在劳作中沾染木屑草棍等杂物的功能，在卫生条件较差的环境里，当然也可以清理头皮和头发里的寄生虫；但如果特意强调木篦在唐代的医疗功效，显然有失偏颇，毕竟梳、篦是功能明确的实用器，只不过唐代女性别具一格地开发了梳、篦的装饰性。

二、颈饰

项链、项圈、念珠、璎珞等颈饰在唐代女性的生活中都曾出现过，但唐代女性颈项装饰使用并不多，现在考古发现的颈饰多为舶来品。从敦煌莫高窟绘画和彩塑佛像上所见可知，唐代的颈饰多系项链、项圈与瓔珞组合而成，豪华富丽（参看图 2-30）。

(一)项链

隋唐的项链存世实物不多，现存主要有两条。

第一条是隋大业四年（608 年）下葬的李静训墓随葬器物中的一条镶金宝石项链[①]（参看图 2-31）。该项链由 28 个金质花珠组成，各珠再嵌米珠 10 颗，金珠分左右两组，每组 14 个，其间用多股金丝链索相联。上端为金扣环，双钩双环，扣上镶有凹刻鹿纹的蓝色宝石，下端为圆形和方形金饰，上嵌红玛瑙、青金石及米珠，中间下悬一水滴形蓝宝石背金坠，横刻“小”字。此件项链使用了诸如錾刻、搓花丝、镶嵌工艺，尤其是其中的多面金质珠体焊接、蓝色珠体上凹雕、青金石宝石饰环状珍珠边宝石垂饰等技法，带有明显的西亚、东北非（主要是埃及）、南欧（希腊）、南亚各国的金质珠宝首饰的制作技术，所以有学者考证此项链当是由波斯传入中国的金饰，但也有学者认为它是中国传统工艺的产物。

第二条是唐米氏墓出土的一条水晶项链（参看图 2-32）。2002 年，考古工作者在西安南郊某住宅小区进行抢救性发掘时，发现了一座未遭盗扰的唐墓，墓主为唐辅君夫人米氏。米氏葬于天宝十四载（755 年），为正四品文官之妻，在其墓中，考古专家发现了 30 多件文物，其中一条水晶项链极有价值。出土时水晶珠散落在墓主头部，串珠的串线已腐坏不见；散落方式显示，此项链当佩戴在墓主人颈部。考古专家共发现 92 颗水晶珠，外加 3 颗蓝色料珠、4 枚叶形金扣托、2 颗紫水晶和 2 颗绿松石。92 颗水晶珠大

① 李静训为周宣帝皇后杨氏的外孙女，其父为上柱国、光禄大夫李敏，其母为周宣帝之女宇文娥英。卒于大业四年（608 年），终年九岁，生前深受外祖母杨氏喜爱，死后厚葬于西安玉祥门外。

小不一，均呈扁球形，由两端向中间对钻成孔，串成项链主体，3颗蓝色料珠应该是隔片，分隔开 4 个金扣托，4 个金扣托上联水晶项链，下镶水滴状的紫水晶和绿松石，形成项链坠饰。

米氏墓志虽言其为云安郡人氏，但米氏祖上为西域“昭武九姓”中“米”氏的可能性很大，因为中国虽然产水晶，但秦汉以前，中国人只是将黄、绿、紫、黑等杂色水晶当作玉石的一种，称“水玉”，将白水晶称为“水精”，水晶在唐代诗文中还可形容冰“鸟啄冰潭玉镜开，风敲檐溜水晶折”（无名氏 :《白雪歌》）。随着佛教的兴盛，作为佛家七宝之一的水晶在大唐被赋予了很多神性，譬如《酉阳杂俎》中认为水晶碗盛东西不腐不坏，中原地区传统的主流做法是利用水晶的药性，譬如炼制丹药，紫水晶入药治疗心烦、眼病等症，而不是做饰品。唐代窖藏、墓葬中出土的其他水晶器物，譬如著名的何家村窖藏八瓣莲花水晶碗，就有着非常明显的萨珊银器的造型特征，这也是现在考古学界普遍认为此水晶项链来源于中亚的原因之一。

初盛唐的项链从传世资料来看，使用对象主要集中在佛教雕像和佛教经典的纪录中。上文提到李静训的项链很可能是波斯的舶来品，因为，即使盛唐的贵妇在袒胸的时候也没有佩戴项饰的习惯。唐代的项链出现在佛教造像以外的情况，最早见于（葬于 718 年）韦顼墓中的贵妇人颈间（参看图 2-33），“图中此贵妇装束入时，头梳高髻，上嵌宝珠，插着步摇，半臂，长裙，帔子，左腰间挂着‘帛鱼’，足着重台履，是唐时流行的乡土时装”（杨志谦等 :《唐代服饰资料选》）。这段介绍，虽然描绘详细，但它并没有提到此贵妇颈间的项饰，因此“唐时流行的乡土时装”一句便值得推敲，也许杨志谦等编者考虑到这个结论和这串项饰之间的矛盾，所以才省略了对项饰的介绍。葬于天宝十四载的米氏所戴水晶项链，也从侧面证实了直到安史之乱爆发，项饰仍是少数贵族女性的个人审美爱好，并没有成为时尚潮流。所以，隋大业四年（608 年）长安李静训的项链只是一种昂贵而稀有的颈项装饰，和李静训墓其他的奇珍异宝一样，是厚葬的体现，并不能代表隋唐对项饰的使用情况，而米氏的水晶项链也只是米氏的后人为 60 多岁过世的老祖母戴上祖传心爱之物入葬的特例，并不代表开元、天宝时期的颈项装饰风尚。

中唐以后风气为之一变，晚唐敦煌供养人项间装饰之风大盛。从现存世的资料看，初盛唐偶有的项链无论从材料还是造型都显示项饰一物在中唐以前（包括隋李静训的那一条）都有域外影响的痕迹。器型大多呈项链加项坠两节式，敦煌第 319 窟盛唐菩萨胸前项链和韦项墓中的贵妇人颈间的项链都是这种样式（参看图 2-34）。

中唐以后的项饰多呈单串形，不加项坠，式样较简单。在周昉《簪花仕女图》中也有单串项圈，但佩戴时多几串合戴。合戴的项饰中，多数是同种材质、款式和不同长度组成的同心圆造型，但也有不同材质、款式的项链组成的同心圆造型。尤其是后一种戴法，富贵逼人。晚唐敦煌壁画中，第 9 窟、10 窟、12 窟供养人画像中都有图像资料存世。

（二）项圈和璎珞

璎珞也做“缨珞”。玄奘在《大唐西域记》描述自己所见时说：“国王、大臣、服玩良异。花鬘宝冠，以为首饰；环钏璎珞，而作身佩。”可见璎珞本为流传于古代印度社会的一种象征身份地位的项饰。在古印度，璎珞还可以戴在臂、脚、指等地方。后常用于佛像颈部的装饰[①]。随着佛教中国化、世俗化的发展渐成世俗贵族欣赏的装饰，广布于佛教流行地区。“南北朝后传入中原，逐为汉族女性采用，多用于宫娥舞伎”[②]（参看图 2-35）。

从唐以前的佛教造像来看，璎珞多为扁平项圈加“U”型或“X”型宝石串胸饰，装饰较为简单，只在扁平项圈上雕以花卉纹饰，雕工也较为朴素。

在唐代佛教造像中璎珞成为重要装饰，繁盛一时。唐佛教造像中的璎珞分项圈式和披挂式两种。

项圈式璎珞以项圈为主体。以项圈为中心扩散装饰是此类璎珞的共性，只是在发展变化过程中项圈逐渐向多节化发展（尤其是在前胸部位），与项链并用，又形成了项链式璎珞这类变种。与披挂式璎珞相比，这类璎珞普遍较短，所以又有人将此类璎珞统称之为“短璎珞”[③]。

就形状而言，项圈式璎珞（包括项链式璎珞）以项圈为中心，在间隔相等的项圈外沿向外扩展出多条珠、玉垂挂，一般 1—3 条，多集中在前胸。此璎珞的项圈部分是装饰重点，通常在项圈的圆环

① 有学者根据《大方等大集经 · 璎珞品第一》中的记载，菩萨有四璎珞庄严：一者戒璎珞庄严；二者三昧璎珞庄严；三者智慧璎珞庄严；四者陀罗尼璎珞庄严。得出璎珞乃佛像庄身饰品的概念。

② 周汛，高春明：《中国衣冠服饰大辞典》，上海：上海辞书出版社，1996 年，第 415 页。

③ 李敏：《敦煌莫高窟唐代前期菩萨璎珞》，《敦煌研究》2006 年第 1 期。

上雕刻莲花纹，也有在其上装饰螺旋形卷草纹，还有在项圈外壁装饰连珠纹。如果是项链式瓔珞，则在项链佩于胸部正前方部位强化装饰。此种瓔珞在敦煌初唐第 220 窟、322 窟，盛唐第 45 窟、46 窟，中唐第 112 窟、199 窟、159 窟，晚唐第 12 窟、156 窟等壁画中的菩萨身上都有体现。此类瓔珞不仅在整个唐代颇为流行，还在东千佛洞的西夏、元佛教造像中也能看到此类瓔珞流行的痕迹。

披挂式瓔珞与上一类相比，不仅长度可及膝或及踝，形状也较为多样，一般主要有单肩斜挂、项圈加 U 型直挂、项圈加 X 型斜挂加“严身轮”等三种。盛唐第 172 窟、晚唐第 14 窟中有单肩斜挂瓔珞和项圈式瓔珞合戴的图像资料。盛唐第 384 窟壁画中可见 U 型直挂。初唐第 323 窟南壁西侧和盛唐第 46 窟、205 窟，晚唐第 17 窟壁画中赴会菩萨身上都可见此类瓔珞存在。这三种披挂样式中尤以项圈加 X 型披挂加“严身轮”这种类型最常见。敦煌第 57 窟初唐壁画菩萨身上所戴多条玉石项链组成的瓔珞即属此类瓔珞的典型代表。此类菩萨所戴瓔珞有三重：第一重在颈项处，由三串不同材质的项饰组成。第一、二串为方形几何纹饰，中垂最低点上装饰有较大的镶宝石的莲花纹。第三串虽装饰性较小，但这一串的作用最大，它是第二重瓔珞的支撑物。第二重瓔珞有三朵内卷云纹挂在此串饰物的胸膈处，在云纹的左右末端挂有此重瓔珞的垂挂两串，另一端挂在左右大臂的臂钏上。在云纹中间最大云朵的下方菩萨肚腹处挂有下一重瓔珞的红色莲花纹宝珠，宝珠下又下垂两条垂珠至膝并与上两串垂珠相联，形成一个巨大的珠玉宝石网。从 1987 年法门寺地宫出土的鎏金珍珠瓔珞装银捧真身菩萨雕像背后的璎珞网可以证实，这张宝石网罩住的是菩萨的全身，可以想象穿戴如此华贵的菩萨，其一举一动无不闪烁着“内外明彻”的五彩光芒，在凡俗者心目中自然会因为难以企及而生景仰和崇拜。

璎珞的制作材料主要有琉璃、摩尼（水晶）珠、金银珠、真珠（珍珠）、金刚宝珠（钻石）、珊瑚、光珠（琥珀）、火珠（夜光珠）、红蓝色宝石等组成[①]。唐人诗文中还有七宝璎珞的说法，虽然根据佛经中认为，七宝特指金、银、琉璃、砗磲、玛瑙、珍珠（一说为珊瑚）和玫瑰石（一说为琥珀）[②]，但就能辨认的璎珞图像资料来看，往往多于七宝，也有少于七宝的璎珞，七宝璎珞显然是一种泛指。

南亚次大陆大部分地区处于北纬8℃—37℃之间，气候主要属于典型的热带季风年候。年分干湿两季，除北部山区外，各地年平均气温都在24℃—27℃之间，由于气候较热的原因，披挂各种天然的宝石，既能显示身份地位，又可以避免暑热，所以璎珞就成为此地世俗世界区别身份地位的重要依据。气候成为璎珞在南亚次大陆被时尚广泛追捧的重要原因之一。而发源于南亚次大陆的佛教，吸收了这一传统，将其运用在佛教造像当中，匈牙利学者认为“雕塑上的珠宝揭示了贵霜人个人装饰的风格”[③]的提法不无道理。随佛教中国化的完成，盛唐的宫廷舞妓已有佩戴璎珞起舞的记载，唐人朱揆在《钗小志》中记有：“上皇令宫妓佩七宝缨

①[美]谢弗著，吴玉贵译：《唐代的外来文明》，北京：中国社会科学出版社，1995年，第487—527页。
②见《妙法莲花经》。
③[匈牙利]雅诺什·哈尔马塔主编，徐文堪译：《中亚文明史》卷2，北京：中国对外翻译出版公司，2002年，第293页。

珞，舞《霓裳羽衣舞》，曲终，珠翠可扫。”白居易的《霓裳羽衣歌》中也记有："案前舞者颜如玉，不著人家俗衣服，虹裳霞帔步摇冠，钿璎累累佩珊珊”，可见宫廷舞伎身佩璎珞也不是平常人家的穿戴。

三、耳饰

唐代的耳饰并没有形成大规模流行的趋势，而且从不多的现存传世实物看，多为域外传入，少有中国本土实物。与其他装饰不同的是，耳饰是需对身体进行损伤性改变之后才能佩戴的饰物，所以在隋唐这种装饰并不受女性特别青睐。

（一）耳环

据《释名·释首饰》记载："穿耳施珠曰珰。此本出于蛮夷所为也，蛮夷妇女轻淫好走，故以此琅珰锤之也。今中国人效之耳。”刘熙所说的耳珰，从出土的考古实物来看，就是一个有缺口的圆环形耳饰，使用时以缺口卡在耳轮上，这就是最早的耳环，这种耳饰曾经不约而同地出现在世界不同早期文明中，刘氏的说法也得到研究古代婚姻史学者的认同和佐证。研究婚姻史的专家认为，在母系氏族社会向父系氏族社会转变过程中有一个抢婚习俗存在的阶段，男子往往抢掠其他部落的女子或女性战俘为妻，为防止这些女子逃跑，抢掠者往往用金属丝、丝绳或链条套住女俘虏的脖子、手腕、脚腕，更有甚者将女俘虏的耳朵穿透，戴上铃铛以防逃走，这就是以后的项链、手镯、脚链、耳环的起源之一。最初流行的珥或珰的形状也可佐证这一点。在新疆吐鲁番巴达木墓地出土有一对圆环带缺口形的耳饰，制作工艺简单，用金条弯制成不闭合的环状，环径 1.1 厘米，一头尖削，证明必须打耳洞才可以佩戴，相同款式的耳环在天津西辛庄唐代遗址也有出土，不过巴达木出土的珥形状更原始，而西辛庄出土的耳环制作工艺更复杂，已经有了卡口设置。除此之外，在朝鲜乐浪汉墓出土的珰就是一个亚腰喇叭口玉管，用丝绳系结一个小铃铛，可以想见戴着这样一个耳珰走路时叮叮作响的样子。进入阶级社会以后，民俗随着时间的推移，耳饰中原本束缚性因素已然被纯装饰性因素取代。秦汉时珥、珰在士庶女子间广为流传，无论是采桑女秦罗敷还是汉小吏焦仲卿之妻，都提到耳珰装饰，六朝以后耳饰一度销声匿迹，唐代鲜见女子用耳饰的图像资料，在初唐、盛唐和中唐，即使贵族女子中也少见穿耳戴饰的形象资料。

有关耳环的使用情况最早出现于晚唐的诗文中，至五代宋初，汉族女性戴耳环已很普遍。从宋墓出土的耳饰来看，单就形状而言，唐末五代被称为耳环的耳饰应和秦汉的珥、珰差异较大，形状和今天的耳环则更接近。

（二）耳坠

耳坠也是一种耳饰，民间也称坠子。同为耳饰，耳坠在唐代也并不受时尚追捧，在晚唐以前鲜有图文记录。生于晚唐昭宗乾宁三年（896 年），卒于宋太祖开宝四年（971 年），少事前蜀王衍，蜀亡后归后唐的词人欧阳迥在《南乡子》一词中提到耳坠，“二八花钿，胸前如雪脸如莲。耳坠金环穿瑟瑟，霞衣窄，笑倚江头招远客”。这是有关耳坠比较早、比较明确的记录。“瑟瑟”据美国人谢弗考证就是天青石[①]，金环如何串缀瑟瑟（天青石）？具体形状如何，是否就是今天我们熟悉的耳坠？虽没有相应的图像资料

①[美]谢弗著，吴玉贵译：《唐代的外来文明》，北京：中国社会科学出版社，1995 年，第 502 页。

证实，不过1988年咸阳机场工地唐墓出土的一件橄榄形耳坠，终于向后人展示了理解诗文描述的实物佐证。这件耳坠坠身呈橄榄型,长3.6厘米。耳坠整体分三部分,第一部分是穿耳,为U型耳钩;第二部分是橄榄型金坠体,在橄榄型最大直径处是一周镶嵌红、蓝、绿等宝石的联珠金嵌宝石球，在橄榄型上下各有一朵重瓣梅花，上需俯瞰、下需仰视，花瓣用各色宝石镶嵌；第三部分在橄榄形主坠下部用一小金环收尾(参看图2-36)。整体造型颇具西域风格，与中原秦汉出土的金耳饰风格迥异，与欧阳迥所提到的“金环穿瑟瑟”同属金镶宝石的装饰方式，而且金环下坠天青石的装饰法和今天的耳坠也很相像，这说明在唐宋之际耳饰受外来文化的影响，有一个与秦汉截然不同的变化期，也可被看作是“唐宋之变”在物质文化领域的佐证。

四、手饰

唐代的手镯、臂钏、指环流行很广，从宫廷到民间，从汉族到少数民族，都将它们作为一种重要的配饰。

(一)指环

指环又被称为“戒指”“约指”。研究服饰的学者们普遍认为其大约起源于2000多年前的商周时代，直至今天仍是人们最普遍爱好的一种手饰。不过从前文婚姻史专家的研究结果推测，戒指的起源大致也应该在母系氏族社会向父系氏族社会转变的时候，有关这一点也得到大汶口－龙山文化墓葬出土的骨戒的支持。4000多年来，指环的造型变化不大，除光素无纹的指环外，装饰手法有錾刻图案、雕铸吉文瑞兽、镶嵌钻石珠宝等。戴指环既然与原始抢掠婚有关，最初的本义就是在抢掠婚中对财产的印信和标识，所以在世界各地，戒指都有过作为印信标识使用的阶段。埃及图坦卡蒙法老的金质圣甲虫戒指就是印章，古罗马贵族也常以金质戒指作为图章、护身符、身份等级标志等。宋代《太平御览》中认为，汉代将其作为功臣的赏赐，魏晋以来，逐渐成为男女青年寄情定信的信物。汉代繁钦《定情篇》:“我既媚君姿，君亦悦我颜。何以致拳拳？绾臂双金环。何以致殷勤？约指一双银。”隋代丁六娘《十索诗》:“二八好容颜,非意得相关。逢桑欲采折,寻枝倒懒攀。欲呈纤纤手，从郎索指环。”唐玄宗时康国使者曾献过一枚“白玉环”给玄宗。《太平广记·李章武》记唐德宗贞元年间(785—805年)李章武与华州王氏子妇相爱，临别时子妇赠白玉指环，又赠诗曰：“捻指环相思，见环重相忆。愿君永持玩，循环无终极。”晚唐范摅《云溪友议》卷中“玉箫化”条记韦皋与玉箫相约，约定五至七年后来娶玉箫，“因留玉指环一枚，并诗一首”。后来韦皋违约不至，玉箫认为，“韦家郎君，一别七年，是不来矣！”竟绝食而死。人们怜悯玉箫这一场悲剧，就把韦皋送给她的戒指戴在她的中指上入葬。很多年以后，韦皋成为西川节度使，知此事后“广修佛像”，以忏悔过去的违约。后来有人送给韦皋一名歌姬，名字容貌竟与玉箫一模一样，而且中指上有形似指环的肉环隐现，韦皋知道是玉箫托生又回到了他的身旁。故事的真假无需考证，仅从文字资料即可见，指环所体现的“循环无终极”的中式印信含义在中唐末已被发掘，此时戒指体现的重点仍是循环往复的信物，也即印章、烙印的原始含义，并没有发展至标志婚姻或者已婚身份的地步。

除以上文献资料之外，考古文物中有关戒指的资料在逐年增加。据黄正建先生对1990—1997年8年间公布的唐墓随葬品所做的统计，在公布的127座唐墓中，出土有钗者共11座墓、有簪者5座墓，而出土有戒指者只有3座墓。分别是江苏徐州市花马庄初唐墓出土金戒指一件[①]；河南偃师市杏园村YD1902号唐盛墓出土有金戒指一枚，"环体厚重，上嵌椭圆形紫色水晶。水晶上浅刻两字，文字为中古时期的巴列维语"[②]；辽宁朝阳市双塔区一号唐墓出土铜戒指五枚，三号墓出土金戒指一枚，同墓还出土有东罗马帝国金币一枚，墓的年代推测在唐中期以前[③]。近年先后又增加了几十座发掘有戒指的古墓，发掘的戒指也增加到几十件，譬如上海青浦唐墓中出土有一枚玉指环（84QFM7:2），辽宁朝阳唐墓出土金指环等（参看图2-37-1、2）。从墓葬的安葬年代来看，戒指在初、盛唐和中晚唐都有传世的痕迹，中晚唐以后无论文字还是实物的发现都有渐多的趋势。不过，从戒指上的刻文以及随葬的物品来看，中唐以前的戒指多与外来文化有关。河南偃师市杏园村YD1902号唐盛墓出土金戒就较为典型。这枚戒指最大外径2.2厘米，重6.5克，金质圆环上镶椭圆紫水晶一块，紫水晶上刻两个巴列维语文字，据日本伊斯兰史专家森本公诚考证释读，是"好极啦""奇妙无比"的反刻字，而且发现这枚戒指时，它正和一长条形玉石器同被握在墓主人的右手里，而不是戴在手指上，证明这件戒指应该是枚印章戒指无疑（参看图2-37-3）。虽然据文字材料证明，汉代已

① 盛储彬、耿建军：《江苏徐州市花马庄唐墓》，《考古》1997年第3期。
② 徐殿魁：《河南偃师市杏园村唐墓的发掘》，《考古》1996年第12期。
③ 李新金：《朝阳双塔区唐墓》，《文物》1997年第11期。

有关于戒指的记载，但戒指到唐代仍然具有极强的外来性特点，且中唐以前虽已与婚恋发生联系，其含义仍较含糊，中国文化传统仍然没有赋予它有关婚恋定情的意味。只是到了唐末，随着外来文化的广泛传播，似乎有古人才对外国习俗中戴戒指的意义（如定婚）以及佩戴方式（如戴于中指或无名指等）有了一定的了解。文献资料里诸如李章武与华州王氏子妇相爱，以指环定情，以及韦皋与玉箫以指环相约等，都是公元9世纪以后的记载。

唐代的指环制作材料主要有白玉、翡翠、素金、素银、金镶宝石等，但大部分不用于佩戴，尤其是佩戴在手指上更为少见，因为“唐代的戒指仍主要为胡族或受胡族文化较深的人所佩戴。而在其他人的眼中，将其视为一种外域文化色彩浓郁的珍宝的可能性仍然较大”①,所以唐代大部分戒指拥有者仍像前代的人一样,“结置衣带”②，将戒指收藏在衣带或其他保密的地方。

（二）手镯

唐代把女性戴在臂腕上的装饰品叫作钏、镯、玉环、腕环等。唐贞观才女徐惠在描述北方佳人时有“腕摇金钏响，步转玉环鸣”（《赋得北方有佳人》）的诗句，可见在唐代金钏与玉镯一样，均属贵妇人必不可少的首饰。

唐代手镯制作华贵精美，一般的手镯，镯面多为中间宽，两头狭，宽面压有花纹，两头收细如丝，朝外缠绕数道，留出开口可于戴时根据手腕粗细进行调节，方便戴脱。这类手镯有金制的，

① 黄正建:《唐代的戒指》,载《7-8世纪东亚地区历史与考古国际学术讨论会论文集》,北京:科学出版社，2001年。

②（南朝宋）刘敬叔:《异苑》卷6记载：沛郡人秦树在冢墓中与一女子婚合，临别时，“女泣曰：与君一睹，后面无期，以指环一双赠之，结置衣带，相送出门”。

也有以金银丝嵌宝石的。因制作工艺相对简单，此种手镯对后世的影响较大。

值得一提的是，唐代还有一大类手镯广为流行，这类手镯被称为“玉臂钗”或“玉臂支”或简称“玉支”。《明皇杂录》中记载，玄宗曾经说过“我祖破高丽，获紫金带、红玉支二宝”，并提到红玉支赏赐给了贵妃，但很长一段时间，大家不知道玄宗所说红玉支是什么？以玉支命名手镯，这种名目令今人难以理解，不过在唐代此种称呼并不奇特，因为这种命名与钗、支的本意有关，“支”《说文解字》释义“去竹之枝也”，引申为总体的一部分，《辞源·支部》:“一本旁出，一源而分流曰支。”“钗”有两股,《说文解字》“本只作叉”，一般至少有两节以上分支组成的手镯才能被称为“臂钗”或“臂支”。臂支和臂钗之间还有区别，旁出两支以上，且各支长度不一的是“臂支”，两支等长的是“臂钗”。

在陕西西安何家村唐代窖藏出土的铜鎏金包嵌白玉镯，就是“玉臂支”的典型代表（参看图 2-38）。这件铜鎏金包嵌白玉镯外径 7 厘米，内径 6 厘米，由鎏金铜件将三段白玉连接成可两开合的圆镯，设计精妙，就拿材质的选择来说，纯金太软，纯银无法衬托白玉的温润，铜硬度足以承连白玉的分量，鎏金又掩饰了铜色；做工方面，白玉外侧琢磨出四条宽凹棱，中起脊线，白玉两端以鎏金铜饰包接，其中一段铜鎏金嵌，装饰四朵凸起的云纹，中间镶嵌玫瑰宝石一枚，旁边镶嵌四枚小宝石，另两处鎏金铜嵌为铰链式兽头，兽双目嵌以绿松石，顶部镶宝石一枚，中轴可以拉开，便于佩戴。此镯黄白相间，华贵之极，也因此镯有三段，可称为“玉臂支”或“玉支”。

玉臂钗的典型代表是1988年咸阳唐墓出土的四龙戏珠金手镯（参看图2–39）。该金镯系铸造而成，纵长6.7厘米，横长6.3厘米，呈椭圆形。手镯中置轴，轴上下有两金珠，金珠间有一四出花朵，双龙吻部正好交汇于中轴，形成两幅完整的二龙戏珠图案，双龙均成蟠龙。手镯合口处与挂扣连结，形成两端分明的形状。有关此镯的命名，沈括在《梦溪笔谈》中曾记载：“予又尝过金陵，人有发六朝陵寝，得古物甚多，予曾见一玉臂钗，两头施转关，可以屈伸，合之令圆，仅于无缝，为九龙绕之，功侔鬼神。”由此可见，在沈括活动的北宋仍将两节式手镯称为“玉臂钗”。

除上述玉臂支和玉臂钗之外，唐代还有一种护身手镯。1944年在四川成都锦江一座晚唐墓中发现一件空心银镯，镯环空心，断面呈半圆形，里面装有一张极薄的佛教经咒印本[①]，印有坐于莲座上的六臂菩萨、梵文咒文，以及汉文卖咒本者姓名住址。经咒印本，刊有：

若有人持此神咒者，所在得胜。若有能书写带在头者，若在臂者，是人能成一切善事，最胜清净，为诸天龙王之所拥护，又为诸佛菩萨之所忆念。(《佛说随求即得大自在陀罗尼神咒经》)

由此得知，唐宋时期还有在手镯芯内藏护身经咒护身的风俗，后世认为戴手镯能辟邪、长寿，正是这种宗教庇佑方式留存下的

① 冯汉骥：《记唐印本陀罗尼经咒的发现》，《文物参考资料》1957年第5期。

传统观念。

(三)臂钏

臂钏又名跳脱、条脱，钏来源于镯，钏有臂钏和腕钏之别。《事物纪原》:“钏，《通俗文》曰：‘环臂为之钏。’后汉孙承十九人，立顺帝有功，各赐金钏、指环。则钏之起，汉已有之也。”宋代高承认为佩臂钏的风尚起自于汉代，这个时间划定较为保守，在世界各地的岩画中，都曾出现过勒臂的线条刻画，可见臂饰不仅起源早，而且不同文明间有不约而同的同样装饰，这也解释了有学者所言臂钏最早为“西国之俗风”的说法。臂饰的起源并非一城一域，而是多地域同时发生，而中国人的臂钏装饰有自己独立的起源、发展历史。

通常将金银条锤扁，盘绕成环状缠臂就是钏，臂钏又形象地被称作“缠臂金”，少则一圈、三圈，多则五圈、八圈、十几圈不等。根据手腕至手臂的粗细，环圈直径由小到大，两端以金银丝缠绕固定并调节松紧。

唐时的臂钏，为女性普遍佩戴之饰物。在陶俑和人物绘画都有佩戴的形象传世。如敦煌莫高窟第 328 窟、57 窟、45 窟、46 窟、196 窟的菩萨以及 112 窟反弹琵琶的飞天臂上都可见到单圈的臂钏，阎立本《步辇图》抬步辇的九名宫女和周昉《簪花仕女图》中贵妇（参看图 2-40），就带有自腕至臂的多圈金臂钏。20 世纪 80 年代在四川广汉、什邡先后出土过两件金臂钏的残件，这两件臂钏与南京太平门外曹国山 8 号明墓出土的臂钏相似（参看图 2-41）。总体上，佛菩萨手臂上的臂钏多为单圈，如法门寺地宫出土鎏金带钏面三钴杵纹银臂钏。这件臂钏内径 9.2 厘米，外径 11 厘米，重 128—146 克，钏面鼓隆，内壁平直，系钣金焊接成形，再施以鎏金。整个钏体浑然天成，丝毫不见人工焊接的痕迹，足见唐代金银器整体制作水平之高（参看图 2-42）。

世俗女子的臂钏多为多圈类型，尤其是被称为缠臂金的多圈腕钏，除了装饰，还有束缚衣袖的整理功能。譬如《步辇图》中的抬腰舆的宫女手腕处的多圈腕钏，就将窄袖衫的衣袖完全紧束起来，符合宫女干净利落的身份需要。

根据《大谷文书集成》整理的交河郡市估案的物价文书记载，“钏一只，上直钱四十五文，次四十文，下三十五文”，虽然文书中没有标明材质，但在铜铁作条目下，应该是铜或铁等金属。这个价钱同期可以在高昌本地买 1.18 斗上好的白面，在洛阳买 4.5 斗大米，说明普通金属的钏，在市场上也属于贵重商品。

五、佩饰

(一)鞊鞢带

隋唐时期,鞊（diē）鞢（xiè）带已是男常服、女胡服通用的佩饰。鞊鞢是音译，指革带上常备挂物的小带子，将于后章详述。在以往的研究中，笔者也认为鞊鞢带是受胡服流行的影响，才在中原农耕民族中流行开来的，乃文化交流的结果。但随着近年的研究发现，鞊鞢带之所以能够在中原流行，还与古人的储物习惯有关。过着逐水草而居的少数民族，居无定所，马行颠簸，储物需要同时满足方便取用和安全存储两个要求，将随身携带弓、剑、砺石、火镰、帉帨（手巾）、针筒、算囊之类生活器具挂在腰间能同时满足上述要求。

传统汉地流行宽袍大袖，随身携带物品多以包袱背在身上，或者以怀纳、袖藏的方式存储，所以才有了陆绩怀橘的典故。但无论包袱背，还是怀纳、袖藏的方式都有不便之处，遇到性质、形状特殊的物品，容易丢失。比如陆绩的橘子行礼时滑落，橘子事小，失财事大，而鞊鞢带这种源于游牧部族日常生活的工具、财物佩戴方式，随胡服在中原王朝的流行，也在农耕民族中流行开来。毕竟将日常所需的火镰、匕首、储水葫芦等物随身携带，很方便居家生活或者出门旅行。隋唐男子的常服在穿着时，很自然保留了自西魏北周以来腰束革带的习惯，同时在革带上，仿效游牧部落挂鞊鞢的方式，将鞊鞢作为一种佩饰保留下来，这是传统与实用的完美结合。

（二）香囊

香囊，也被称为“香袋”“香包”。与喜欢液体香水的西方文化不同的是，中国古人更喜欢固体香囊。唐代男女随身携带香囊，既可驱虫除秽，又可随时散发香气，制造香氛。香囊一般佩在腰际，也可纳入袖中收藏，或者入寝时悬挂于卧室帐中。

唐人香囊使用方法有三种：一种是将沉香、白檀香、麝香、丁香、苏合香、甲香、甘松香等，用蜜和成丸，装在瓶里，埋入地底二十天，称为“湿香”，主要用于熏衣和入药。第二种是将藿香、零陵香、丁香、甘松香等，制成粉剂，装在用绢做的袋子里，称为“香屑”，或放置衣箱，或随身携带。第三种最具唐代特色，将香粉纳入金属香囊中，或悬挂于帐中、屋内，在静态燃烧中任其香芬自然释放。“红罗复斗帐，四角垂香囊”（《孔雀东南飞》）的汉代富贵人家用香习惯在唐代已经普及。另外，可挂于腰际，垂于体侧，在动态中释放香芬，功能类似于今天的香水，这两种方式唐人都称“焚香”。

唐人的香囊有两种：一种是金属香囊，这种香囊在唐代就叫“香囊”，可以在随身佩戴时使用明火焚香，为适应人体行动中的动态变化，唐人使用的金属香囊内部结构工艺高超，令人惊叹。用一个万向轴固定一个半圆碗托，将香屑放入其中点燃，香火在燃烧时，能始终保持稳定向上，并保证香灰不会四散引燃织物，烫伤主人。现存实物有两件，一件金银错双戴胜纹香囊出土于西安东南郊沙坡村窖藏，现藏于中国国家博物馆（参看图 2-43），另一件出土于扶风法门寺地宫，这两件香囊内部结构相同。另一种是绢帛制作的香袋，这种香袋在唐代被称为“锦香囊”，使用更广泛，如前述悬挂于卧室、床头、衣箱、衣柜等处，也可以在端午将艾草、雄黄等物装在缝制成圆形、云头形、满月形等形状的香袋里挂在身边，小孩子可以悬吊在胸前。与戒指相比大唐的男女更愿意馈赠香囊或者锦香袋以定终身，相传玄宗重回长安后，追思被处死马嵬驿的杨贵妃，于是派人去寻贵妃遗迹，在贵妃的掩埋地发现已经香消玉殒的贵妃，唯胸前香囊还完好如初，引得诗人们唏嘘不已。从腐坏程度来看，这个香囊就是金属材质的香囊，诗人张祜还以此香囊为题作绝句一首《太真香囊子》。

唐代香料昂贵，使用香料是一件非常奢华的事情，“湿香”的使用仍然和前后代一样，填充在锦香囊内，“香屑”可以填充在锦香囊内佩戴、悬挂，也可以和“焚香”一样，需要金属香囊用明火熏香，“香囊火死香气少”（王建 :《秋夜曲二首》），明火焚香不仅可以熏香还可以暖手。因为设计巧妙“微风暗度香囊转”（元稹:《友封体》），即使随身携带也不用害怕火灭或烧了衣物。平日里可以将“香囊高挂任氤氲”（胡杲 :《七老会诗》）。在扶风县法门寺唐代地宫出土的一件鎏金双蛾纹银香囊，就是一件由金银贵金属制作的香囊的代表。总体呈圆形，直径 12.8 厘米，链长 24.5 厘米，重 547 克，錾刻成形，通体镂空，部分纹饰鎏金。香囊由囊盖、囊身组成，各作半球状，上下对称，以子母扣相扣合，一侧以铰链连接，另一侧则以勾环相连。香囊外壁均匀分布十二簇团花，团花内分饰四只或两只飞蛾，纹饰鎏金，镂空处呈阔叶植物纹。香囊内有一个钵状香盂及两个平衡环，香盂与内平衡环之间用短轴铆接，内、外平衡环间也以短轴铆接，在圆球滚动时，内、外平衡环也随之转动，而香盂的重心始终不变，得以保持平衡状态，是现存唐代金属香囊中的上品（参看图 2-43）。

除此之外，唐代的香料还可以和成各种口香丸，如用麝香、丁香、白芷、当归等碾成粉末，然后用蜂蜜糅合成口香丸，类似今天的口香糖。《开元天宝遗事》中记载 :“宁王骄贵，极于奢侈，每与宾客议论，先含嚼沈麝，方启口发谈，香气喷于席上。”明人谢肇淛著《五杂俎》中认为汉唐也有用鸡舌香“以防口过”的内侍近臣，但唐人的口香丸作用不仅为防止口臭，更是一种炫富的表现，就像今天香水在世界各国也仍被看作是奢侈品一样。

随着隋唐社会经济和文化的稳步发展，整个社会呈现出一派欣欣向荣的景象，这为中华服饰文化的发展和各种服饰习俗的流行奠定了基础，也为服饰佩饰的发展提供了有利的条件，使得这个时期的服饰佩饰大放异彩，极富时代特色。

第三节　妆饰

一、发式

唐代成年女性的发式在初唐、盛唐和中晚唐各有不同的特色，唐初女性的发式与隋末基本相同，髻式较平，变化不多，“云髻”为此时的典型式样。盛唐流行高髻，随胡风的盛行也有许多少数民族的发式和发饰成为时尚追逐的目标。中晚唐则流行高、危、蓬的风格（参看图 2–44）。

值得关注的是隋唐未婚女子的发式，因为隋唐女子笄礼与婚礼常常相伴而行，未成年人的发式称呼相对固定，都称“丫髻”“丫头”。但具体的丫髻又因个性原因分很多种，其间还关涉更为复杂的未婚女子的发式变化，有无时尚变化因缺乏佐证不敢妄断。唐代成年女子的髻式尚有《髻鬟品》这样的著作记载，但未成年人的发式则少有人关注。

唐代的髻式据《中华古今注》《新唐书》《髻鬟品》记载，有云髻、半翻髻、反绾髻、螺髻、峨髻、倭堕髻、惊鹄髻、双鬟望仙髻、乌蛮髻、盘桓髻、同心髻、交心髻、拔丛髻、回鹘髻、归顺髻、闹扫妆髻、反绾乐游髻、丛梳百叶髻、高髻、低髻、凤髻、小髻、侧髻、囚髻、偏髻、花髻、双髻、宝髻、抛家髻、坠马髻等十余种名目。由于这些髻式名称较形象，所以不难从文物图像中找到实例。

（一）云髻

云髻是像朵云一样的发髻。此髻名最早出现在三国。在唐画家阎立本所绘的《步辇图》中可见具体形头，画面中九个宫女，发式全呈朵云状，连额发也做成云状，当是云髻的典型样式（参看图 2-45）。

（二）半翻髻

宛如翻卷的荷叶，梳时由下而上，至顶部突然翻转，并做出倾斜之势，这是初唐高髻中最高大的一种。反绾髻与之相似，梳发挽于脑后，集为一束，然后由下反绾于顶，江苏扬州、湖南长沙唐墓中都有如此髻式的女性形象。

（三）螺髻

因形似螺壳而得名，本是儿童发式，后演化成未婚女子的标志。武周时成年女性中非常流行此髻式。

（四）双鬟望仙髻

是高髻的一种，从李爽墓道壁画图像上看，这种髻式的梳理方法是将头发从中行分开，各在头顶两侧结扎成一束，然后用发胶将这两束头发各弯曲成环状，再将发梢编入脑后发内。这种发髻，一般多为年轻女性所束。（见后附表）

（五）回鹘髻和乌蛮髻

这是从少数民族地区引入的发式。在唐开元时期的宫廷中非常流行回鹘髻。此髻集发束于顶中，红绳系扎，高约 20 厘米，余发蓬松。乌蛮髻又叫椎髻，从形象资料看，掠发于顶，在头顶挽成一髻，形似椎故得名。

（六）峨髻

它盛唐时期的女性发髻。峨髻顾名思义是因其巍峨高大而得名，这种髻式往往高达30厘米以上，在周昉的《簪花仕女图》中可见其具体形状（参看图2-24）。因受发量限制，并不是每一个女子都可以用自己的头发梳峨髻，所以会有一些女子用义髻木胎、竹胎做出峨髻的样子，也或者用真人发丝做出更加精美的峨髻。这也造成后世很难区分真峨髻和义峨髻，除非像永泰公主墓道壁画女侍所戴峨髻，有非常明显的扣在头顶的小碗扣，不然很难区别。但即便是假的峨髻，它们仍然是峨髻，不过在归类时也可以将之称为义髻。

（七）抛家髻

它是将头发汇集于顶，束髻后抛向一侧，类似汉代坠马髻的一种发式，梳挽时同时将鬓发处理成薄片状，紧贴于双颊，此髻见于周昉的传世名画《挥扇仕女图》。据《新唐书·五行志》记载："唐末，京都妇人梳发以两鬓抱面，状如椎髻，时谓之'抛家髻'。"在《唐宫行乐图》（参看图2-46）中，坐于东南角的女性，第一次向后世展示了唐女性发髻的背面：从背后看，发分两撮，从后往前梳汇集于顶，然后分三部分左右分发抱面，中间的发髻呈锥形下垂，与文献中的抛家髻描述相同；东北角的女性也属于同类，但具体细节稍有变化，人物右侧有抱面，左侧没有，个性化明显，但仍可以作为抛家髻的形象参考资料。同为抛家髻，细节的不同恰好说明唐代贵妇们在处理时尚与个性关系时的态度。此髻式因其名"抛家"而被后人称之为"服妖"。

（八）坠马髻

在《唐宫行乐图》中，西南角的两位贵妇，所梳发髻似高椎髻跌落马下摔扁之后的样子，摇摇欲坠而又不散，就是典型的坠马髻。与抛家髻有相同的风格，体现的都是慵懒、压郁而又极尽奢华的衰世情绪。

（九）义髻和囚髻

盛唐时还流行假髻，又称“义髻”。假髻的使用与好高髻的风尚有关，世间不是每一个女子都有一头浓密的头发，但头发浓密是美人的重要标志之一。比如处处显示唐风的《源氏物语》中，即便相貌丑陋如末摘花，只因为有一头乌黑浓密的长发也获得了紫式部大量的笔墨描述，故会有没有浓密头发的女子借用义髻来表现自己的美貌。一般假髻都用木、竹料作胎，间或有其他材质，再在其上涂以黑漆，或用彩漆漆上花纹，也称“漆髻”。假髻的使用上至贵妃，下至庶民女子。《新唐书·五行志》记载：“天宝初，贵族及士民好为胡服胡帽，妇人则簪步摇钗，衿袖窄小。杨贵妃常以假鬓为首饰，而好服黄裙。近服妖也。”杨贵妃常以假髻为首饰，且好服黄裙，天宝末童谣曰：“义髻抛河里，黄裙逐水流”，可见杨贵妃也是高髻、义髻风尚的积极参与者。在新疆吐鲁番阿斯塔那唐张雄夫妇墓出土一件木胎外涂黑漆，上绘白色忍冬纹的义髻，状如半翻髻，其底部小孔留有金属簪的锈迹。此髻原本罩于女尸发髻之上（参看图 2-47），该地唐墓还出土了一件纸胎涂漆描花的头饰，与峨髻相近。南京南唐二陵俑也戴此种头饰，唯没有繁缛的花纹，出土时称为纸冠，也属义髻之一种。此外，僖宗时，内人束发极急，及在成都，蜀妇人效之，时谓为“囚髻”。南宋赵彦卫《云麓漫钞》中较为详细地介绍了“囚髻”得名和制作方法，“唐末丧乱，自乾符后，宫娥、宦官皆用木围头，以纸绢为衬，用铜铁为骨，就其上制成而戴之，取其缓急之便，不暇如平时对镜系裹也”。可见“囚髻”也是流行于中晚唐的一种假髻。

由于受流行发式的限制，初、晚唐都有女子不设鬓的记载。即使在盛唐，女性“蓄鬓”“理鬓”的现象也不多，与汉魏六朝相较而言，盛唐只有少数发式需要留鬓，鬓发常被整理成尖状，垂于耳垂以上。中晚唐的女性也有将鬓发留长,将其下脚修理成圆角，或有的贴于耳部，或有的长可垂于颈间。但总体上，唐女性并不重视鬓发的修饰。

中晚唐女性的发型，其总体特点是尚高大，直接影响到五代和北宋的女性发式。女性们利用义发加添在自己的头发中（即髲髢），或以义发、黑丝线附在制成的发胎上做成各种假髻来装戴。这类高髻，在五代时更与银钗牙梳相配。据《入蜀记》记载，蜀中未嫁少女，都梳同心髻，高二尺，插银钗至六只，后插大象牙梳如手大。《宋史·五行志》记载，后蜀孟昶广政末年“女性竞治发为高髻号朝天髻”。山西晋祠北宋彩塑还可见到这种梳髻于当顶的朝天髻发型，由此可见唐高髻的影响。

表 2-1：唐女性发式考古资料一览表（图 2-48）

出土地点	入葬时间	壁画人物	发式	形象
陕西礼泉	高宗龙朔三年（663 年）	新城公主墓道壁画侍女	峨髻、高髻、双刀髻	
陕西西安	高宗总章元年（668 年） 上元二年（675 年）	李爽墓托盘仕女、吹笛乐伎； 阿史那忠墓捧包袱女侍	双环望仙髻	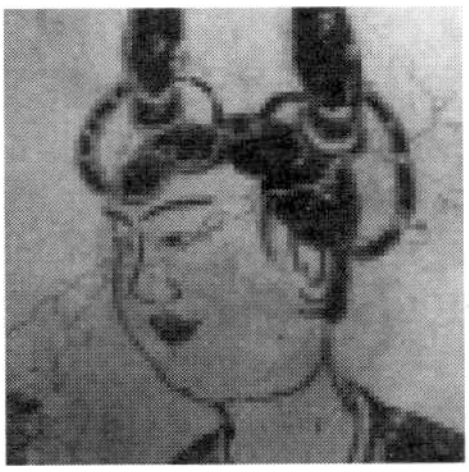
陕西富平	高宗咸亨四年（673 年）	房陵大长公主墓道壁画：托果盘女侍、持杯提壶侍女、托盘执壶侍女	椎髻、双锥髻	
西安	神龙二年（706 年）	永泰公主墓前墓室东壁画侍女图，石椁线刻画。	义髻、螺髻、同心髻（或惊鹄髻） 此义髻（左）在人物头顶有非常明显的固定处	

续表

陕西定陵	神龙三年（707 年）	李重俊前甬道西壁人物	峨髻，发髻上装饰有大面积装饰物，因画面斑驳，不能辨识	
西安	开元六年（718 年）	韦顼墓托果盘侍女，宝髻贵妇。	惊鹄髻、宝髻	 
西安	唐开元十一年（723 年）	鲜于庭诲墓女俑	拔丛髻、同心髻	

二、面饰

隋唐女子的面饰较为讲究，除白粉、胭脂之外，还有额黄、花钿、面靥、点唇、扫眉等妆饰（参看图2–49）。

(一)粉脂

隋唐初期的女性与前面各代的女性一样，饰面最主要的内容是抹粉涂胭脂。所以自炫貌美不施粉黛面君的虢国夫人就以“素面朝天”而闻名于世。周昉《簪花仕女图》中的河洛贵妇淡扫蛾眉、薄施粉黛就是素面妆的典型（参看图2–49左）。可见，粉黛对于唐代女子的重要性，即便素面，也离不了敷粉扫眉。在唐代除女子外，男子也有敷粉的记载，唐武则天时，张易之兄弟就经常“傅朱粉，衣锦绣”。不过唐元和年间（806—820年），由于受吐鲁番风俗的影响，女性中也流行“腮不施朱面无粉”的“时世妆”。

我国古代女性涂粉的历史较悠久，有关粉的来历，清人沈自南《艺林汇考》中有四种说法：一是《事物纪原》中辑录《墨子》中记载“禹造粉”；二是辑录《博物志》中“纣烧铅锡作粉”的记载;三是辑录《妆台记》中“周文王于髻上加珠翠翘花，傅之铅粉”的记载；四是辑录《疑耀》“萧史与穆公炼飞雪丹，第一转与弄玉涂之，即今铅粉也”的记载。沈自南对上述记载的态度也只是辑录而已，仅凭这些资料得出粉的来历显然不足为凭。结合其他文献资料来看,《楚辞·大招》中有“粉白黛黑,施芳泽只”,《战国策·楚策》中有“彼郑、周之女，粉白黛黑，立于衢闾，非知而见之者以为神”。说明迟至春秋战国时期粉已被用于女子的面部装饰。粉有“米粉”和“胡粉”的区别，但上文中的“粉”是米粉还是胡粉并没有明确的记载，从《说文》中将“粉”释义为“粉，傅面者也，从米”来看，汉及其以前传统中国女人使用的粉应该是米粉。

米粉的制作方法，在北魏《齐民要术》卷 5 中有很清晰的记载：

作米粉法：粱米第一，粟米第二。必用一色纯米，勿使有杂。師使甚细；简去碎者。各自纯作，莫杂余种。其杂米、糯米、小麦、黍米、穄米作者，不得好也。于木槽中下水，脚蹋十遍；净淘，水清乃止。大瓮中，多著冷水，以浸米。春秋则一月，夏则二十日，冬则六十日。唯多日佳。不须易水，臭烂乃佳。日若浅者，粉不滑美。日满，更汲新水，就瓮中沃之。以手杷搅，淘去醋气。一多与遍数，气尽乃止。稍稍出著一砂盆中，熟研；以水沃，搅之；接取白汁，绢袋滤，著别瓮中。粗沈者，更研，水沃，接取如初。研尽，以杷子就瓮中良久痛抨，然后澄之，接去清水。贮出淳汁，著大盆中，以杖一向搅——勿左右回转！——三百余匝，停置，盖瓮，勿令尘污。良久清澄，以杓徐徐接去清，以三重布帖粉上，以粟糠著布上，糠上安灰。灰湿，更以干者易之，灰不复湿乃止。然后削去四畔粗白无光润者，别收之，以供粗用。粗粉，米皮所成，故无光润。其中心圆如钵形，酷似鸭子白光润者，名曰“粉英”。英粉，米心所成，是以光润也。无风尘好日时，舒布于床上，刀削粉英如梳，曝之。乃至粉干足将住反，手痛挼勿住。痛挼则滑美，不挼则涩恶。拟人客作饼；及作香粉，以供妆摩身体。……作香粉法：唯多著丁香于粉合中，自然芬馥。亦有捣香末绢筛和粉者。亦有水浸香以香汁溲粉者。皆损色，又费香。不如全著合中也。

这段记载不仅详细地说明了制作米粉的具体工艺，而且还对制作米粉的材料（粱米第一，粟米第二），需发酵（至臭烂乃佳），多次淘洗，多次过滤，淘去酸败气（淘去酸性物质），研磨取最细的沉淀物。无光泽的米皮粉（粗粉）被略去，留下细润有光泽的米心粉英，制成“英粉”，就是泛着鸭蛋壳般光泽的最好的粉，这里提到粱米发酵工艺，并且英粉就是发酵后的产物，与现代女性护肤使用的“神仙水”基质相同，在制作上有异曲同工之妙。

上文还提到了香粉的制作方法，并进行了详细的描述。这些制作方法虽是北魏的工艺，但它既是前代工艺的总结又是后代工艺的源流，所以秦汉以前的米粉制作技术即使会简单些，仍不离此基础。

“胡粉”即铅粉。是古代炼丹家发现的一种经过严密的化学处理后产生的物质。此处的“胡”和通常所说的代表外族的“胡”无关，它是“糊”的通假字，因最初的铅粉是饼或条状的干粉，需要用水兑成糊状才可使用，所以称胡粉。《天工开物·五金·附·胡粉》中对胡粉的制作和使用方法有很清晰的记录：

凡造胡粉，每铅百斤，熔化，削成薄片，卷作筒，安木甑内。甑下、甑中各安醋一瓶，外以盐泥固济，纸糊甑缝。安火四两，养之七日，期足启开，铅片皆生霜粉，扫入水缸内。未生霜者，入甑依旧再养七日，再扫，以质尽为度。其不尽者留作黄丹料。每扫下霜一斤，入豆粉二两、蛤粉四两，缸内搅匀，澄去清水，用细灰按成沟，纸隔数层，置粉于上。将干，截成瓦定形，或如磊块，待干收货。

此物古因辰、韶诸郡专造，故曰韶粉（俗误朝粉）。今则各省直饶为之矣。其质入丹青，则白不减；揸妇人颊，能使本色转青。胡粉投入炭炉中，仍还熔化为铅，所谓色尽归皂者。

明代铅粉的制作过程与传统米粉的制作过程相比要简单得多，但铅的提纯却一直较为复杂，因为中国古代开采的铅矿多为铜铅、锡铅混合矿，铅往往与铜、锡伴生，“凡产铅山穴，繁于铜、锡”（《开天工物·五金》）。所以铅粉不仅可以呼为“铅华、铅英、铅霜、铅丹、铅粉”，还可以称呼为“粉锡、鲜锡”等。由于提纯技术复杂，再加之铅粉质地细腻、色泽润白、易于保存，所以历史上铅粉一直比米粉价贵，颇受女性喜爱。

铅粉的问世虽然晚于米粉，但沈自南断定“妇人傅粉断非始于秦也”，现代考古结果也支持这个结论。秦始皇兵马俑不少俑身在施彩之前都涂有一层铅质，经光谱分析，这种铅粉与女性涂面用的妆粉正是同一种物质[①]，可见，用铅粉打底的妆饰做法在先秦就应该是特定阶层的普遍做法。综合以上史料推测铅粉问世的具体时间上限大约在商末周初（公元前 7 世纪），这比西方人普遍认为“铅粉是由希腊科学家在公元前 4 世纪首次发明，然后才流传到各地”[②]的说法要早 3 个世纪。因铅粉的附着性比米粉好，所以唐代的女子大多搽铅粉。《博异志·敬元颖》中对井中镜精敬元颖描述可见一斑：“（敬元颖）衣绯绿之衣，其制饰铅粉，乃当时耳。”在这篇短文中不仅明确提到敬元颖涂抹的就是铅粉，而且还多次

① 周汛，高春明：《中国古代服饰大观》，重庆：重庆出版社，1995 年，第 120—121 页。
② 周汛，高春明：《中国古代服饰大观》，重庆：重庆出版社，1995 年，第 120 页。

强调敬元颖装束扮相“依时样妆饰”，侧面说明铅粉有优于米粉的时尚感。另外，有关唐代女性用铅粉的记载从唐诗中“铅华”的大量使用中也可以得到佐证。

不仅女子用粉，沈自南辑录的《宛委余编》记载，东汉梁冀曾主使马融为飞章奏（诬告信）称“李固胡粉饰面，搔首弄姿”，沈氏虽然知道“此虽诬语”，但仍据此认为“要是当时风俗亦有之耳”。不过依笔者看来，就此次诬告内容的严重性而言，正说明当时并没有男子敷粉或者少有男子敷粉的风俗。有关此事，《后汉书·李固传》中有更为详尽的记载：“大行在殡，路人掩涕，固独胡粉饰貌，搔头弄姿，盘旋偃仰，从容冶步，曾无惨怛伤悴之心。”说的是在东汉顺帝大行哀悼期，众人皆掩涕悲伤，只有李固一人没有悲伤的表情，一个男人涂脂抹粉，走在送葬的队伍里搔首弄姿。诬告信执笔者是马融，马融达生任性，不太注重儒者节操，但也是当世公认的善文俊才。为了说明李固的大逆不道，通过罗列一系列不合常理而又具体而微的证据，达到骇人听闻的目的，最终置李固以死地。作为后世公认的经学大师，马融笔走龙蛇之间轻易就做到了这一点，可见东汉时，铅粉施貌、簪玉搔头、卖弄风情仍是轻薄女子的专属。魏晋时风气才为之一变，南朝的贵族子弟更是将此风发扬光大，不仅有何晏动静粉扑不离手的记载，还有“梁朝子弟无不熏衣、剃面、傅粉、施朱”（《颜氏家训》）的记载，可见被社会习俗普遍认同的男子敷粉，只在魏晋和南朝风靡一时，北朝也少有男子敷粉的记载。隋唐时除张氏兄弟这样以貌侍人的男子还有敷粉记录之外，男子敷粉已被当作服妖的一种，遭到世人的排斥。

秦汉以降，有关女子用粉的记载很多，除了单纯的米粉、铅粉以外，不同时代的还有不同的时尚妆粉。魏文帝宫人段巧笑以米粉、胡粉掺入葵花子汁，合成“紫粉拂面”；唐代宫中以细粟米制成“迎蝶粉”；宋代则有以石膏、滑石粉、蚌粉、蜡脂加香料及益母草等材料调和制成“玉女桃花粉”；明代有用白色茉莉花提炼制成的“珍珠粉”以及用玉簪花和胡粉制成玉簪状的“玉簪粉”；清代有以珍珠加工而成的“珠粉”以及用滑石等细石研磨而成的“石粉”等。明清以后还有以产地出名的，如浙江的“杭州粉”（也称官粉）、荆州的“范阳粉”、河北的“定粉”、桂林的“桂粉”等，粉的颜色也从原来的白色增加为多种颜色，[①]并不输于现代女子。

除用粉之外，胭脂也是古代女性与粉同用的日常面部化妆品。胭脂因音译又被称为“嫣支”“烟肢”“燕支”“燕脂”“臙脂”“阏氏”“鲜支”等。它是从西域传入中原的植物性红色染料，大约在公元前2世纪末由居于焉支山地区的月支人首先从红蓝花（又称红花、黄蓝花）中提取出胭脂，秦末焉支山地区被匈奴人占领，胭脂的提取技术遂在匈奴人中推广，后经张骞将胭脂带回中原[②]，红蓝花引种中原，成为中原女性涂脸颊、嘴唇的最佳妆饰品。胭脂的具体制作方法在《齐民要术》《本草纲目》《天工开物》中都有具体记载。其中尤以北魏贾思勰的《齐民要术》记载最为详细，不仅记载了制胭脂的方法，还交待了种红蓝花的方法以及采花法，杀花法等，真乃今人之大幸，使我们据此可以推知唐人胭脂的制作方法：

① 参看周汛，高春明：《中国古代服饰大观》，重庆：重庆出版社，1995年，第122页。
② 据卢秀文考证将胭脂传入中原要早于张骞凿空西域的时间。

花地欲得良熟。二月末三月初种也。

种法：欲雨后速下；或漫散种，或耧下，一如种麻法。亦有锄掊而掩种者，子科大而易料理。

花出，欲日日乘凉摘取；不摘则干。摘必须尽。留余即合。

五月子熟，拔曝令干，打取之。子亦不用郁浥。

五月种“晚花”。春初即留子，入五月便种；若待新花熟后取子，则太晚也。七月中摘，深色鲜明，耐久不黦，胜春种者。

负郭良田，种一顷者，岁收绢三百匹。一顷收子二百斛，与麻子同价：既任车脂，亦堪为烛。即是直头成米，二百石米，已当谷田；三百匹绢，超然在外。

一顷花，日须百人摘，以一家手力，十不充一。

但驾车地头，每旦当有小儿僮女，十百余群，自来分摘；正须平量，中半分取。是以单夫只妇，亦得多种。

杀花法：摘取即碓捣使熟，以水淘，布袋绞去黄汁。

更捣，以粟饭浆清而醋者淘之。又以布袋绞去汁。即收取染红，勿弃也！绞讫，著瓮器中，以布盖上。

鸡鸣，更捣令均，于席上摊而曝干，胜作饼，作饼者，不得干，令花浥郁也。

作胭脂法：预烧落藜、藜、藋及蒿作灰；无者，即草灰亦得。以汤淋取清汁，初汁纯厚太酽，即教花不中用，唯可洗衣。取第三度淋者，以用揉花，和，使好色也。揉花。十许遍，势尽乃止。

布袋绞取淳汁，著瓷碗中。取醋石榴两三个，擘取子，捣破，少著粟饭浆水极酸者和之；布绞取渖，以和花汁。若无石榴者，以好醋和饭浆，亦得用。若复无醋者，清饭浆极酸者，亦得空用之。

下白米粉大如酸枣，粉多则白。以净竹箸不腻者，良久痛搅；盖冒。

至夜，泻去上清汁，至淳处止；倾著帛练角袋子中，悬之。

明日，干浥浥时，捻作小瓣，如半麻子，阴干之，则成矣。

自胭脂被引入中原以后，秦汉以降女性就少有只敷粉不涂胭脂的妆饰。“红妆”成为此后女性最主要的时尚之一，历久弥新。不仅文学作品中有:“谁堪览明镜，持许照红妆”（萧纪:《明君词》）、“阿姊闻妹来，当户理红妆”（《木兰诗》）、“朱鬣饰金镳，红妆束素腰。……桃花含浅汗，柳叶带馀娇”（法宣:《爱妾换马》）等记录，考古结果也显示，敦煌北魏时期的壁画中已出现大量女性用胭脂美容的现象，英国的A·F·瓦那博士发现敦煌魏代壁画中已有“有机质的红”①作颜料的史实。

唐代女子单独用粉的妆饰较少，在王仁裕的《开元天宝遗事》中记载：“宫中嫔妃辈施素粉于两颊，相号为‘泪妆’。”这种脱胎于年轻孀居女子守孝时的妆饰，在当时也属另类时尚，更被中唐以后的人看作是安史之乱的不祥预兆，少有社会习俗的普遍认同。

唐代女性往往粉与胭脂一起使用，总体上称为“红妆”。唐人有关红妆的记载很多，“井上新桃偷面色”（文德皇后语），“青娥红粉妆”（李白语），“对君洗红妆”（杜甫语），“红粉青眉娇暮妆”（司空曙语）等，不一而足，涵盖初、盛、中晚唐的文学作品。不

① 李最雄:《莫高窟壁画中的红色颜料及其变色机理探讨》,《敦煌研究文集》，兰州：甘肃民族出版社，1993年，第337页。

仅如此，在当时的笔记小说中也有述及。如五代王仁裕在《开元天宝遗事》云:“杨贵妃初承恩召，与父母相别，泣涕登车。而天寒，泪结为红冰。”同书中还记有“贵妃每至夏月，常衣轻绡，使侍儿交扇鼓风，犹不解其热。每有汗出，红腻而多香，或拭之于巾帕之上，其色如桃红也”。冬天脂粉见泪结成红冰，夏天连拭汗的巾帕都染成了桃红色，可见杨贵妃无论冬夏都会在面部涂一层较厚的脂粉做妆饰。妆粉很厚的情况在王建《宫词一百首》之“舞来汗湿罗衣彻，楼上人扶下玉梯;归到院中重洗面，金花盆里泼红泥”中也有类似的描写。说的是一个年轻的宫女，舞罢卸妆，洗脸盆中犹如汆了一层红色的泥浆，说法虽然有些夸张，但多少反映了盛、中、晚唐厚妆的史实。

红妆是唐代最主要的面部妆饰，但也是一种统称，唐代女性在化妆时铅粉和胭脂的混合有三种方法：一、在妆前先将胭脂与铅粉调和,使之变成粉红色（檀红色）,然后直接涂于面颊,称为“檀晕妆”。因其在涂抹之前已被调和，所以用檀晕妆修饰的面部整体色彩效果统一，庄重大方，但由于无法突出局部重点，所以檀晕妆更多被成年女性使用。二、先用白粉打底，再在重点部位涂抹胭脂。胭脂主要妆饰腮颊和唇部，红白相间，视觉效果非常强烈而显美。因面部重点得以突出，所以这种妆饰方法很受年轻女子青睐，诗文中也将其称为“花面”。这种妆饰方法是唐代最为流行的红妆之一,《妆台记》中有“美人妆面，既傅粉，复以胭脂调匀掌中，施之两颊，浓者为‘酒晕妆’，浅者为‘桃花妆’”。可见根据胭脂的涂抹浓淡不同，又可以将其分为：酒晕妆（醉妆）和桃花妆，“人面桃花”说的就是这一种妆饰方法。三、先在面部薄涂一层胭脂，再在其上涂盖一层白粉，以达白里透红的视觉效果，在《妆台记》中将此称为“飞霞妆”（参看图 2–50）。

唐代女性面部的脂粉妆饰具有强烈的时代性和阶层性。初唐女性多以“桃花妆”的“花面”入诗，比如“柳叶眉间发，桃花脸上生”“井上新桃偷面色”;盛唐女性多以“红妆”入诗,比如“红妆欲醉宜斜日”“红妆缦馆上青楼”“十五红妆侍绮楼”；中晚唐则多以“酒晕妆”和“醉妆”入诗，如“君看红儿学醉妆”“柳腰舞罢香风度，花脸妆匀酒晕生”。总体上，从初唐至晚唐，敷面脂粉有一个渐浓渐厚的过程，尤其是晚唐五代时达到厚妆的高峰。从敦煌壁画所反映的情况来看，唐代不同社会阶层女性的妆饰也不同。首先，贵族阶层面部妆饰面积大，红晕由眉心鼻梁处向四周晕开，颜色也渐转淡，艳丽、精致而端庄。这种妆饰法在敦煌的贵族供养人中较为流行。求证图像资料，在莫高窟第 329、114、98 窟壁画的贵族供养人，以及第 156 窟张议潮出行图等的仕女面部都可见到佐证。其次，伎乐阶层面部妆饰以眼部为重点，红晕由此向两腮处晕开，到唇部渐淡。涂敷面积比贵妇稍小，整体圆润、精致。在莫高窟第 321、404 窟飞天，榆林窟第 15 窟伎乐天面部都可见到图像资料。最后,民间女性面部妆饰呈不规则变化,红色不均、涂抹较为粗糙，在莫高窟第 148 窟报恩经变，以及第 142 窟弥勒经变中的民间女性面部都有体现。这三种妆饰及其表现，尤其是前两种在时尚发展变化中又互为影响，各有盛衰。之所以会出现以上妆饰效果上的差异，这主要和唐贵族占有社会大部分财富有关。

上等胭脂，包括下文叙及画眉使用的青黛，有些需通过国际贸易输入才能满足需要，虽然唐统治者对外来化妆品进口并不加限制，但对于需要者而言，则必须占有一定的社会财富和资源才能满足需要，其困难程度自不必赘言。

（二）额黄

额黄是在额上涂装饰性黄粉，也称“鹅黄”“鸦黄”“贴黄”“宫黄”等。额上涂黄粉，此风俗始于南北朝时期，唐朝时随佛教中国化的全面推进，中原的女性受佛像的启发，将额头染黄，所以此妆又称为“佛妆”。在这一过程中，《隋书·五行志》记载，周静帝在“后周大象元年……（诏命）朝士不得佩绶，妇人墨妆黄眉”，可谓有推波助澜之功。同一事件在唐宇文氏《妆台记》中也记载云：“后周静帝，令宫人黄眉墨妆。”可见周静帝所偏好的这种黄眉很可能就是额黄的正式起源，因为额黄入诗的记载也正是在此之后，这不会仅仅只是巧合。明代杨慎《词品》也认为，“后周天元帝令宫人黄眉黑妆，其风流于后世”。时至初唐虞世南诗已有“学画鸦黄半未成，垂肩亸袖太憨生”；盛唐也有王翰诗云“中有一人金作面”；中晚唐更有牛峤的“额黄侵腻发，臂钏透红纱”、李商隐的“寿阳公主嫁时妆，八字宫眉捧额黄”、皮日休的“半垂金粉知何似，静婉临溪照额黄”等名句。额黄风尚的流行贯穿于整个唐代。

这种妆饰方法中的黄粉究竟为何物，据黄正建先生推测可能是某种植物，或者就是金粉。另有学者根据王涯的《宫词》中“内里松香满殿闻，四行阶下暖氤氲。春深欲取黄金粉，绕树宫娥着绛裙。”的诗句，认为这种植物就是松树，黄粉就是松树的花粉[1]。这显然是在误读王涯，因为就《宫词三十首》总体意境来看，王涯要描绘的是一年四季的宫廷生活，结合“黄瓦新霜”“残火独摇”等上下文，此处所说的满殿松香，是指宫中用松木取暖，松木燃烧之后散发的松香气味温暖地弥漫在整个殿宇中的情形，“春深”不过是个比喻，这和宫女额上的黄粉无关。倒是另一个宫词诗人王建，在其《宫词一百首》中有“收得山丹红蕊粉，镜前洗却麝香黄”的诗句，清晰地告诉大家，唐代宫廷女性所用的“红蕊粉”取自于山丹（红蓝花），黄粉则为麝香的史实。除用黄粉涂抹额头之外，随着时尚发展，也有不用黄粉涂抹而直接剪一种以黄色材料制成的薄片状饰物，用胶水粘贴在额上。由于剪贴时，材料大多被剪成各种花样，所以又称为“花黄”（参看图 2-51）。

(三)画眉

画眉在这一时期仍是女性面饰中很重要的一部分，古时人们常以它作为化妆的代称。从“淡扫蛾眉朝至尊”（张祜语）到“妆罢低声问夫婿，画眉深浅入时无”（ 朱庆馀语），再到“八岁偷照镜，长眉已能画”（李商隐语），无不体现画眉在唐代女子妆饰中的重要性。

画眉的主要原料是“螺黛”，也有文籍将其称为“螺子黛”，这是隋唐时期由波斯商人引进中原的妆饰性染料。据美国人谢弗考证，螺黛最初起源于印度，但很早就在埃及得到了应用，后来又在伊朗诸国中使用,是“从真正的靛青中得到的颜料”[2]。隋大业

① 李芽 :《中国历代妆饰》，北京 : 中国纺织出版社，2004 年，第 87 页。“或许黄粉就是松树的花粉。松树花粉色黄且清香，确实宜作化妆品用”。

② ［美］谢弗著 . 吴玉贵译 :《唐代的外来文明》，北京 : 中国社会科学出版社，1995 年，第 461 页。

年间，流行魏晋以来的细长眉。据说炀帝的宠姬吴绛仙之受宠就是因为“善画长蛾”，因此带动一代时尚，致使螺黛供不应求，隋政府不惜加重赋税，花重金从波斯买进大批眉黛分发宫人。到了唐代，贵族女性妆容中眉妆仍主要用“螺黛”和次级的“铜黛”，普通贫民女子则以烧焦的木条画眉。

唐代的画眉之风较之前代更为盛行，尤其在盛唐，几乎成了女性的普遍妆饰。至于贵妇人，更是将画眉视为扮妆之必需，即使以素面朝天闻名的虢国夫人，虽不施朱点脂，但眉一定要扫，只不过扫淡一些罢了。张祜诗中就这样形容过：“虢国夫人承主恩，平明骑马入宫门。却嫌脂粉污颜色，淡扫蛾眉朝至尊。”

唐代画眉之风的盛行，与帝王的推崇不无关系。历史记载天宝七年（748 年），唐玄宗不仅封杨贵妃三姊妹为韩国夫人、虢国夫人和秦国夫人，还每人每月给钱十万，为脂粉之资。君王重妇容的提倡，不仅在开元天宝时期掀起一阵阵的时尚潮流，流波所及，到晚唐连小女孩也学大人样“八岁偷照镜，长眉已能画”，贫民女子在采桑、织布之余也会“新画学月眉”。

就是这个被后世称作“梨园皇帝”的玄宗还曾命画工画《十眉图》，一曰鸳鸯眉，二曰小山眉，三曰五岳眉，四曰三峰眉，五曰垂珠眉，六曰月棱眉，七曰分梢眉，八曰涵烟眉，九曰拂云眉，十曰倒晕眉。一朝天子的推崇使画眉之风在女性中更加盛行不衰，流传至民间，画眉样式就远不止这十种。在刘方平笔下，一位京兆女子“新作蛾眉样，谁将月里同；有来凡几日，相效满城中”，成为京城长安坊间的流行时尚。

总体上看，唐代女性的眉式主要变化集中在长短、粗细、曲直和浓淡等几个方面，且无论何种样式较前代都要宽阔得多。

根据敦煌壁画唐代供养人所反映的情况来看，段文杰先生在《莫高窟唐代艺术中的服饰》一文中将唐代的眉式总分为两大类：

一类是长眉，以黑或黑与石绿画成。即白居易诗中所谓“青黛点眉眉细长”。初盛唐时期的女供养人、菩萨，多作此种黛眉或翠眉，统称蛾眉。唐人诗词中所谓“薄施铅粉画青娥”“淡扫蛾眉朝至尊”，这种细长的娥眉，大概就是《十眉图》中的却月眉、月稜眉之类，是唐代贵族女性的时妆之一。一类是短眉。130 窟都督夫人一家及侍婢，均作短眉，宽而浓，大概就是《十眉图》中的涵烟眉或者倒晕眉。

曹邺诗云：“短鬟一如螓，长眉一如蛾”，总体上而言段先生所言不谬，但失之于笼统。近期卢秀文女士根据敦煌壁画中的唐代女性形象将唐代女性眉妆分为初、中、盛、晚四个时期。初唐眉妆有三种：宽而长的月眉、细而长的柳叶眉、粗而长的八字眉。唐开元天宝年间以长、细、淡的眉形为主；中唐以八字眉为主；晚唐流行浓而阔的眉形①。这虽是敦煌一地的情况,但也能说明唐代眉妆流行的大概。

唐代眉型多宽而粗，尽管有时也流行长眉，但一般多画成柳叶状，时称“柳眉”或称“柳叶眉”。如诗文中:“桃花脸薄难藏泪，

① 卢秀文:《中国古代妇女眉妆与敦煌妇女眉妆——妆饰文化研究之一》,《敦煌研究》2000 年第 3 期。

柳叶眉长易觉愁”“柳眉梅额倩妆新”“依旧桃花面，频低柳叶眉”等，可见柳眉的形状。征之图像资料，在莫高窟第 334、57 窟壁画中，以及贞观年间阎立本的《步辇图》、总章元年（668 年）西安羊头镇李爽墓出土的壁画、天宝年间张萱所画的《虢国夫人游春图》和五代顾闳中所画的《韩熙载夜宴图》中，都有比较清晰的描绘。

比柳眉略细而更为弯曲的是“月眉”。因其形状弯曲，如一轮新月，故得名，此眉也就是在《十眉图》中的“却月眉”。唐诗中也有不少描写，如“议月眉欺月，论花颊胜花”“不知今夜月眉弯”“娟娟却月眉，新鬓学鸦飞”等。从形象资料上看，这种月眉的形状，除上述特点外，还可以变形成中间较细、两端粗而翘的“鸿雁眉”。莫高窟第 321、22 窟中的供养人形象就作这种眉式。

阔眉也是唐代女性在画眉时采用较多的一种形式。具体描法多样：从形状看，有两头尖窄的，也有一头圆润一头尖窄、一头分梢的；从眉心位置看，有眉心分开中间仅留一道窄缝的，也有眉头相连的；从眉型看，有眉型上翘（桂叶眉）或眉型下垂的（八字眉），真可谓变幻无穷。

中晚唐以后，眉阔而短，形似桂叶，所以又称“桂叶眉”。在《簪花仕女图》中的橘叶眉、阔眉流行的同时，元和年间还流行过“八字眉”。画好后的脸“乌膏注唇唇似泥，双眉画作八字低”，看上去像在哭泣，它和椎髻、乌唇等一起被称为“元和时世妆”。更有甚者，长庆年间流行将真眉剃去后，在眉上和眼下两处用红紫色涂画，看上去血肉模糊，号称“血晕妆”，不过这些都属非主流的“服妖”。

（四）花钿

唐人也称花子或媚子，是将各种花样贴在眉心的一种装饰。关于它的起源众说纷纭，有人认为起源于秦始皇时代对仙人的模仿，有人认为起自南朝宋武帝之女寿阳公主的梅花妆，还有人认为起自被黥面的上官婉儿的遮盖妆。以上种种说法均为笔记中的传说，不足为信，但从唐代盛行花钿装饰来看，足见唐女性对容妆的讲究和对美的追求。

制作花钿的材料，主要有翠羽、金箔片、黑光纸、鱼鳃骨、螺钿壳、云母片、鲥鱼鳞及茶油花饼等物。宋代陶穀所著《清异录》中说："后唐宫人，或网获蜻蜓，爱其翠薄，遂以描金笔涂翅，作小折枝花子。"这是用蜻蜓翅膀做花钿。通常花钿的颜色由它的材质决定，譬如用翠鸟的羽毛制成的花钿呈青绿色。不过为了美，也有根据图案需要染上所需颜色的。贴花钿主要用呵胶，这种胶产于北方，以鱼鳔制成，黏性特强，易粘易卸。女性用它粘花钿时，只要对之呵气，并蘸少量口液，便能粘贴；卸妆时以热水一敷，便可揭下。唐女性的花钿式样繁多，传世图像中所表现的只是其中的一小部分，大部分透着唐代女性才思心智的创作已湮灭于浩瀚的历史深处（参看图 2-52）。

需要特别强调的是《木兰辞》中木兰"对镜贴花黄"中所言"花黄"者，是花钿和额黄两种物品所代表的两种妆饰。使用时，先扫额黄再贴花钿，因为妆饰的对象同为额首部，所以在古人的诗文中常常联用。虽然后世诗文中使用"花黄"时偏重于指饰额的花钿，但因为古代文献用词简洁，在理解时仍需视具体文意来理解。

(五)面靥

面靥是用丹或墨在颊上点一点的一种妆饰，点出很像痣的妆饰。关于面靥的来历，除笔记小说中的传说外，较为可信的说法是它起源于皇帝的后宫，据汉代训诂家刘熙《释名》解释："以丹注面曰旳，旳，灼也。此本天子诸侯群妾，当以次进御，其有月事者止而不御，重以口说，故注此丹于面，灼然为识，女史见之，则不书其名于第录也。"其中"重以口说"即难以启齿的意思。由此可知，面部的妆点在最初是有实用意义的，不过到三国时代王粲的《神女赋》中"施华旳兮结羽钗"，此处的"华旳"就是面靥，此时已全无宫廷暗记的影子，而纯是一种妆饰。

面靥多用颜料点染，也有用金箔、翠羽等贵重材料粘贴而成的，颜色有红色、黄色、粉红色、白色、黑色等。其位置唐初时较多在嘴角两侧，盛唐以后，女性面部妆靥的位置有扩大的趋势，形式也更加丰富。两颊、两腮、太阳穴、面部都可以妆饰面靥。其具体形状（参看图 2-49 中、53），在唐传世名画以及阿斯塔那出土的女俑人脸上都有体现。初、盛唐时，一般多为黄豆般大小的两个圆点，点于嘴角两边的酒窝处，称为"笑靥"。中、晚唐时，仍有"当面施圆靥"（元稹：《恨妆成》)、"西子去时遗笑靥"（韦庄：《叹花落》)吟咏这种圆点式面靥。随着面靥的涂施范围的扩大，式样也更加丰富多彩。《事物纪原》中记载："远世妇人妆喜作粉靥，如月形，如钱样，又或以朱若燕脂点者，唐人亦尚之。"可见面靥有"钱点"，状如钱币；有"杏靥"，状似杏桃；有"花靥"，形状像花。另有"（黄）星靥"，即黄色形状小小的装饰，此处的"星"

指其细、小，繁如星，并不是确指星星，这种“星靥”深得文人骚客的赏识。如“敛泪开星靥”（杜审言语）、“星靥笑偎霞脸畔”（和凝语），星靥的流行说明唐代也存在女子装饰满面的情况。除以上的形状外，晚唐的面靥还增加了鸟兽图样，使面部妆饰更加丰富。五代后蜀欧阳炯《女冠子》词：“薄妆桃脸，满面纵横花靥”，说的就是这种情形。

相同的面部妆饰在此后近1000年的欧洲才出现。在文艺复兴时的欧洲，女性以薄绢和西班牙产的皮革做原料，将它们染成红色或黑色并用香料处理后，剪成各种形状贴在脸上。法国人称之为“蝇”，英国人称之为“补丁”，诗人称之为“维纳斯黑痔”。在没有文化交流的前提下，不同国度不同时期却有着相同的流行爱好，可见面靥的起源不重要，重要的是中外女性们对美的执着追求都有相同体现。宋以后，由于社会风气日渐保守，面靥之风逐渐消失。

（六）斜红

斜红饰面，始于南北朝。据张泌《妆楼记》记载，三国时魏文帝曹丕宠姬薛夜来在伴文帝夜读时，不慎将头误撞水晶屏风，面部两额角处受伤，从此留疤痕两道，但伤处如消霞将散，美媚至极，文帝并不以其为破相，反而更加宠幸起薛夜来，其他宫女为得到文帝宠幸，也积极模仿起这种伤痕妆，将之称为“晓霞妆”。自此以后，兴起一种用胭脂在额角处画血痕的妆饰方法（参看图2-51、53）。初、盛唐的中原女性使用斜红的情况较少，这从昭陵的墓道壁画中少有女性斜红可知。唐代使用斜红的记录多出自中、晚唐时期，“圆鬟无鬓椎髻样，斜红不晕赭面妆”（白居易语），“斜红馀泪迹，知著脸边来”（元稹语），以及“一抹浓红傍脸斜”（罗虬语），说的都是斜红在中、晚唐女性妆饰中的使用情况。

（七）点唇

隋唐的唇脂又称口脂。不仅女子用，男子也用。不过女子的点唇口脂有颜色，男子的口脂不含颜色，纯以动物油、矿物蜡和香料制成。与男子的口脂相比，女子的口脂多呈红色，受审美选择和材料限制，主要有檀红、朱红、绛红、真红、桃红等多种色号，中唐甚至流行过点“乌唇”的时尚。

唐女子因以丰腴为美，所以唇形以圆润娇小为美，但不同时期的唇型也有时尚变化。从昭陵的墓道壁画中的女性唇型看，初唐唇型线条圆润、丰满，口型自然，并没有过度强调口型的小巧；从敦煌盛唐女供养人的唇型来看，盛唐女性口唇小而圆润，已开始强调“朱唇一点桃花殷”（岑参语）的意趣；中唐女性的唇型进一步女性化，开始追求樱桃小口，“樱桃樊素口，杨柳小蛮腰”（白居易语）和“朱唇深浅假樱桃”（方干语）是此时女性的典型写照。从中唐敦煌菩萨口唇厚圆，唇型突出，颜色鲜艳的特点，也能反映出中唐大众对贵族女性的认识。晚唐女性的唇型基本延续中唐的风格，唇型小而圆，又突出，颜色艳丽。《清异录》中对晚唐女性的唇型名目有详细的记载：

僖、昭时，都下娼家竞事妆唇，妇女以此分妍否。其点注之工，名字差繁，其略有胭脂晕品：石榴娇、大红春、小红春、嫩吴香、半边娇、万金红、圣檀心、露珠儿、内家圆、天宫巧、洛儿殷、淡红心、猩猩晕、小朱龙、格双、唐媚花、奴样子。

有关唇脂的制作方法，在《齐民要术》中也有较为详尽的记载：

合面脂法：用牛髓。牛髓少者，用牛脂和之；若无髓，空用脂亦得也。温酒浸丁香藿香二种，浸法如煎泽方。煎法一同合泽，亦著青蒿以发色。绵滤著瓷漆盏中，令凝。若作唇脂者，以熟朱和之，青油裹之。

这种方法既可以制作滋润面部皮肤的面脂（今天的抹脸油），也可以制作出油包水的唇膏。唐诗中有“兰露滋香泽”（王丘语）、“朱唇未动，先觉口脂香”（韦庄语）、“浴堂门外抄名入，公主家人谢面脂”（王建语），可见，唐代的技术只会比北魏先进，不会比北魏差。

总体上而言，唐初女子的妆饰朴素大气，盛唐女子的妆饰美得奢华富丽，中晚唐女性的妆饰，华丽奢极。

第三章
男子服饰

唐代男子的服饰上承周秦汉魏之传统，下启宋明之余绪，成为中国古代服饰史上承上启下、不可或缺的一部分。其中将官员制服按照使用场合分为祭、朝、公、常四类，以服色论等级的官品服色制、勒山铭文的章服制，以及普通男子的幞头、半臂袍、革带、革靴，其制服的规定性和款式的创造性，对后世的贡献都独一无二。

第一节　高贵华丽的官服

唐代男子礼服主要包括：祭服、朝服、公服、常服等四类，其中祭服、朝服、公服是体现儒家传统审美、礼仪制度精神的礼服，精美华丽。不仅对穿着者有严格的等级制度规定，且各依“服令”

适用于祭祀、朝觐、办公等不同场合。这是自周礼以来，儒家传统的礼仪等级制度在历经近400年的动荡之后再次在服饰制度上的回归，体现的是大唐职官制度的礼仪传承精神。官常服则是唐代华夷杂糅的社会习俗对汉族传统服饰从外形到制度精神的补充与完备。

与女装以礼服充任官服不同的是，唐代男子的官服体系相当成熟完备。祭、朝、公、常四服中，祭服是礼服，主要用于祭天地、祖宗、社稷等活动。朝服用于朔望朝集、各种吉礼大典（譬如皇帝大婚等）;公服主要用于官员坐堂办公等;常服，也可称为官常服，是官员日常居处时的穿着，普通人非特殊情况不能借服。

隋朝建立以后，为了加强中央集权，提高行政效率，隋文帝对魏晋以来的政治制度和行政机构加以改进，形成一整套系统完整的官僚机构。在中央设三师、三公、五省（尚书、门下、内史、秘书、内侍）、二台（御史、都水）、十一寺（太常、光禄、卫尉、宗正、太仆、大理、鸿胪、司农、太府、国子、将作）。三师、三公之位虽尊，但不置府属，实际上是荣誉虚衔。五省之中，秘书、内侍的职位也较轻，只有尚书、门下、内史三省才是真正的权力中枢，三省下有吏、礼、兵、度支、都官、工六部，与诸寺、台分别处理各类事务。隋中央机构中五省六部制的确立，一方面顺应了魏晋以来中枢机构变化的趋势，使政府职能部门地位突出、性质明确;另一方面又反映了现实政治的需要，使三省的决策、审议、执行之权互相牵制，加强了皇权。唐朝中枢机构是在隋的行政机构基础上进一步调整和补充而来的。唐因隋制，在中央设三省（尚书、中书、门下）、一台（御史）、五监、九寺等机构，在地方设州、县两级制，唐政府的组织机构较隋更为庞大和严密。唐的政府组织机构是保证唐政令统一、经济兴盛的重要因素。

除完善的政府组织机构之外，唐代还有一套完备的官僚等级体系。据《新唐书·百官志》记载：

其官司之别，曰省、曰台、曰寺、曰监、曰卫、曰府，各统其属，以分职定位。其辨贵贱、叙劳能，则有品、有爵、有勋、有阶，以时考核而升降之，所以任群材、治百事。其为法则精而密，其施于事则简而易行。

文中爵、勋是荣誉等级，品、阶是职事等级。品、爵、勋、阶中，"品"指的是朝廷官员品序中流内职事官一品到九品的级差，共九品二十九阶。但因为同一品序的官员任职年限、贡献不同，再加之，除流内九品外，还有流外九品，每一个品序都有按照个人情况细分的必要。"阶"与"品"分列，是从属于个人的位阶，也称"本品"，是所有散官的个人位序。据《旧唐书·职官志》记载：

凡九品已上职事，皆带散位，谓之本品。职事则随才录用，或从闲入剧，或去高就卑，迁徙出入，参差不定。散位则一切以门荫结品，然后劳考进叙。《武德令》，职事高者解散官，欠一阶不至为兼，职事卑者，不解散官。《贞观令》，以职事高者为守，职事卑者为行，仍各带散位。其欠一阶，依旧为兼，与当阶者，皆解散官。永徽已来，欠一阶者，或为兼，或带散官，或为守，参而用之。其两职事者亦为兼，颇相错乱。咸亨二年，始一切为守。

就是说百官群僚都拥有着一个“散位”，以此“本品”用来标志其个人身份，而且还以此确定所穿之官服。学者概括说：“唐代以散官定官员班位，而以职事官定其职守。……散官与职事官的品级不一定一致。有低级散官而任较高级职事官者称‘守某官’，有高级散官而任较低级职事官者称‘行某官’，待遇则按其散官的品级。散官按资历升迁，而职事官则由君主量才使用。所以常有任重要职事官而其本官阶——散官仍较低的情况。”① 这就决定了以散官品位为基础的唐代官服有着完备而复杂的制度规定性。

“散官”与“职事官”截然分开。在职事官之外，存在着并存两立、各自二十九级的文散阶和武散阶序列②，它们分别由文武散官构成，被称为“散位”“本品”或“本阶”。文散官一共有二十九阶：开府仪同三司居从一品，特进居正二品；自从二品到从五品下的十一级都以“大夫”为名，分别是光禄大夫、金紫光禄大夫、银青光禄大夫、正议大夫、通议大夫、太中大夫、中大夫、中散大夫、朝议大夫、朝请大夫、朝散大夫；自正六品上到从九品下，分别是朝议郎、承议郎、奉议郎、通直郎、朝请郎、宣德郎、朝散郎、宣义郎、给事郎、征事郎、承奉郎、承务郎、儒林郎、登仕郎、文林郎、将仕郎。武散官也是二十九阶：自从一品到正三品分别是骠骑大将军、辅国大将军、镇军大将军、冠军大将军；自从三

① 俞鹿年：《中国政治制度通史》第5卷，北京：人民出版社，1996年，第453—454页。
② 阎步克：《品位与职位：秦汉魏晋南北朝官阶制度研究》，北京：中华书局，2002年，第631页。

品到从五品下分别为云麾将军、忠武将军、壮武将军、宣威将军、明威将军、定远将军、宁远将军、游骑将军、游击将军；正六品上到从九品下，上阶为校尉、下阶为副尉，分别是昭武校尉、昭武副尉、振威校尉、振武副尉、致果校尉、致果副尉、翊麾校尉、翊麾副尉、宣节校尉、宣节副尉、御侮校尉、御侮副尉、仁勇校尉、仁勇副尉、陪戎校尉、陪戎副尉。

九品二十九阶、职事官、阶官、勋官、封爵共同构成了一个复合体系，标志着唐帝国的官僚等级制发展到了一个新阶段。帝国官僚机构的系统化、精细化直接影响着唐官服的发展，它的完备系统与组织机构相适应，各个等级之间以不同材质、纹饰、佩饰、色彩等严格区分，结束了前代服制中诸如大裘冕、白袷等服饰的使用，确立了后世官服系统中诸如官品服色。章服、补子、赐借服等一系列新内容的出现，使唐代的官服成为“唐宋之变”中制度变化的一部分永载史册。

唐建国以后，曾于武德与开元年间两次对皇帝、太子、百官、士庶的服饰内容做了规定。归纳起来，唐的官服按礼节轻重划分为祭服、朝服、公服和常服。

一、尊贵的祭服

(一)皇帝的祭服

在封建帝国中皇帝是至高无上的，皇帝的制服作为衣冠服制的代表，在隋唐时期得到了彻底的完善。隋开皇年间改革了北周的冕服制度然后将其定型，隋炀帝则有选择性地恢复了周汉的冕服制度，唐代则遵循了隋代的定制，所以，在阎立本的《历代帝王图》和《三才图会》中都能看到比较完善的衮冕形象。头戴冠冕，上身穿宽袖直领上衣，下身穿裙裳，腰间系宽玉带、佩绶，腹前系蔽膝，足上着赤舄。实际上衮冕，只是皇帝众多祭礼之服中的一种。武德四年（621 年），唐高祖颁布了衣服诏，规定了皇帝的服装共 12 种，其中冕服依照周代的礼制确定为 6 种，它们是“大裘之冕、衮冕、鷩冕、毳冕、绣冕、玄冕”。

据《旧唐书·舆服志》记载：

唐制，天子衣服，有大裘之冕、衮冕、鷩冕、毳冕、绣冕、玄冕、通天冠、武弁、黑介帻、白纱帽、平巾帻、白帢，凡十二等。

大裘冕，无旒，广八寸，长一尺六寸，玄裘纁里，已下广狭准此。金饰，玉簪导，以组为缨，色如其绶。裘以黑羔皮为之，玄领、褾、襟缘。朱裳，白纱中单，皂领，青褾、襈、裾。革带，玉钩鰈，大带，素带朱里，纰其外，上以朱，下以绿，纽用组也。蔽漆随裳。鹿卢玉具剑，火珠镖首。白玉双珮，玄组双大绶，六彩，玄、黄、赤、白、缥、绿，纯玄质，长二丈四尺，五百首[①]，广一尺。小双绶长二尺一寸，色同大绶而首半之，间施三玉环。朱袜，赤舄。祀天神地祇则服之。

衮冕，金饰，垂白珠十二旒，以组为缨，色如其绶，黈纩充耳，玉簪导。玄衣，纁裳，十二章，八章在衣，日、月、星、龙、山、华虫、火、宗彝，四章在裳，藻、粉米、黼、黻。衣褾、领为升龙，织成为之也。各为六等，龙、山以下，每章一行，十二。白纱中单，黼领，青褾、襈、裾，黻。绣龙、山、火三章，余同上。革带、大带、剑、珮、绶与上

① 绶带下垂之流苏。因组绶用纱料细粗有地位高低之别，官位高者，用料精细绶首数多，官位低者，用料粗绶首数少。

同。舄加金饰。诸祭祀及庙、遣上将、征还、饮至、践阼、加元服、纳后、若元日受朝，则服之。

鷩冕，服七章，三章在衣，华虫、火、宗彝，四章在裳，藻、粉米、黼、黻。余同衮冕，有事远主则服之。

毳冕，服五章，三章在衣，宗彝、藻、粉米，二章在裳，黼、黻也。余同鷩冕，祭海岳则服之。

绣冕，服三章，一章在衣，粉米，二章在裳，黼、黻。余同毳冕，祭社稷、帝社则服之。

玄冕服，衣无章，裳刺黼一章。余同绣冕，蜡祭百神、朝日夕月则服之。

通天冠，加金博山，附蝉十二首[①]，施珠翠，黑介帻，发缨翠緌，玉若犀簪导。绛纱里，白纱中单，领，褾，饰以织成。朱襈、裾，白裙，白裙襦，亦裙衫也。绛纱蔽漆，白假带，方心曲领。其革带、珮、剑、绶、袜、舄与上同。若未加元服，则双童髻，空顶黑介帻，双玉导，加宝饰。诸祭还及冬至朔日受朝、临轩拜王公、元会、冬会则服之。

武弁，金附蝉，平巾帻，余同前服。讲武、出征、四时蒐狩、大射、禡 、类、宜社、赏祖、罚社、纂严则服之。

弁服，弁以鹿皮为也。十有二琪，琪以白玉珠为之。玉簪导，绛纱衣，素裳，革带，白玉双珮，鞶囊[②]，小绶，白袜，乌皮履，朔日受朝则服之。

黑介帻，白纱单衣，白裙襦，革带，素袜，乌皮履，拜陵则服之。

① 蝉，在中国古代人的认知中，是一种“居高饮清”“清虚识变”的至德之虫。一般将其作为官员操行的榜样。“首”在此处被原田淑人先生解释为量词，指蝉的数量，应理解为“只或枚”。而孙机先生则认为唐代冠帽上的附蝉只有一只，所谓的“十二首”则是帽上装饰的玉珠。

② 鞶是大带，囊是大带之上盛印的囊袋。

白纱帽，亦乌纱也。白裙襦，亦裙衫也。白袜，乌皮履，视朝听讼及宴见宾客则服之。

平巾帻,金宝饰。导簪冠文皆以玉,紫褶，亦白褶。白袴,玉具装,真珠宝钿带，乘马则服之。

白帢，临大臣丧则服之。

太宗又制翼善冠，朔望视朝，以常服及帛练裙襦通著之。若服袴褶，又与平巾帻通用。著于令。

其常服，赤黄袍衫，折上头巾，九环带，六合靴，皆起自魏、周，便于戎事。自贞观已后，非元日冬至受朝及大祭祀，皆常服而已。

《新唐书·车服志》记载：

凡天子之服十四：大裘冕者，祀天地之服也。广八寸，长一尺二寸，以板为之，黑表，纁里，无旒，金饰玉簪导，组带为缨，色如其绶，黈纩充耳。大裘，缯表，黑羔表为缘，纁里，黑领、褾、襟缘，朱裳，白纱中单，皂领，青褾、襈、裾，朱袜，赤舄。鹿卢玉具剑，火珠镖首，白玉双佩。黑组大双绶，黑质，黑、黄、赤、白、缥、绿为纯，以备天地四方之色。广一尺，长二丈四尺，五百首。纷[①]广二寸四分，长六尺四寸，色如绶。又有小双绶，长二尺六寸，色如大绶，而首半之，间施三玉环。革带，以白皮为之，以属佩、绶、印章。鞶囊，亦曰鞶带，博三寸半，加金镂玉钩艓。大带，以素为之，以朱为里，在腰及垂皆有禅，上以朱锦，贵正色也，下以绿锦，

①《隋书·礼仪志》:“凡有绶者，皆有纷，并长六尺四寸，阔二寸四分，随于绶色。”《说文》的解释是：“纷，马尾韬也。”可见纷是佩绶者系于背后的装饰，绶与纷是相辅相成的关系。

贱间色也，博四寸。纽约，贵贱皆用青组，博三寸。黻以缯为之，随裳色，上广一尺，以象天数，下广二尺，以象地数，长三尺，朱质，画龙、火、山三章，以象三才，其颈五寸，两角有肩，广二寸，以属革带。朝服谓之韠，冕服谓之黻。

衮冕者，践祚、飨庙、征还、遣将、饮至、加元服、纳后、元日受朝贺、临轩册拜王公之服也。广一尺二寸，长二尺四寸，金饰玉簪导，垂白珠十二旒，朱丝组带为缨，色如绶。深青衣纁裳，十二章：日、月、星辰、山、龙、华虫、火、宗彝八章在衣；藻、粉米、黼、黻四章在裳。衣画，裳绣，以象天地之色也。自山、龙以下，每章一行为等，每行十二。衣、褾、领，画以升龙，白纱中单，黻领，青褾、襈、裾，韍绣龙、山、火三章，舄加金饰。

鷩冕者，有事远主之服也。八旒，七章：华虫、火、宗彝三章在衣；藻、粉米、黼、黻四章在裳。

毳冕者，祭海岳之服也。七旒，五章：宗彝、藻、粉米在衣；黼、黻在裳。

絺冕者，祭社稷飨先农之服也。六旒，三章：絺、粉米在衣；黼、黻在裳。

玄冕者，蜡祭百神、朝日、夕月之服也。五旒，裳刺黼一章。自衮冕以下，其制一也，簪导、剑、佩、绶皆同。

通天冠者，冬至受朝贺、祭还、燕群臣、养老之服也。二十四梁，附蝉十二首，施珠翠、金博山，黑介帻，组缨翠緌，玉、犀簪导，绛纱袍，朱里红罗裳，白纱中单，朱领、褾、襈、裾，白裙、襦，绛纱蔽膝，白罗方心曲领，白袜，黑舄。白假带，其制垂二绦帛，以变祭服之大带。天子未加元服，以空顶黑介帻，双童髻，双玉导，加宝饰。三品以上亦加宝饰，五品以上双玉导，金饰，六品以下无饰。

缁布冠者，始冠之服也。天子五梁，三品以上三梁，五品以上二梁，九品以上一梁。

武弁者，讲武、出征、蒐狩、大射、禡、类、宜社、赏祖、罚社、纂严之服也。有金附蝉，平巾帻。

弁服者，朔日受朝之服也。以鹿皮为之，有攀以持发，十有二璂，玉簪导，绛纱衣，素裳，白玉双佩，革带之后有鞶囊，以盛小双绶，白袜，乌皮履。

黑介帻者，拜陵之服也。无饰，白纱单衣，白裙、襦，革带，素袜，乌皮履。

白纱帽者，视朝、听讼、宴见宾客之服也。以乌纱为之，白裙、襦，白袜，乌皮履。

平巾帻者，乘马之服也。金饰，玉簪导，冠支以玉，紫褶，白袴，玉具装，珠宝钿带，有靴。

白帢者，临丧之服也。白纱单衣，乌皮履。

综合《旧唐书》与《新唐书》有关皇帝祭服的记载来看，无论是十二或十四服[1]，只有六种用于祭祀大典：大裘冕、衮冕、鷩冕、毳冕、绣冕、玄冕。这六冕由殿中省的尚衣局负责日常管理。尚衣局有奉御 2 人正五品上，直长 4 人正七品下，专门执掌为皇

①《舆服志》十二服是依据《唐会要》所记载的《武德令》服令的规定。《车服志》所记十四服是在《武德令》服令所记十二服的基础上添加了缁布冠和皮弁。其依据是《旧唐书·职官志》和《大唐六典》中都增加了弁服和翼善冠，减去白帢，成十三服。宋人在此基础上做了中和，保留了魏武帝时创制的白帢，只去掉了史籍中明文记载创制于贞观年、废止于开元十七年的翼善冠（实武周时已废而不用）。因此冠使用时间短，所以宋人在著《新唐书》时将其从天子众服中减去，形成现在看到的十四服。

帝供奉冕服、几案。龙朔二年（662 年），改尚衣局曰奉冕局。有书令史 3 人，书吏 4 人，主衣 16 人，掌固 4 人。

大裘冕是皇帝在祭祀天地神灵时穿着的最尊贵的礼服，由无旒冕冠（冕板表以黑色缯、里为纁色缯）和黑羊羔皮外衣用黑缯做表、纁帛做衬里组成。领口、袖口皆镶黑羊羔皮的绲边出锋，领缘用黑色，衣襟缘边用绿色。下身由红色裙裳、皂领白纱单内衬衣、蔽膝、革带、大带、佩玉、红色袜子与赤舄等组成，在革带与大带上装饰着火珠镖首、白绶玉双佩等，还要挂上一柄鹿卢玉具剑①。

衮冕是唐皇帝使用最广泛的礼服。皇帝祭祀社稷、告宗庙、遣将出征、天子亲征有献俘告捷于太庙、飨有功者于祖庙、登基即位、行成人礼、娶妻、册封王公、每年正月初一（春节）②大朝会时穿着。

衮冕是描绘历代帝王的图像资料中最常见的冕服（参看图 3-1-1）。唐代在周制衮冕专用的通天冠上，用黄金打制簪导以利固冕，金附蝉做冠正，在冕板前后各垂十二条，每条十二颗白玉珠组成的二十四旒，用意为时刻提醒皇帝对坏人视而不见，冕的左右近耳窟处悬挂着玉制的充耳，用意提醒皇帝不要轻信谗言③。金簪导中插玉簪固冕、发。按照周礼的规定，衣色为天将明未明时的幽玄色，裳色为日将出未出时的纁色，款式上衣下裳分属，

① 原田淑人先生推测“恐系为了使剑柄易于转动，乃镶以辘轳形的玉”。这个推测也得到孙机先生考证确认，鹿卢就是“椟轳”，就是古代佩身玉剑，除剑柄用玉做成辘轳状之外，剑鞘底端的包头、剑首顶端的饰片，以及剑格、剑鞘外供穿带佩剑所用的剑鼻，都是用玉制作的，所以叫“具玉剑”。

② 就是现在的春节。春节在古代叫“元日”“元旦”“正月初一”等。现代施行公历以后，将每年的公历 1 月 1 日称为元旦，于是将农历的 1 月 1 日改称“春节”，而唐人的“元旦”还是指农历 1 月 1 日。

③ 这便是“视而不见”和“充耳不闻”的来历。

不相连，宽身大袖，下裳及地。但《旧唐书·舆服志》中记载，唐衮冕上衣呈深青色，也就是现代近黑的藏蓝色，上绣“日、月、星、龙、山、华虫、火、宗彝”八种图案，下裳是红色的多褶大裙，上面绣“藻、粉米、黼、黻”四种图案，这十二纹章各有含义。日月星，取其三光之耀，象征人君能为世间带来光明；龙，取其变化之能，象征人君的应机布教而善于变化；山，取其镇重，象征王者镇重能安静四方；华虫（雉属），取其有纹章，象征王者之德犹如华虫的羽毛一样绚丽多彩；宗彝是宗庙祭器，有虎彝、蜼彝，虎取其猛，蜼取其智，象征王者有威猛之德，知深浅是非之智；藻，取其洁，象征人君有冰清玉洁之品格；火，取其冲腾向上，象征王者有能力率黎民积极向上归应天命；粉米，取其洁白能养人，象征君主有济养之德；黼，取其画斧形，象征王者有善断之果决；黻，像两“己”相背，象征王者背恶向善、君臣相济之意。衣褾（袖端）领缘用绘有升龙的织成料制作，里为白色的纱衬袍，衬袍的领、袖端、衣裾、襟缘都用青色绲边，腹部前面系有锦绣的蔽膝，腰间系大带、革带、六彩大绶带与白玉双佩等（参看图 3-2）。

鷩冕的衣服上只绣七种花纹，减去了日、月、星、龙和山等纹样；毳冕则只绣五种花纹，在鷩冕的基础上再减去华虫和火两种花纹；绣冕更进一步减去宗彝与藻纹；玄冕只保留黼纹一章；这四种冕服其余的部件内容与衮冕相似。

天子六冕，是周礼为天子适用于不同的礼仪场合设计的。但随着时间的推移，在实际执行中也发生了一些变化。据沈约《宋书》记载：“魏、晋郊天，亦皆服衮。”又王智深《宋纪》曰：“明帝制云，以大冕纯玉藻、玄衣、黄裳郊祀天地。”以上的记载被长孙无忌等人援以为例，在显庆元年（656 年）九月向高宗奏称："……至于季夏迎气，龙见而雩，炎炽方隆，如何可服？……其大裘请停。”此建议很快被采纳，武则天以高宗体质较弱，大裘冕不合时宜废去，独重衮冕。除衮冕外的其他四冕，也因为群臣的助祭礼服是仿照天子的冕服减等制作的，形制混淆难辨，而且假设天子服玄冕时，群臣礼服应降一级。皇帝的玄冕只有一种黼纹饰，本就简陋，而群臣则只能降级服用爵弁服，这样既委屈天子，又贬低群臣，所以自高宗之后，虽服令明文规定天子的祭服有六种，但实际使用的也就衮冕一种。此后其他祭服只见于书面记载，而实际独用衮冕。

如果说武则天选择衮冕是因为高宗的身体经不起夏天穿皮裘的话，那么玄宗对衮冕的选择则完全是自主审美的需要。开元十一年（723 年）冬，玄宗准备在长安南郊告祭，中书令张说又奏称："……若遵古制，则应用大裘，若便于时，则衮冕为美。”时为宰臣的张说，特令尚衣局造大裘冕、衮冕各一套呈进，玄宗以大裘朴略，冕板上又无旒，又不可寒暑通用，于是废大裘冕不用。自此以后，即便是正月初一（春节）朝会，依礼令用衮冕及通天冠，唐代的大祭祀依《礼记·郊特牲》亦用衮冕。天子十二服中的其他诸服，“虽在于令文，不复施用”。开元十七年（729 年），玄宗朝拜五陵，只穿平时的素服而已。朔、望常朝，亦用常服，太宗发明的朝服翼善冠自是亦被废。

征之图像资料，在敦煌壁画《维摩诘经变》中的帝王（参看图 3-1-2），头戴冕冠垂旒，着深衣袍服，曲领，大带大绶，加敝膝，足着高头舄。段文杰在《敦煌壁画中的衣冠服饰》书中写道：衣上饰日月星辰，大带画升龙，有十二文章。帝王昂首张臂，左右侍臣扶侍，与阎立本《历代帝王图》中的光武帝刘秀、吴主孙权、晋武帝司马炎等的冕服形象相同。与《武德令》规定基本相符，这幅画可以作为唐代皇帝冕服的形象佐证。

(二)皇太子的礼服

唐代服制规定，皇太子的制服有五种。由太子内坊下辖之内直局管理。内直局设有:内直郎 2 人，从六品下;丞 2 人，正八品下;典服 30 人；典扇 15 人；典翰 15 人；裳固 6 人。内直郎负责掌管有关太子的符玺、伞扇、几案、衣服等事务。据《旧唐书·舆服志》记载：

皇太子衣服，有衮冕、具服远游三梁冠、公服远游冠、乌纱帽、平巾帻五等。贞观已后，又加弁服、进德冠之制。

衮冕，白珠九旒，以组为缨，色如其绶，青纩充耳，犀簪导。玄衣，纁裳，九章。五章在衣，龙、山、华虫、火、宗彝，四章在裳，藻、粉米，黼、黻，织成为之。白纱中单，黼领，青褾、襈、裾。革带，金钩觼，大带，素带朱里，亦纰以朱绿，皆用组。黻。随裳色，火、山二章也。玉具剑，金宝饰也。玉镖首。瑜玉双珮，朱组双大绶，四彩，赤、白、缥、绀，纯朱质，长一丈八尺，三百二十首，广九寸。小双绶长二尺六寸，色同大绶而首半之，施二玉环也。朱袜，赤舄。舄加金饰。侍从皇帝祭祀及谒庙、加元服、纳妃则服之。

具服远游三梁冠，加金附蝉九首，施珠翠，黑介帻，发缨翠緌，犀簪导。绛纱袍，白纱中单，皂领、褾、襈、裙，白裙襦，白假带，方心曲领，绛纱蔽膝。其革带、剑、珮、绶、袜、舄与上同。后改用白袜、黑舄。未冠则双童髻，空顶黑介帻，双玉导，加宝饰。谒庙还宫、元日冬至朔日入朝、释奠则服之。

公服远游冠，簪导以下并同前也。绛纱单衣，白裙襦，革带，金钩䚢，假带，方心，纷，鞶囊，长六尺四寸，广二寸四分，色同大绶。白袜，乌皮履，五日常服、元日冬至受朝则服之。

乌纱帽，白裙襦，白袜，乌皮履，视事及宴见宾客则服之。

平巾帻，紫褶，白袴，宝钿起梁带。乘马则服之。

弁服，弁以鹿皮为之。犀簪导，组缨，玉琪九，绛纱衣，素裳，革带，鞶囊，小绶，双珮，白袜，乌皮履，朔望及视事则兼服之。

进德冠，九琪，加金饰，其常服及白练裙襦通著之。若服袴褶，则与平巾帻通著。

自永徽已后，唯服衮冕、具服、公服而已。若乘马袴褶，则著进德冠，自余并废。若宴服、常服，紫衫袍与诸王同。

其中皇太子的冕服只有衮冕一种。

皇太子的礼服衮冕，比起皇帝的衮冕要低一等。具体地说，头上戴的冕，冕板前后各悬挂九条用九颗白珠串成的旒，冕的左右两侧用青丝带悬挂着玉充耳，用犀角簪束发；上衣是黑色的，绣着“龙、山、华虫、火、宗彝”五种花纹，有绣花的领口；下裳是红色的多褶大裙，上面绣“藻、粉米、黼、黻”四种花纹，共九旒九章，腰间束大带，系有火、山两种花纹的蔽膝；佩带由红、白、淡青、红黑色四种颜色丝绦织成的绶带；腰带上悬挂玉柄剑、玉镖首、玉双佩；足着红袜、赤舄等。

太子们在穿自己的礼服陪同皇帝参加各种重大活动时，因个人的政治处境与性格不同又有不同的表现。以李亨为例，在开元二十五年（737 年）五月，因受杨洄诬告“潜构异谋”，当时的太子李瑛、鄂王李瑶、光王李琚以及太子妃兄驸马薛锈，于同年四月被一起赐死，这就是玄宗朝著名的“一日诛三王”（三庶之祸）事件。太子瑛被赐死后，李林甫多次劝玄宗立寿王李瑁。玄宗摇摆在年长、仁孝恭谨又好学的李亨和宠妃武惠妃之子寿王李瑁之间。开元二十六年（738 年）五月，在高力士“推长而立”的进言之下（加之寿王李瑁的靠山玄宗的宠妃武惠妃也于开元二十五年年底去世），同年六月李亨才得以被立为太子。在将受册命之前，原本负责管理太子舆服的内坊局，由太子东宫划归内侍省管辖，并由内侍省始建太子内坊局，改属内为令。这一连串的变故，促使生性谨小慎微的李亨立刻上奏：“太常所撰仪注有服绛纱袍之文。太子以为与皇帝所称同，上表辞不敢当，请有以易之。玄宗令百官详议”（参见《旧唐书·舆服志》）。百官详议的结果是改太子随祭礼服具服远游三梁冠中的“降纱袍”为“朱明服”，只是名称相同而已，尚且让太子如此惶恐，由此可见礼服制度中的等级森严和宫廷政治环境的复杂。

(三)品官的礼服

群臣的祭礼服有五种：衮冕、鷩冕、毳冕、绣冕、玄冕。唐初《武德令》规定：一品官员穿（更低规格的）衮冕；二品官员穿鷩冕；

三品官员穿毳冕；四品官员穿绣冕；五品官员穿玄冕。具体减等的做法，据《周礼》记载："自天子而下用九旒、七旒、五旒、三旒。"唐代九旒规格用于皇太子的冕服，群臣的冕服使用规格范围只能从七旒到无旒的弁服。《旧唐书·舆服志》记载，随着高宗显庆九年（664 年）废大裘冕到玄宗开元十七年（729 年）之后，玄宗"朝拜五陵，但素服而已"。群臣的礼服也发生了改变，一方面是群臣对冕服"尊卑相乱"的担忧，另一方面是皇帝对冕服繁文缛节的反感。所以自开元年以后，《武德令》只具虚文而已，朝臣随祭只穿着素服，此处的"素服"按照官员身份来讲，就是官常服，因为官常服有严格的按照品级规定的服色制，所以在重大场合使用更能体现唐代官员品级划分的礼服，也暗合了周礼等级制的设置精神。唐代开元年间官员随祭穿官常服的情况并非没有资料佐证，著名的"泰山老岳丈"的故事就发生在开元年间。张说提拔自己品级较低的女婿加入封泰山的随行队伍，因为在一群腰金服紫的高级官员中出现个别腰金服绿的低级官员，于是玄宗问询低级官员因何功劳随祭，被随行伶人讥笑为依托"泰山之力"[①]。这个故事中随祭官员穿着官常服，证明《舆服志》所载确为史实。

以上这些规定繁缛的冕服，造型庄重精美，色彩搭配和谐，为了显示它的崇高威严，虽有"只具虚文"的嫌疑，却也只能在盛大的典礼中使用。在其他的日子里，皇帝、百官只能穿统一规定的朝服、公服和常服坐朝视事、上朝听宣、坐堂办公、燕居休闲。

① 这就是称"岳父"为"泰山"的来历。

二、等级森严的朝服

朝服，又被称为“具服”，是皇帝及群臣重大朝会时的礼服。

皇帝的朝服有通天冠，冠帽迎人面上加金质重叠的山形装饰，被称为傅山，上面装饰金蝉一只，并在帽冠上装饰12颗玉珠，施设珠翠，黑介帻，发带装饰翠羽组索，用玉或犀牛角质的簪导。身穿固定搭配的绛纱袍（朱红里衬）、红色罗裳（下身的裙装）。在其内衬白纱袍，其领、袖端、衣襟、领缘皆用织成料作装饰。白色的衬裙，镶嵌朱红色的裙裾和上缘边。在这套服装之上，装饰浅红色纱质蔽膝，白假带，方心曲领项饰。其佩革带、珮玉、剑、绶带、袜、舄与服色相同。如果是未成年的皇帝，则梳双童髻，戴空顶的黑介帻，插双玉簪导，加宝饰。各种祭祀以及冬至、朔日上朝和受朝贺、殿前拜王公、春节宴会、冬至宴会就如是穿戴。征之图像资料，《送子天王图》中天王的冠服，就是较为典型的通天冠式（参看图1−3）。

皇太子的朝服有：具服远游三梁冠，这是皇太子第二等重要的礼服。与皇帝相比皇太子的帽饰要相对简单一些，帽饰金附蝉一只，帽冠上装饰九只玉珠饰，施设珠翠，黑介帻，发带装饰翠羽组索，只用犀牛角质的簪导。身穿固定搭配朱红里衬的绛纱袍，内衬白纱衬袍，其领、袖端、衣襟、领缘皆用素黑色装饰材料制作。白色的衬裙，没有任何镶嵌。装饰浅红色纱质蔽膝，白假带，方心曲领项饰。身佩革带、珮玉、剑、绶带、足服袜、舄与裙色同。如果是未成年的皇太子，则梳单童髻，戴空顶的黑介帻，插双玉簪导，加宝饰。这是皇太子随皇帝拜祭祖庙、还宫，以及参加春节、冬至、朔日入朝和祭先圣先师时如是穿戴。

皇太子的朝服虽较皇帝的朝服简单，但总体上仍大方、端庄、色彩和谐。因内衬少了裳裙，且袖端、衣襟、领缘的镶嵌没有图案，使得浅红与黑色的搭配穿戴更加轻便、醒目，体现了皇太子的活力。裙裾、裙缘上也少了华丽的镶边，使得这套礼服既体现了皇太子尊贵的地位，又不会因和皇帝同时出现，产生“喧宾夺主”的错觉，当然这一点也是所有皇太子们极力想避免的。

群臣的朝服，相对而言，更加得简单。《旧唐书·舆服志》记载：

朝服，亦名具服。冠，帻，缨，簪导，绛纱单衣，白纱中单，皂领、褾、裙，白裙襦，亦裙衫也。革带，钩觿，假带，曲领方心，绛纱蔽膝，袜，舄，剑，珮，绶，一品已下，五品以上，陪祭、朝飨、拜表大事则服之。七品以上，去剑、珮、绶，余并同。

《新唐书·车服志》记载：

具服者，五品以上陪祭、朝飨、拜表、大事之服也，亦曰朝服。冠帻，簪导，绛纱单衣，白纱中单，黑领、袖，黑褾、襈、裾，白裙、襦。革带金钩觿，假带，曲领方心，绛纱蔽膝，白袜，乌皮舄，剑，纷，鞶囊，双佩，双绶。六品以下去剑、佩、绶，七品以上以白笔代簪，八品、九品去白笔，白纱中单，以履代舄。

皇帝和皇太子的朝服是有固定配置与名称的，而群臣的朝服是根据官品高低不同而有所变化。

一般头部有冠帻、玉簪导装饰，身穿浅红色单衣，内衬白纱时衬袍，黑色的领缘、袖端、衣襟、裙裾，下穿白色的裙（视季节而定或白色的夹絮裙）。搭配革带，饰金钩、假带，曲领方心，绛纱蔽膝；足服白色袜子，黑色皮舄；身佩剑、纷、鞶囊、双佩、双绶等组成。这一般是五品以上官员陪祭，其他官员朝飨、拜表、等大事大典时的服饰。不过品级不同会有一些取舍。诸如六品以下去剑、佩、绶；七品以上要簪白笔；八品、九品去白笔、白纱中单，以履代舄。白笔簪于冠前，长度有五寸（14.8 厘米），簪白笔因此成为文官的象征，此风在宋明仍有流传。

三、品级昭彰的公服

公服，亦名从省服。其作用一部分与朝服相同，区别在于“礼重者用朝服，礼轻者用公服”（参见《唐会要》）。另外，公服也是官员坐堂办公的主要制服。

皇帝的公服有:武弁、弁服、黑介帻、白纱帽、平巾帻、白帢，其中太宗又创制翼善冠，于每月初一、十五视朝时使用。

武弁，和通天冠很相像，只是帽冠上附有紫貂尾、蝉。在图像资料中也没有见过皇帝戴武弁的例证。据孙机先生考证，隋唐时代的武弁已转变成笼冠，是皇帝近侍的冠戴，可见此处所谓皇帝的公服武弁也仅为“具文”。

弁服是皇帝每月初一视朝时的公服。头戴用鹿皮缝合而成的如两手相合状的帽子，帽子上有攀以固帽，上饰 12 颗玉珠。加玉簪以固发，上身穿绛纱袍，下身穿素色裙裳，装饰白玉双佩，革带上装饰小鞶囊皮包，内盛小双绶。白袜，乌皮履。

黑介帻，是皇帝拜陵的公服。没有冠帽上的装饰，白纱单衣，白色的裙（襦），革带、素袜、乌皮履。南北朝以后，黑介帻与平巾帻的外形趋于一致，皇帝也很少再穿，成为文官的公服之一。

白纱帽，乌纱也可制此帽。配白裙（襦）、白衫、乌皮履，是皇帝的公服之一。但唐服令中备有白纱帽，不过是沿袭《周礼》的传统而已，皇帝戴白纱帽的实例非常罕见。

平巾帻，是皇帝乘马时穿的礼服。白恰是皇帝参加大臣葬礼时的礼服。不过，这两种服装和通天冠以下的各服一样，皇帝很少有真正穿着的机会，唐服令中之所以记载它们，完全是出于对周礼传统的尊重，并没有考虑其实用性。

太子的公服是公服远游冠。自永徽以后太子的公服只有远游冠和进德冠两种。公服远游冠，簪导以下部分与朝服远游冠相同。绛纱单衣、白裙襦、革带、金钩觹、假带、方心、纷、鞶囊；长六尺四寸，广二寸四分，色同大绶；白袜，乌皮履。五日常服、元日、冬至受朝则服之。除此之外，自永徽以后，如果乘马，皇太子则一定服进德冠（参看图 3-3）。所谓的进德冠又有两种不同的配置，一种用白练裙（襦），另一种用袴褶服相配。若服袴褶服，则与平巾帻通用。

群臣的公服比朝服更加简单，穿着场合也相对扩大。

《旧唐书·舆服志》记载：

公服，亦名从省服。冠，帻，缨，簪导，绛纱单衣，白裙襦，亦裙衫也。革带，钩艓，假带，方心，袜，履，纷，鞶囊，一品以下，五品以上，谒见东宫及余公事则服之。其六品以下，去纷、鞶囊，余并同。

《新唐书·车服志》记载：

从省服者，五品以上公事、朔望朝谒、见东宫之服也，亦曰公服。冠帻缨，簪导，绛纱单衣，白裙、襦，革带钩，艓，假带，方心，袜，履，纷，鞶囊，双佩，乌皮履。六品以下去纷，鞶囊，双佩。三品以上有公爵者，嫡子之婚，假絺冕。五品以上子孙，九品以上子，爵弁。庶人婚，假绛公服。

朝臣的公服有冠帽、帻巾、帽带、簪导、绛纱单衣，内衬白纱单衣，黑色的领缘、袖端、裙裾，白色的裙（视季节而定或夹絮的襦裙），革带、金带钩、假带、方心、袜、单底鞋，背后加纷带装饰，皮腰包。公服是一品至五品官员谒见东宫及其他公事时的制服,一般办公时的重要场合都可着公服。公服与朝服基本相同，只是不系蔽膝,不加黑领,不穿白纱内衬袍,也不佩剑、玉佩和绶带。

值得注意的是"方心曲领"，这是官员制服上的一种领项饰。有些学者根据《隋书·礼仪志》中"曲领，案《释名》，在单衣内襟领上，横以雍颈。七品已上有内单者则服之，从省服及八品以下皆无"的记载,认为"曲领"就是雍颈圆领的意思,但却忽视了"曲领"前"方心"的存在，"方心曲领"是一个整体，不能拆开了理解。在唐代祭服、朝服、公服中虽没有见到方心曲领的具体形象，但在宋人的传世写真中，却可多见方心曲领的形制。此像（参看图3–4）是宋人为范仲淹先祖唐名臣范履冰所作的写真。其头戴进贤冠、上有三小金附蝉，帽额上有金花，身穿交领袍，脖颈处有方心曲领的装饰。另外，对于允许佩戴各种珮和绶的官员，一般都双绶，除正一品佩双玉环珮之外，其他官员按品级单佩或无佩。一品佩山玄玉，二品以下、五品以上，佩水苍玉，六品以下没有佩玉。

绶按品级不同佩戴的方法也不同。亲王纁朱色绶带，四种颜色编织，有赤、黄、缥红、绀红。镶边及底色为朱红色质地，浅红色纹饰，长一丈八尺，二百四十首，宽九寸；一品官苍绿色绶带，四种颜色编织，有绿、紫、黄、赤。镶边及底色也是绿色质地的材料，长一丈八尺，二百四十首，宽九寸；二品、三品紫色绶带，三种颜色编织，紫、黄、赤。镶边及底色为紫色，长一丈六尺，一百八十首，宽八寸；四品青绶，三种颜色编织，青、白、红。镶边及底色为蓝黑色质地，长一丈四尺，一百四十首，宽七寸；五品黑色绶带，两种颜色编织，青、绀。镶边绀红质，长一丈二尺，一百首，宽六寸。自王公以下皆有小双绶，长二尺六寸，色同大绶而首数只有绶的一半。

有佩绶者则一定还要在背后戴纷，皆长六尺四寸，宽二尺四分，各随绶色。除绶和纷之外，唐官员还戴鞶囊，鞶囊外表有纹饰，二品以上用金缕，三品用金银缕，四品用银缕，五品用彩缕。

以上提到的文官，七品以上穿朝服的文官一律簪白笔，武官则不簪。以上提到有舄和履的地方，除非特别注明颜色，否则一律用乌黑色、舄为双层皮底，两层中间夹一层蜡，目的是为了穿着者在长久站立时防潮、防湿；履单层皮底，不具防潮功能，所以是低级礼服的配装。所有勋官及有爵位并任职事官的官员、散官、散号将军同职事，其正式的冠带是其散官本品的官服，出外任职则用其职事官的品级服。已经退休的官员和因为其他正当理由离职的官员，被皇帝召见时，都穿着从前在职时的公服。

武官在宫中站班时，所穿的公服式样也是最适宜其身份的，具有一定的实用意义。它包括平顶的巾帻、发簪，具有金玉饰物的冠、裲裆外衣、褶衣、长裤、靴与革带等。长裤采用白色。褶衣分为浅红色、紫色两种，五品以上官员穿紫色，五品以下穿浅红色。如果文官乘马陪伴皇帝出行,也要穿与上述服装相似的衣物，只是不穿裲裆。

另在九品之外还有低级官吏和政府办事人员，当时称作视流内起居与流外两种品级。上述低级官吏与一些非职事官、散官都属于这两种类型，唐政府对于他们的礼服也有具体规定。视流内起居的地方府吏们戴武弁、束平巾帻；而视流内起居的中央吏员们则戴一梁进贤冠、黑介帻；其他服装与相应的流内正品官员相同。视流内起居的官员拜见主事的上司时，不戴冠弁，穿白纱单衣，黑皮履。流外官员中，相当于三品以上的戴黑介帻，穿红色公服，加戴方心，腰束革带与假带，穿袜和黑皮履。相当于九品以上的流外官员穿窄袖的红色公服，没有方心和假带，其他的衣着与上面讲的流外官相似。地方上县、乡两级吏员穿的公服，与九品以上流外官员的公服相似。此外，一些没有品级、只是在官府中执役的人员，戴平巾绿帻，穿浅红色的上衣与青色大口裤。

国子、太学、四门在学学生朝参时，则服黑介帻，有簪导固帻，深衣、青色领、袖、革带、乌皮履。取《诗经》中“青青子衿，悠悠我心”的意蕴，学生的礼服款式采用深衣制，意即上下连属，不存在上衣下裳异色的情况，因为读书时没有功名，衣裳颜色以白色居多。另外，无论衣裳何种颜色，领子、袖端都要用青色。未成年的学生进学参加涉礼活动时则梳双童髻，戴空顶黑介帻，从身体发育和身量考虑，不束革带。

书算学和地方州学、县学的学生参加活动时，戴乌纱帽，穿白裙襦,也是青色领袖。需要注意的是以上服装并不是学生的校服，而是学生的礼服。换言之，学生日常学习中，并没有类似现代学校教育中的校服问题。

最后外官拜表受诏时，本品无朝服者，朝见时穿和太学学生相同的服饰，乌纱帽，白裙襦，青领。其余公事及初上，并公服，这种规定无疑抬高了太学、国子学和四门学诸生的身价。

总之，上面所说的品级都是按官员们的散官品位为依据的。在唐代严密复杂的官僚体系中，正如《新唐书·陆贽传》所说：

故锡货财，列廪秩，以彰实也；差品列，异服章，以饰虚也。居上者达其变，相须以为表里，则为国之权得矣。案甲令，有职事官，有散官，有勋官，有爵号。其赋事受奉者，惟职事一官，以叙才能，以位勋德，所谓施实利而寓虚名也。勋、散、爵号，止于服色、资荫，以驭崇贵，以甄功劳，所谓假虚名佐实利者也。

陆贽对官员的散职如何影响服制的情况详加解释，并对各个序列在服制中所起的不同作用也做了说明。譬如“勋、散、爵号，止于服色、资荫，以驭崇贵”。

有关朝服、公服的具体式样，征之图像资料，在《步辇图（局部）》（参看图 3–5–1）、《客使图》（参看图 3–6）中可见。《步辇图》描绘的是吐蕃的求亲使者禄东赞进宫求见，与乘坐步辇出行的太宗路遇时的情形，像照片一般定格了历史那一瞬间所有人的衣着和神态。禄东赞一行三人，并排前行，除中间的禄东赞之外，图像左侧的是宫内内侍，右侧的是鸿胪寺官员。鸿胪寺官员头戴幞头，身穿绯色圆领加襕袍，腰系革带，革带上挂鱼袋，足服皂色靴，手捧笏板。这套衣饰符合上述舆服制度中的官常服的规定，可见此次会面并不正式。但画家高超的技艺使一位躬身前行、谦恭干练的四五品官的形象跃然纸上（参看图 3–5–2）。

章怀太子墓道《客使图》描绘的是中宗皇帝为其兄雍王李贤迁葬时所举行盛大的“发哀临吊”的场面。活动中有大批外国使节和四夷酋长参加谒陵吊唁，因为有上述人员参加活动，唐政府相应则会派鸿胪寺官员参加接待。所以在画面中，站在身着各种异邦服装的外国使臣前面的是三位身着高贵华丽礼服、雍容大气的唐朝官员。他们身着宽身大袖的绯色上衣，在领口与袖口上都缘有宽宽的黑边，外衣的领口内露出白色中单的领边；下身穿白色及地下裳，裳裙的下摆加缀了有细密折裥的黑色裙裾；腰间系带，腹前垂下又窄又长的蔽膝；腰后拖着彩色菱纹绶带，足着黑色笏头履；头上戴着黑色的介帻，外面还罩着透明黑纱制的武弁大冠。

这样一套完整精细的朝服图案，与上述舆服制度中朝服的记载基本相符，甚至还可以从他们头戴武弁、腰佩绶带、前系有蔽膝、背后垂纷等特点，推断出这是穿着朝服的高级官员。这也符合“凡诏葬大臣，一品则卿护其丧事，二品则少卿，三品丞一人往。皆命司仪,以示礼制”(《旧唐书·职官志》)的制度。李贤为雍王一品，理应“卿护其丧事”，按唐职官制度规定“卿一员，从三品。少卿二人，从四品”。从三品，根据《武德令》服令中对朝服的规定，一品官以下、五品官以上，皆服绛纱单衣，内衬白纱单袍，画中人物的服色基本符合这一制度要求。至于有人认为,《武德令》令文中已规定“三品已上，……其色紫”，贞观四年（630 年）以后，唐服令再次强调一品至三品服色已改紫色。李贤迁葬是在神龙二年（706 年），似乎《客使图》中唐官员的服色与官职不符。至于画中人物服色为什么呈绯色而不是紫色，主要原因如下几点:第一，无论是武德四年（621 年）颁布的服令还是贞观四年（630 年）颁布的服令，所谓的“官品服色”都是针对官常服而言的制度，并不涉及祭服、朝服和公服的服色。第二，这或许和壁画使用颜料有关。迄今为止，并没有看到唐出土壁画中有紫色的痕迹。这种不正常恰恰说明了紫色作为一品上色的原因——紫色以间色居上位，是因为自然界缺乏壁画使用的固体染紫材料。纺织物通过紫草染紫，但紫草染紫需要煮染并要添加媒染剂；壁画染紫既不能加热，又容易氧化，是故紫色人力不易常得，所以被世人看重。

在宋人游师雄描摹的阎立本《凌烟阁功臣图》中介绍了唐代凌烟阁功臣形象。虽然现在我们能看到的只是其中萧瑀、魏征、李勣、秦叔宝等四人画像的拓本，但这四人中间有一人身着全套朝服，他所穿的衣服与章怀太子墓壁画《客使图》中官员的衣装相近，只是身上多了佩剑和玉佩，从而构成了一套完整的朝服式样[①]。不过《客使图》反映的是鸿胪寺官员在参加凶礼接待时的情形，虽然没有表现具体接待地点，但从穿着情况来看，应该是迁葬举礼的地方，显然不便带兵器。

在考古活动中出土有大量官员形象的陪葬俑人，譬如陕西礼泉县兴隆村李贞墓，出土了一批精美的三彩俑，其中有一件文官俑、一件武官俑，都塑造得栩栩如生。文官俑头上戴一梁进贤冠，上身穿绯色交领阔袖衣，衣长掩臀，领、袖有青色镶边；下身穿白色大口裤裳，腰系同裳色的帛带，手持笏板（参看图 3–7）。除此之外，在礼泉县的另一处昭陵陪葬墓中，郑仁泰墓出土的文吏俑身上也可以看到（参看图 3–8）：头戴平巾帻，身穿大袖褶衣，衣上再加名曰“假裲”的方帛添胸，白色大口裤，云头履。即便使用黏土材料造像，制作文官俑的工匠们仍然为其制作了白色中单、方帛添胸的细节，令观者明白被称为假裲的原因。可见，制作者严格遵照舆服令的制度规定，制作了这些陪葬的俑人。根据以上细节反映，再结合《舆服志》的记载，我们可以肯定这两件俑人的穿着反映的是低级文官的公服。

李贞墓的另一件武官俑，头戴鹖冠，身穿立式交领，长可掩臀的大袖襦，白色大口裤，手持笏板。值得注意的是这顶鹖冠，在巾帻正面正中镶嵌了一只立体鸟饰——鹖鸟，与整个冠帽比较

① 金维诺：《〈步辇图〉与〈凌烟阁功臣图〉》，《文物》1962 年第 10 期。

起来显得尤其巨大，似悬在半空的鹖首鸟瞰猎物，对于武官而言，是暗示也是激励（参看图 3-9）。独孤思敬墓中出土的另一件陶俑上也可以见到鹖冠的样子，鹖生性好斗，是武官的徽识，这种冠饰在五代以后逐渐绝迹。

唐代的祭服、朝服、公服在实际执行中，因其礼节繁琐，不仅不方便穿着，而且穿着时也不便行动，前文已提到天子诸服“虽在于令文，不复施用”。至开元十七年（729 年），玄宗朝拜五陵，只穿平时的素服而已。朔、望常朝，也用常服。连太宗发明的朝服翼善冠服自此以后也被废弃了。皇帝礼服逐渐常服化的趋势，在开元年间彻底完成。朝臣的祭服、朝服、公服在实际执行中也屡有调整。初、盛唐时，朝服、公服多用袴褶服取代，中、晚唐因时局动荡，中央官吏的礼服与唐前期相比较存在三种重要变化：一、礼服常服化[1]。这一点从《册府元龟》卷 60、61 之《立制度》所立衣服制度的具体内容中可以得到印证。唐中后期的衣服制度基本没有涉及官服内容，大量的诏敕和议论主要涉及的是常服的制度。官常服在盛唐末、中晚唐彻底取代祭朝公三服的作用和地位，成为政治生活和日常生活中最重要的制服。二、常服制度完备化。这一点从下文“官品服色”在中晚唐的发展可见一斑。三、常服以散官论品级的方法逐渐向以职事官论等级过渡。元和十二年（817 年）六月，太子少师郑余庆奏：“内外官服朝服入祭服者，其中五品，多有疑误，约职事官，自今已后，其职事官是五品者，虽带六品已下散官，即有剑佩绶，其六品已下职事官，纵有五品已下散官，

① 此处的常服指官常服。有关官常服的具体内容，另叙。

并不得服剑佩绶。”（见《唐会要·章服品第》）郑余庆的这个奏章交代得非常清楚，六品及其以下品级的职事官，纵然有五品（及其以下）的散官品位，仍然不能带剑佩绶，而五品职事官纵使散品在六品以下，仍然可以带剑佩绶，这至少证明元和年间，职事官的官品在服制中地位已明显提高。四、场合分等渐被品级分等取代。唐前期依场合不同施行祭服、朝服、公服、官常服四种服饰等级分类，这里的场合主要是指该场合的典礼性。到开元十七年（729年）以后，自皇帝始，所有官员祭祀、常朝、随祭皆服官常服，依场合差异论服等的制度不再重要，官员的品级逐渐成为政府各项活动中唯一区别服饰等级的准则。此时，地方长官的礼服也有变化，随藩镇割据局面的形成，地方长官身份中的军事色彩加重。地方刺史谒见观察使、兵马使谒见节度使、低级节度使谒见高级节度使，以及节度使谒见宰相或朝廷使臣时也放弃了散官品序中的礼服等级，改穿戎服——櫜鞬服，櫜鞬服也成为地方长官的主要礼服。

冕服、朝服、公服是唐代礼服制度的主要内容。综观古代世界，没有任何一个国家有如此精密严格的官服制度。隋唐的中国皇帝们不仅为自己的臣民制定了严格的服饰制度，而且还在对外文化交流过程中将此种服饰等级思想广播四方，形成了一个以长安为中心的唐服文化圈。

四、官品服色

（一）官品服色制

官品服色就是用官员制服的颜色作为区分社会成员身份贵贱、官位高低的手段。在唐代这个制度主要针对官民常服。

从文献记载可知，自先秦至隋唐，中国古代的先民很早就已经开始用颜色的“正”与“间”来区分尊卑贵贱。赤、青、黄、黑、白是五种正色，其他需要两次染或多次染的颜色都被称为间色。《论语·乡党》中记载："红紫不以为亵服。”古时大红色（赤）为“正色”，是很尊贵的颜色。“紫”虽不属正色，孔子也“恶紫夺朱”。但紫色因为对染料提纯工艺、印染技术要求高，也成为贵族们青睐的上色。上色、正色是吉色，不能用之制作亵服、内衣、衬里等物件，它是贵族用来制作礼服、外衣在祭祀、婚仪等正式场合穿着的颜色。只是这一时期的服色主要用来区分贵庶、正式与非正式，还未形成以服色论等级和论官职高低的等级序列。隋唐以后，以服色论等级的制度被高度强化，服色因官员地位、职业不同而不同，下不得僭上，上可得拟下。公卿高官衣着朱紫，荣宠显赫，下级官吏身衣青绿，工商、皂隶、贩夫屠夫身穿白衣，各安其分。地位高者占有的颜色也多，地位卑下者占有的颜色也少，这也就是通常所说的“官品色服”或者“品色衣”制度。

隋大业元年（605 年）规定，五品以上的官员可以通穿紫袍，六品以下的官员分别用红、绿两色，小吏用青色，平民用白色，而屠夫与商人只许用黑色，士兵穿麻黄色衣袍。但隋《大业令》在具体执行中只具空文，据《香祖笔记》记载，“隋时天子及贵臣多著黄纹绫袍、乌纱帽，百官皆著黄袍及衫，出入殿省”。可见，隋代的服色制执行并不严格。

到武德四年（621 年）颁布《武德令》时，唐服饰礼仪制度因袭隋制，但又有所创新，规定天子宴服，亦名常服，亲王及三品以上“其色紫”，四品、五品“其色朱”，六品、七品“其色绿”，八品、九品“其色青”，流外官、庶人、部曲、奴婢“色用黄、白”。这个规定非常明确天子和群臣的“常服”，并不包括祭、朝、公三服，这层意思在《唐会要·章服品第》中表达得更加明确:“贞观四年(630年)八月十四日诏曰:“冠冕制度，以备令文，寻常服饰，未为差等。于是三品已上服紫，四品五品已上服绯，六品七品以绿，八品九品以青，妇人从夫之色，仍通服黄。”因为冠冕服饰已有较完备的制度，而官民常服则因为官民款式相同没有等差要求的限制，所以要定制度，而这个制度在贞观四年(630年)以前的唐服令中主要以服色为衡量标准。一年以后(贞观五年八月)，太宗再次完善了这个衡量标准，在服色之上又增加了服装的质地作为衡量标准，“敕七品以上，服龟甲双巨十花绫，其色绿。九品以上，服丝布及杂小绫，其色青”。太宗此次对服装质地的规定，以七品以上为一等级，显然不能满足实际需要，于是在以后的历史进程中，后世的唐代君主不断的修订和增补，在龙朔二年(662年)九月，司礼少常伯孙茂道提出异议，向皇帝上奏称:“准旧令，六品七品著绿，八品九品著青。深青乱紫，非卑品所服，望请改。六品七品著绿，八品九品著碧，朝参之处，听兼服黄。”此建议被高宗采纳。上元元年(674年)八月，高宗又“敕文武官三品以上服紫，金玉带十三銙;四品服深绯，金带十一銙;五品服浅绯，金带十銙;六品服深绿，七品服浅绿，并银带，九銙;八品服深青，九品服浅青，并鍮石带，八銙;庶人服黄铜铁带，七銙”。这一规定内容极其详细，在不到半年时间之内，不仅使九品之内官品服色各异，而且还通过服装材质上的花纹、图案和佩带材料、形状、装饰等，将所有社会成员的等级身份都显示得清清楚楚，从此正式形成由赤黄、紫、朱、绿、青、黑、白七色构成的颜色序列，成为帝制时代社会等级框架的主要标志。此后宋、明承袭，成为帝制时代的典范。“红得发紫”一语即出于此。由红转紫本来只是隐喻即将到来的升迁，以及三品之内朝廷大员的荣华富贵，本无贬义，但在后世的使用中，将其当作反语，遂有了讥讽之意。

这一制度，初创于武德、贞观年间，完善于咸亨、上元年间，武周以后则针对不同情况，给予修订。比如在文明元年（684年）七月五日诏：“八品已下，旧服青者，并改为碧。”到唐中后期，随着散官地位的下降，职事官地位的提高，服色发生了重要变化。这种变化主要集中在通过大量使用依职事官品级来“赐绯”“赐紫”的办法，弥补因散官晋升混乱所产生的社会问题。所以这时对“官品服色”的修订已不再过多关注服色，而是把注意力更多放在佩饰和服饰用料的区别上。不仅如此，而且还以《礼部式》为依据，对违反服色规则使用者进行法律惩戒。《唐律疏议》中提到“依式规定：违式文而著服色者，笞四十”，服制规定有严格的法律保障。在宣宗大中年间（847—859年），一个叫牛藂的人，在任拾遗、补阙五年后，要被外放睦州任刺史，因为平素对朝政和朝臣有看法时经常密奏宣宗，所以宣宗对他有比一般朝臣更多的了解和关注，于是在履新辞京廷谢时，特意在私下里询问，外放是否是因为密奏被宰臣打击报复的结果？想来这一刻宣宗有为牛藂出头的打算，但牛藂不仅否认有打击报复存在，还很高兴地认为这是上级朝臣对自己能干的奖赏，本来还对宰臣心有不满的宣宗立刻高兴地要赏赐新刺史紫服，牛蘩在退谢前婉辞说:“臣所衣绯衣，是刺史借服，不审陛下便赐紫，为复别有进止？”上遽曰 :“且赐绯！且赐绯！”（见 :《东观奏记 · 牛蘩任睦州刺史》）

这个故事中的牛蘩豁达明智、宣宗李忱睿智大度，二人共同维护了制度。在大中年间（847—859 年）“上慎重名器，未尝容易，服色之赐，一无所滥”(《东观奏记 · 唐宣宗慎重服色之赐》)。可见自安史之乱以后，服饰制度并没有随着唐国力的衰落而松懈，而是更加严格和完备。这与我们以往对制度优劣变化的趋势可见认识不符，形成这一局面的原因也不难理解。唐自开元以后在制度层面有很大的变化，现代史学家认为正是这种制度上的变化，给唐中央政权的稳定性和持久性带来了深刻的危害，使唐帝国经受不住“安史之乱”的军事打击，从此一蹶不振。这个结论使大多数人认为唐代中后期的制度变化是由有序向无序发展，是由好变坏。但现代史学家却刻意忽视了唐中后期自皇帝到各级官吏对维护统治稳定性和持久性所做的努力，这些制度的缔造者在制定政策与制度时态度积极、深思熟虑，完全值得肯定。因为更为复杂的综合因素，使得最后的结果积重难返，形成大势所趋的无奈。在阶级社会中等级制不可能消失，但像中国古代以服饰论等级的制度，如此具体而微恐怕世界仅见。自隋开始以服色论等级之后，唐发展至以服饰材质、佩饰及材料论等级，发展至明代，到了极致。《明史 · 服志三》中写道连官服袍离地多高、武官是否可以戴雨笠进城都有严格的制度规定。这对生活其间的各级官员而言，服饰分等的制度越完备，意味着对制度参与者的心灵戕害也越严重，正如白居易所作《初著绯戏赠元九》："晚遇缘才拙，先衰被病牵。那知垂白日，始是著绯年。身外名徒尔，人间事偶然。我朱君紫绶，犹未得差肩。"连白居易这样的智者都被代表名利的服色所牵绊，不能免俗。

（二）赐服和借服

因为服色"上得兼下，下不得僭上"，所以，下品如想服上品的服色，就必须有一个"被赐"或"借用"的过程，只有经过这个被赐的转变才能下品服上色。所以在唐代官品服色中还有借绯、赐绯、赐紫等名目。

唐前期的赐服或借服，通常发生在官员出京外任或做使臣、低级官员受特殊恩宠等情况。《朝野佥载》卷二中记载，吉顼揭发酷吏来俊臣"俊臣聚结不逞，诬构贤良，赃贿如山，冤魂满路，国之贼也"的罪行，于是"除顼中丞，赐绯"。吉顼不仅被升官还被赐绯色服，这是唐前期比较典型的赐服方式。这时的赐服色和借服色的情况相对都较少，以武周朝的朱前疑为例：朱前疑长相丑陋，人品低下，喜投机拍马。散官品级低下，只能着绿，但他善于投武则天所好，"上书云'臣梦见陛下八百岁'，即授拾遗，俄迁郎中。出使回，又上书云'闻嵩山唱万岁声'，即赐绯鱼袋。未入五品，于绿衫上带之，朝野莫不怪笑。后契丹反，有敕京官出马一匹供军者，即酬五品。前疑买马纳讫，表索绯，上怒，批其状'即放归丘园'，愤恚而卒"（《朝野佥载》卷四）。朱前疑献媚得赐绯鱼带，但却只能配穿绿衫，被大家耻笑。后得知京官献马即可得升散官五品，穿绯色官服，于是买马贡献，并上表索要绯服。但英明如武则天又怎能让这样的宵小得偿所愿，在他的上表上批示“马上放归田野”，以一种极度轻蔑的态度回应了他的投机。所以，希望拿国家制度作交易的朱前疑只落得“愤恚而卒”，还算有些气性。不过据此我们可以看到，初盛唐的服饰制度完备，对于赐服色的制度规定，在实际执行中即使是皇帝也能较为严格地遵守。

唐代的“赐服”“借服”等形式是对以散官品级为制定基础的“官品服色制”的补充。这一特点，在唐中晚期，尤其是在职使差遣制度发生变化后得到充分发挥。由于散官的升迁制度混乱，职事官地位提高，许多官员拥有高于散官品级的职事官的地位，如再以散官品级为服色制定标准，势必会产生一批着低级品色官服的官员活跃于朝堂的局面。譬如傅游艺以鸾台侍郎（正四品职事官）入相而着绿，张嘉贞为中书令（正三品职事官）而着绯，赐绯、紫之制就显得非常重要，以致“游艺期年之中历衣青、绿、朱、紫，时人谓之四时仕宦”（《资治通鉴·唐纪·天授元年》）。

以白居易为例，他生于代宗大历七年（772 年），卒于会昌六年（846 年），一生历经代宗、德宗、顺宗、宪宗、穆宗、敬宗、文宗、武宗八朝。他的官服服制的变化囊括了唐中后期主要服饰政策的变化，可以作为唐中后期服饰制度变化的典型案例来考察。白氏少年时读书刻苦，贞元十六年（800 年）中进士。贞元十九年（803 年）春，参加吏部铨选，与元稹同举“书判拔萃科”，自此进仕取得出身，授秘书省校书郎。元和元年（806 年），罢校书郎，撰《策林》75 篇，登“才识兼茂明于体用科”，授县尉。元和二年（807 年）

回朝任职，十一月授翰林学士，次年任左拾遗。元和五年（810年），改京兆府户曹参军。元和十年（815年），因率先上疏请急捕刺杀武元衡凶手，被贬江州（今江西九江）司马。元和十三年（818年），改忠州刺史，元和十五年（820年）还京，累迁中书舍人。长庆二年（822年）外放，先后为杭州、苏州刺史。文宗大和元年（827年），拜秘书监，大和二年（828年）转刑部侍郎，大和四年（830年），定居洛阳年。后历太子宾客、河南尹、太子少傅等职。会昌二年（842年）以刑部尚书致仕。75岁病逝。白居易的这一生，从出身①到元和十五年（820年），一直是散官品级里的最低级，九品"将仕郎"。在这个级别白居易一直待了16年。此后在短短的三年内从正六品升为正五品，长庆元年（821年）升正六品的"朝议郎"，长庆二年（822年）升从五品下的"朝散大夫"，长庆三年（823年）升正五品的"朝议大夫"。大约三四年以后，大和元年（827年）再次升为从四品的"中大夫"。此后直到开成五年（840年）他致仕②前两年，仍然是"中大夫守太子少傅"，也就是白居易在从四品的散官品级上又待了13年。从白居易的经历可以看出，唐中后期官员散品进阶过程较为混乱。这就使服色依散官品级而定的制度无法通畅实施。于是在唐中后期大量使用了依职事官品级来"赐绯""赐紫"的办法。

① 唐取得官员任职资格的人，被称为得"出身"。
② 唐官员退休称为"致仕"。

表3-1：白居易的主要官职与官服服色

时间	事由	职事品级	散官品级	服色	备注
大历七年（772年）	出生				
贞元十六年（800年）	中进士	并未被立即授官			
贞元十九年（803年）	参加吏部铨选，与元稹同举“书判拔萃科”	授秘书省校书郎	将仕郎从九品下	青	
元和元年（806年）	登“才识兼茂明于体用科”	授盩厔县尉、集贤校理	将仕郎从九品下	青	
元和三年（808年）		左拾遗	将仕郎从九品下	青	
元和五年（810年）	序满自奏	京兆府户曹参军	将仕郎从九品下	青	
元和十年（815年）	被贬	江州司马	将仕郎从九品下	青	
元和十四年（819年）		忠州司马	将仕郎从九品下	青	始著刺史绯借绯[①]
元和十五年（820年）	调任入京	守尚书司门员外郎，后迁尚书主客郎中、知制诰	将仕郎从九品下	青	
长庆元年（821年）		十月转中书舍人十一月为考策官	朝议郎正六品	绿	

①《旧唐书·白居易传》和《白居易全集》中的年谱有关开元十四年还是十五年赐绯，有一年的差异。

续表

长庆二年（822 年）	希望远离党争	请求外放，先后为杭州、苏州刺史。	朝散大夫从五品下	绯	
长庆三年（823 年）		杭州刺史		绯	
宝历二年（826 年）		复出为苏州刺史		绯	
大和元年（827 年）		秘书监	中大夫从四品下	绯	赐金紫[1]
开成五年（840 年）		守太子少傅	中大夫从四品下	绯	
会昌二年（842 年）		以刑部尚书致仕		紫	

（此表根据《白居易全集》与《旧唐书·白居易传》整理）

从白居易的经历结合其诗文记录来看，可以反映出以下问题：首先，服色以散官品序为基础。虽然元和十年（815 年）白居易的职事官官品已达五品，但仍然是一个散官九品“将仕郎”，故在其诗文中有“江州司马青衫湿”的描述，与制度记载相同，可见散官品级决定官员的服色，同时也反映出白居易生活的中唐以后散官品级升级不畅的情况。其次，从白居易的散官品位的品级变化来看，职事官阶高于散官品级时，在外任职时可以享受“借服绯、紫”的待遇。直到长庆二年（822 年）以后，白居易才有正式穿绯色官服的资格，不过从其诗文中知道，白居易第一次穿绯袍是在元和十四年（819 年）任忠州司马之后。在《初除官蒙裴常侍赠鹘衔瑞草绯袍鱼袋因谢惠贶兼抒离情》诗中有“新授铜符未著绯，

① 这个时间同样也存在宝历二年和大和元年的时间差异。

因君装束始光辉”的记载；其《初著刺史绯答友人见赠》云：“徒使花袍红似火，其如蓬鬓白成丝”。白诗在清人赵翼看来“兼记品服……可抵《舆服志》也”，得到赵翼的认可，可见白氏的诗文记录内容较为详实。《旧唐书·白居易传》有“明年（元和十五年），转主客郎中、知制诰，加朝散大夫，始著绯”的记载，可见在元和十四、十五年（819—820 年），白氏已以将仕郎的九品阶服绯了，虽然制度规定和《旧唐书》的记载以及白氏自己的诗文记载在时间上有三年多的出入，但赐绯的史实真实存在，这种时间上的差异由“借服”规定造成。

据《唐会要·内外章服》记载，开元八年（720 年）二月敕“都督、刺史品卑者，借绯及鱼袋，永为常式”，当时白居易任忠州刺史（五品），职事官品高，但散官官品却属“品卑者”，符合开元八年（720 年）的官服服色借用规定。这条规定在白氏任忠州司马时仍在执行，故白居易此时的着绯是借绯，所以其诗文中有“假著绯袍君莫笑”(《行次夏口先寄李大夫》) 的纪录。元和十五年（820 年）冬，白居易被召为司门员外郎，仍结衔“将仕郎守尚书司门员外郎”，散官品位并没有提升，因此“便留朱绂还铃阁，却著青袍侍玉除”(《初除尚书郎脱刺史绯》)，仍着青袍。所以，当他长庆三年（823 年）51 岁真正具备服绯资格之后，则有“那知垂白日，始是著绯年”(《初著绯戏赠元九》)、“吾年五十加朝散”(《闻行简思赐章服喜成长向寄之》)、“五品足为婚嫁主，绯袍著了好归田”(《酬元朗中同制加朝散大夫书怀见赠》) 等诗句，可见唐服色的制度规定与上文他的经历完全吻合。最后，对于入仕三十年的老臣，职事官阶达四品，散官阶达三品，就可以特许服紫服，以示恩宠。大和元年（827 年），55 岁的白居易拜秘书监，散官为中大夫（从四品下阶），未及服紫阶品，但符合特许的条件，所以皇帝赐服紫以示特典，“紫袍新秘监，白首旧书生”（《新授秘监并赐金紫》）。从此，白居易“勿谓身未贵，金章照紫袍”（《自宾客迁太子少傅分司》），直至去世。白居易这一生，服色经历囊括了唐中后期官品服色制中的所有变化，难怪赵翼会做如是说。

（三）黄袍

自“黄袍加身”使宋太祖登上帝位之后，黄袍和龙袍一样被看作是帝王的象征。但大家不知道的是“黄袍”作为帝王专用衣服，也起源于唐朝的官品服色制。唐代以前的帝王受“五德终始说”的政治哲学影响，更多接受五德终始说所强调的五正色相生相克的思想，以自己的政权所得之“正色”为自己王朝的尚色。比如，《史记·秦始皇纪》中记载：“始皇推终始五德之传，以为周得火德，秦代周德，从所不胜。方今水德之始，改年始，朝贺皆自十月朔。衣服旄旌节旗皆上黑。”秦始皇相信秦克周，应当是水克火，故秦属水德，色尚黑，以黑色为秦王朝的尊贵正色，秦朝的官服颜色、旗帜、戎服、车仗皆以黑色为尚。所以，秦始皇的大礼服的服色也以黑色为主。“故自秦推五胜以水德自名，由汉以来，有国者未始不由于此说”（欧阳修：《正统论》）。自秦以后，由于“五德终始说”理论本身的缺陷，在实际执行中凸显的问题较多。以汉朝为例，据《史记·封禅书》记载：“高祖之微时，尝杀大蛇。有物曰：‘蛇，白帝子也，而杀者赤帝子。’……因以十月为年首，而色上赤。”汉刘邦以赤帝之子斩白帝子为谶纬取得天下，所以汉代后世子孙以火德自居[1]。但刘邦在建汉之初却以“水德”自居（秦也是水德），汉儒认为汉应得“土德”（土克水），但刘向则认为有斩蛇之兆，汉应得“火德”[2]。“五德终始说”自此陷入混乱的理论争论中。本来“五德终始说”流行的原因在于统治者为自己取得政权找到了一种合理的解释，战国邹衍之五运说建立在天人合一信仰之上，其基本理念是金木水火土相互轮替,相承不绝。汉刘歆创立的闰位之说，也无非是为了弥合德运的断层而想出来的补救办法，这是儒家天人思想在政治哲学中的体现。但在经过魏晋南北朝的动荡以至隋唐胡化的侵蚀、改造之后，体现天人合一思想的儒家政治哲学五德终始说，在新的历史时期其自身理论缺陷被现实放大，以至无法自圆其说，宋金以后退出历史舞台。隋唐时五德终始说虽未退出统治者的政治哲学范畴，但也已不再像先秦、秦汉那样受重视。以齐梁、北周为例，据《隋书·礼仪志》记载：

舆辇之别，盖先王之所以列等威也。然随时而变，代有不同。

梁初，尚遵齐制，其后武帝既议定礼仪，乃渐有变革。始永明（483—493 年）中，步兵校尉伏曼容奏，宋大明（457-464 年）中，尚书左丞荀万秋议，金玉二辂，并建碧旂，象革木辂，并建赤旂，非时运所上，又非五方之色。今五辂五牛及五色幡旗，并请准齐所尚青色。时议所驳，不行。及天监三年（504 年），乃改五辂旗

① 刘向认为汉应得“火德”。

② 刘邦认为自己所接替的是周（火德），所以，汉水克周火，不承认秦的合法地位。以贾宜为首的汉儒们承认秦的合法性，所以有汉土克秦水的土德之说。刘氏父子的理论不仅将五德终始的起点由黄帝（土德）改定为炎帝（木德），而且，还将邹衍理论中朝代间相克替代的学说，一变改成相生替代。理论上的混乱最终导致五德终始说无法自圆其说而破产。

同用赤而旒不异，以从行运所尚也。

从这段记载中我们可以看到，齐梁之间，在车仗、旌旗上都是梁随齐制，梁武帝并不认为改政权就要改易正朔、服色。大臣们虽认为碧绿色的旗帜、五色的车驾仪仗“非时运所上，又非五方之色”，但萧梁自认为和齐梁之间有血缘关系存在，所以萧梁在承认萧齐正朔的情况下，建立新政权，却不变正朔，这使齐梁成为中国历史上第一个真正连续同德的朝代。除齐梁之间的这种情况之外，北周的情况也较为特殊。北周承北魏之水德应得木德，但北周的“木德”之应表现得也非常混乱，木德尚青，而北周的服色却尚黑，呈水德之色，据《周书·孝闵帝本纪》记载：

元年春正月，天王即位，柴燎告天，朝百官于路门。追尊皇考文公为文王，皇妣为文后，大赦天下。封魏帝为宋公。是日，槐里献赤雀四。百官奏议云：“帝王之兴，罔弗更正朔，明受之于天，革民视听也。逮于尼父，稽诸阴阳，云行夏之时，后王所不易。今魏历告终，周室受命，以木承水，实当行录，正用夏时，式遵圣道。惟文王诞玄气之祥，有黑水之谶，服色宜尚乌。制曰：“可。”

本来一朝一色，习为定制，到了此时一朝有了两色，以上只是说南北朝五德终始说较为混乱，隋在北周木德的基础上推衍出应得“火德”（木生火），隋文帝在其继位诏书中称：“况木行已谢，火运既兴”。但据《隋书·礼仪志》记载，隋在立国之后，文帝下诏：

“宣尼制法，云行夏之时，乘殷之辂。弈叶共遵，理无可革。然三代所尚，众论多端，或以为所建之时，或以为所感之瑞，或当其行色，因以从之。今虽夏数得天，历代通用，汉尚于赤，魏尚于黄，骊马玄牲，已弗相踵，明不可改，建寅岁首，常服于黑。朕初受天命，赤雀来仪，兼姬周已还，于兹六代，三正回复，五德相生，总以言之，并宜火色。垂衣已降，损益可知，尚色虽殊，常兼前代。其郊丘庙社，可依衮冕之仪，朝会衣裳，宜尽用赤。昔丹乌木运，姬有大白之旂，黄星土德，曹乘黑首之马，在祀与戎，其尚恒异。今之戎服，皆可尚黄，在外常所著者，通用杂色。祭祀之服，须合礼经，宜集通儒，更可详议。”太子庶子、摄太常少卿裴政奏曰：“窃见后周制冕，加为十二，既与前礼数乃不同，而色应五行，又非典故。谨案三代之冠，其名各别。六等之冕，承用区分，璪玉五采，随班异饰，都无迎气变色之文。唯《月令》者，起于秦代，乃有青旂赤玉，白骆黑衣，与四时而色变，全不言于弁冕。五时冕色，《礼》既无文，稽于正典，难以经证。且后魏已来，制度咸阙。天兴之岁，草创缮修，所造车服，多参胡制。故魏收论之，称为违古，是也。周氏因袭，将为故事，大象承统，咸取用之，舆辇衣冠，甚多迂怪。今皇隋革命，宪章前代，其魏、周辇辂不合制者，已敕有司尽令除废，然衣冠礼器，尚且兼行。乃有立夏衮衣，以赤为质，迎秋平冕，用白成形，既越典章，须革其谬。谨案《续汉书·礼仪志》云‘立春之日，京都皆著青衣’，秋夏悉如其色。逮于魏、晋，迎气五郊，行礼之人，皆同此制。考寻故事，唯帻从衣色。今请冠及冕，色并用玄，唯应著帻者，任依汉、晋。”制曰：“可。”

这段文字，告诉我们隋尚火德，服色用赤，但戎服却用黄色，普通人用杂色服。此时戎服用黄，但此黄色却又来历不明，隋文帝给出的理由是周得火德，但却有大旗用白色的史实，曹魏本服土德用黄色，但曹魏的皇帝却有骑黑马打仗的记载，据此证明祭服和戎服可以与应得“德性”不同。这个理由实在牵强，并没有交代隋戎服用黄的原因，但显然与五德终始说没有关系。至平陈之后，隋百官与文帝更是常服皆用黄，“百官常服，同于匹庶，皆著黄袍，出入殿省。高祖朝服亦如之，唯带加十三环，以为差异。盖取于便事”（《隋书·礼仪志》）。这是最早有关皇帝朝服用黄的记载，与隋尚火德没有任何联系。

唐建国之后，依据火生土的五德终始说原理，唐得土德，服色尚黄。而史籍明文记载的唐皇帝朝常服黄纹绫袍，也和五德终始说没有关系。武德初年“因隋旧制，天子宴服，亦名常服，唯以黄袍及衫，后渐用赤黄，遂禁士庶不得以赤黄为衣服杂饰”（《旧唐书·舆服志》）。唐初皇帝使用的是赤黄色，是追随隋旧制的结果，对黄色系的其他黄色并没有严格执行禁服令，散官九品以上官员朝参及视事仍可以服黄色，不加禁止。直到高宗上元元年（674 年），据《唐会要·章服品第》记载：

前令九品已上，朝参及视事，听服黄。以洛阳县尉柳延服黄夜行，为部人所殴，上闻之，以章服紊乱，故以此诏申明之，朝参行列，一切不得著黄也。

因为洛阳县尉穿黄服，夜行被部民殴打，皇帝知道以后，认为黄色君民都能穿，导致服色彰显穿着者身份的功能混乱，此后禁止一切服黄在民间流行。这是最早有关禁止民间服色用黄的记载，这也说明皇帝希望黄色的袍色能使他和臣民之间的区别醒目起来。

黄色，是红、青、黄“染色三原色”①中的原色之一，从色彩学的角度来讲，是三原色中视觉效果最强烈、明度最大的颜色。即使在今天，这种颜色仍被广泛地使用于醒目性标志或危险性标志中，譬如大雾天的交通灯、建筑工人的安全帽、校车等。依据唐人对染色剂的提取和媒染剂的使用，以及多次色（间色）的调配技术的掌握，少府监的工匠们应该已掌握了黄色的色彩学特点，这一点从唐代有关染色机构的设置和其分工精细的程度上也可得到佐证。唐代少府监织染署下有练染作坊，专门负责染色。元和年间大盈库中还设有染坊。据《唐六典·织染署》记载，贞观年间（627—649年）的织染署，下辖25个染织作坊，即织絍作10个，组绶作5个，绣线作4个，练染作6个。其中练染作下又辖六个分坊：一曰青，二曰绛，三曰黄，四曰白，五曰皂，六曰紫，虽言六色，其实可染六个色系，分工极细。这六个分坊的工作就是在一个署令和六个署丞的带领下，“掌供天子、皇太子及群臣之冠冕，辨其制度，而供其职务”，其所使用的染料“大抵以草木而成，有以花、叶，有以茎、实，有以根、皮，出有方土，采以时月”。可见，分工如此明确、技术要求如此严格，不仅对植物可作染料的部分和制作工艺等细节有严格细致的要求，而且还对染料的产地和采摘季节

① 也称为“颜料三原色”或“减色三原色”。

有严格限制。虽然关于三原色的色彩原理少府监的工匠未必能像今天的工业专家那样做出详细、标准的总结，但其原理中的奥妙他们肯定是懂得的，这从唐人对紫色的使用也可得到佐证。紫色是冷色与暖色的混合色，属于间色，本不属于上色，孔子有“恶紫之夺朱”的名句，就是对紫色以间色侵夺红色正色地位的极度不满。唐代却以紫色居官品服色之首，这说明随着五德终始说的衰落，正色地位也随之下降，间色在唐代的地位大大提高。某种颜色是否属于上色，主要取决于染色剂提取的难易程度和染料在印染中技术处理的难易程度，而不再像过去那样以五德终始说的思想作为取舍依据。紫色染料是所有染料中最难于人工提取的颜色[①]，因此归属于上色。唐人对紫色的使用，同样说明唐人对色彩的认识已具较为科学的意识。

隋唐以赤黄为尊的思想，与儒家传统的天人合一理论无关。在经过近400年的民族融合之后的隋唐统治者看来，皇帝的服色一定是当时技术条件下最鲜艳、最明亮的颜色。唐初皇帝使用黄色是沿袭隋代旧制的结果，不过由沿袭到确立也体现了唐皇权高度集中的事实。

五、章服制

章服作为一种制度由来已久，唐继承周汉章服传统并集其大成，形成了独特的官服彰显制度，它是加诸于官服之上，除款式之外的一切以附加佩饰、颜色、质地、图文来彰显等第、辨别贵贱的制度。历代用以“标等第、明贵贱”的具体措施都不相同，周

① 紫色是最难染的颜色，虽然在春秋战国时，齐国已经能染出紫色，但直到唐代才逐渐出现了植物染紫的情况，而且要想染出明亮、耐氧化的紫色，必须多次染整，费工费时，所以紫色价格昂贵。

礼以十二文章章服；汉以佩绶、玉带章服；唐以服色、鱼符、鱼袋、鞶囊等来章服；宋继唐制；明清在历代相沿的基础上使用补子章服。而章服的依附对象也从周的祭服，扩大至汉唐宋的祭服、朝服、公服，明清之祭服、朝服、公服、常服。可见，典章制度的发展，是随着历代官僚体系而不断完善的，到明清时达到了顶峰。

武周时的章服制是唐代变化最多、最能体现唐在服饰史上承上启下的制度。此时的章服不仅包括佩鱼、鱼袋、带、鞊鞢七事、绶、鞶囊、玉佩、剑、服色，还包括官服的质地和纹样。

（一）鞶囊与鱼袋

鞶囊亦称“旁囊”“绶囊”。汉魏时期多用皮革制作，是官吏用以盛印绶的皮囊。多画虎头形象，又称“虎头鞶囊”。隋时，因官员的印信已收归官府收藏，鞶囊标志官员身份等级的特性消失。据《隋书·礼仪志》记载：“今采梁、陈、东齐制，品极尊者，以金织成，二品以上服之。次以银织成，三品已上服之。下以綖织成，五品已上服之。分为三等。”因不再盛放材质坚硬的官印，所以隋代鞶囊不再使用坚固耐用的皮质，而是改用织成料制作，追求通过鞶囊制作过程中的织金、织银工艺达到区别官员等级的效果。

唐在隋的基础上继续发展，不仅综合了汉魏官员佩戴鞶囊储存官印的功能，还结合隋的织金、织银工艺，并将之发扬为富有唐代特色的佩鱼制度，即五品以上官员通过腰际悬挂鱼袋盛放鱼符的方法辨明身份。三品以上用金鱼袋，四五品用银鱼袋，完善了官员身份确认制度。需要注意的是，五品以上官员的佩囊才能称为“鱼袋”，五品以下及宫中内廷需要辨明身份的中人，所佩戴的仍然称“旁囊”或者“鞶囊”。出土的墓道壁画也证明唐代的鞶囊并没有消失。段蔺璧墓道壁画中多名白衣太监腰挂鞶囊、阿史那忠墓道壁画中有太监身穿赤衣、手提鞶囊（参看图 3-10），都证明在内廷宫人中间，需要证明身份时无论男女，都要有鞶囊盛放证明身份的符契。悬挂方式和盛放方式都类似于鱼袋，但因为地位问题，这些宫廷侍从、太监、宫女盛放符契的囊只能被称为“鞶囊”或者“旁囊”，而不能称为“鱼袋”。

唐高宗永徽二年（651 年）开始将五品官员佩戴的鞶囊改称鱼袋，并将证明身份的鱼符放于鱼袋作为标示高级官员身份的物证。五品以上官员鱼袋以金或银为饰，鱼符内刻官职，随时佩戴，用以证明身份。三品以上穿紫衣者用金饰鱼袋称为“金紫”，五品以上穿绯衣者用银鱼袋称为“银绯”。《朝野佥载》卷四中记载：

（朱前疑）上书云“臣梦见陛下八百岁”，即授拾遗，俄迁郎中。出使回，又上书云“闻嵩山唱万岁声”，即赐绯鱼袋。未入五品，于绿衫上带之，朝野莫不怪笑。

朱前疑之所以被嗤笑，是因为他作为穿绿服的低级官员（八九品服绿）本来没有佩鱼袋的资格，获得的银鱼袋也是因为溜须拍马得来，所以引起大家的不满。不满怪笑的是他同时代的人，后世从他的故事中看到的是从高宗朝到武周时期被严格执行的佩鱼制度。即便唐中后期，作为文官等级制度之一的佩鱼制度仍然被严格遵守并执行，在唐中后期，据《东观奏记·唐宣宗慎重服色之赐》

记载：

上（宣宗）慎重名器，未尝容易，服色之赐，一无所滥。李藩自司勋郎中迁驾部郎中、知制诰，衣绿如故。郑裔绰自给事中以论驳杨汉公忤旨，出商州刺史，始赐绯衣银鱼。沈询自礼部侍郎为浙东观察使，方赐金绶。苗恪自司勋员外除洛阳令，蓝衫赴任。裴处权自司封郎中出河南少尹，到任，本府奏荐赐绯，给事中崔罕驳还。上手诏褒奖，曰："有事不当，卿能驳还，职业既修，朕何所虑？"

武周时，因玄武龟形，玄武之武与"武"姓同字关联，于是武氏将鱼袋改为龟袋，鱼符也改为龟符标示高级官员身份。中宗复位后，恢复了佩鱼与鱼袋的旧制，并同时扩大佩鱼的范围，由高宗时的职事五品以上官员佩鱼改为散官佩鱼，到玄宗时更是规定一切检校、试、判、内供奉官均可佩鱼带，且退休后不用交回鱼袋。自此以后，鱼袋就成为唐章服体系中的一个重要组成部分。凡赏赐绯紫服同时也要赏鱼符、鱼袋，基本上成为一种身份地位的象征。

唐官员所佩之鱼符（参看图 3-11），同物料雕刻成的鱼并被分为两半，在分开两半的刨面上，一半上有一阳刻"同"字，另一半上有一阴刻的"同"字，需要符契时，合"同"而验，这就是后世"合同"一词的来历。因每个鱼的物料、模范、手工不同，不同鱼符之间的"同"都会有细小而唯一的差别，只有阴阳两个"同"字能严丝合缝地合成一条鱼，才能证明持鱼者的合法身份，后世的商业“合同”一词即取的是“鱼符合同”的原意。

（二）鞊鞢带

鞊鞢带也属革带的一种。皮革做腰带由来已久，妇好墓中出土玉人腰间已经有革带的象形，只是“鞊鞢带”这种款式的革带是随着中原与北方游牧部族的经济文化交流传播到中原的系扎腰带。以考古发现的陕西咸阳若干云墓出土的北周九环白玉鞊鞢带为例，此带以皮革为鞓，端首缀鐍，带身钉有数枚带銙①，銙上备有小环，环上套挂若干条小皮条，以便悬挂各种杂物（参看图 3–12）。虽然上面悬挂的鞊鞢已经腐坏不见，但从文献以及其他墓葬出土的实物来看，唐代鞊鞢带所挂之物有七种:算袋、刀子、砺石、契苾真、哕厥、针筒、火石袋。

唐以前的革带主要分为四部分：铊头（带头）、铊尾（带尾）、带鞓（皮革带身）、带銙（钉在革带身上的装饰）。唐代的革带分五部分，除了上述四部分之外，还包括鞊鞢（参看图 3–13）。鞊鞢又分两部分：第一部分，悬挂在带鞓上用以挂物的小饰带叫鞊鞢带;第二部分是鞊鞢带上悬挂的各种工具，总体上也可以称为鞊鞢。鞊鞢是音译，但从汉字造字的指意功能性上来讲，“韦”与皮革相关，鞊是皮革质的绳子，鞢是皮革上的环形小洞，以备挂物所用，所以不能读 shè，也与行走和足部无关，不能写作“鞢鞢”或者“蹀躞”。前文已述鞊鞢有七事，但根据个人具体需求不同，也可以多于或少于七种。

北朝末期至唐，通常官员们的官服以带銙的质料、形状、数量、

① “銙” kuǎ，读作“跨”，指带鞓上的一个个或方或圆由玉或金制作的部件，故玉带或金带常以銙质命名。

纹饰等辨别等级。一条带上銙的形状也不尽相同，其造型有方形、圆形、椭圆形及鸡心形等。《老学庵笔记》记载，周武帝曾赐给功臣李贤自己使用过的十三环金带一条；隋文帝平陈以后，服十三环带等。《中华古今注》记："唐革隋政，天子用九环带，百官士庶皆同。"銙的材质有金、银、玉、铜铁等，除此之外，在唐皇帝的赏赐物中还有玳瑁、琥珀、红玉等珍稀材质的带銙。《新唐书·车服志》中记载唐代腰带：一至二品用金銙；三至六品用犀角銙；七至九品用银銙。以后又规定一至三品用金玉带銙，共十三枚；四品用金带銙，十一枚；五品用金带銙，十枚；六至七品用银带銙，九枚；八至九品用鍮石銙，八枚；流外官及庶民用铜铁銙，不得超过七枚（参看图 3-14）。

除带銙之外，带鞓、带头及带尾等也是衡量使用者身份地位的重要组成部分。

鞓就是皮带本身，它是腰带的基础，任何一种材质的带饰，都必须联缀在鞓上。唐人喜用黑鞓，唐末及五代多用红鞓，宋人喜用彩色布帛包裹皮鞓，宋代官庶常服之带多用黑鞓，四品以上官服则用红鞓。因此便有红鞓、黑鞓之称。明清时因帝王服饰多着黄色，朝服之带亦多用黄鞓。带鞓的形制，一般分为两节，身前身后各一节。与今天的腰带设计不同，今天的腰带在腰间缠绕一圈，系扎在肚脐位置，主要注重装饰带头；北周到两宋，包括隋唐的革带装饰都分两部分，身前一节比较简单，仅在一端装上一个带尾，另在带身钻几个小孔。后面一节饰有带銙，两端各装一枚带头，使用时在身体两侧扣合。带头一般多用两个，左右各一。

通常用金属做成，其制繁简不一，有的做成扣式，上缀扣针，有的做成卡式，考究者还在带头上凿刻各种纹饰。

带尾，又称“铊尾”“獭尾”“挞尾”或“鱼尾”。是钉在鞓头用以保护革带的一种装置，以后发展成一种装饰。带尾的材料和装饰均根据带銙而决定，一般有金、玉等。各条腰带通常仅用一块带尾，其造型比带銙略长，一端方正，一端则作成弧形（参看图 3–15）。通常腰带系束之后，带尾须朝下，以取顺合之意，此后历代沿袭此制。

征之实物，1970 年 10 月，在西安市南郊何家村发现了两陶瓮及一提梁罐唐代窑藏文物，除二百七十件唐代金银器皿外，还有迄今为止出土数量、品位最高的一批玉器，仅玉带就有十副[①]。其中有一副伎乐纹白玉带，由方銙 4 块、圆首矩形銙 1 个、铊尾 1 个、半圆形銙 8 块、狮纹半圆銙 1 个，共十六件组成。玉色洁白无瑕，晶莹温润，是唐代玉雕中罕见的精品。此外陆续在陕西各地都有玉带出土，诸如西安丈八沟唐代窖藏中还出土过一副碾伎乐纹白玉带，有方銙 12 块、圆首铊尾 1 个、银带扣 1 个；玉质晶莹，细腻坚硬，为新疆和田白玉制作的精品。这些玉带有一个共同特点，就是做工精细，带銙与铊尾上都有装饰性的精美图案，李贺有诗“玉刻麒麟腰带红”（《秦宫诗》），说的就是在玉銙上刻麒麟纹作装饰的情形。1992 年在长安县南里王村窦皦墓出土一条玉板嵌金宝石带饰共 16 件（参看图 3–16），出土时带鞓已经腐坏，现存带头 1 件，玉环嵌金花宝石带銙 9 件，玉板嵌金花宝石带銙 4 件，带尾一组 2

① 陕西省博物馆革委会写作小组等：《西安南郊何家村发现唐代窖藏文物》，《文物》1972 年第 1 期。

件，在各个嵌金中心镶嵌有宝石一颗，细致处用金丝细缕造型并镶嵌宝石，周围再用扎珠（用细金条点焊出小而均匀的金珠技术）工艺装饰，其造型与工艺能力世所罕见。有学者根据镶嵌红、绿、蓝宝石，以及扎珠工艺，认为此宝带出自于异域，但这种看法忽视了白玉嵌板的使用，用玉是中国人的传统习惯，虽然在环太平洋地区都有用玉的记载，但沿丝路越往西，用玉的习惯也就越淡，从这条玉板嵌金宝石腰带的用料习惯来看，不管使用何种技术，这也是一条以大唐审美习惯而设计制造的腰带。这么说并不是想否定大唐有外来的腰带，现收藏在青海博物馆的一条鎏金西方神人物连珠饰腰带（参看图 3-17）就是随丝路贸易从西域经由商队传入河西走廊的舶来品。

唐文献资料中也有关于腰带的内容，譬如玄宗曾经赏赐宁王一条自己佩戴的红玉带，赏赐岐王缴获自高丽的金玉带等，而且还有一些针对腰带的特殊用词，譬如腰带一条称为“一腰”，犹如今天我们称衣服为“一领”一样;玉銙紧密排在革带上的称“排方”;排得稀疏不紧的，称为“稀方”。王建有诗“新衫一样殿头黄，银带排方獭尾长”(《宫词一百首》),李贺有诗“密装腰鞓割玉方”(《酬答二首》)，入诗的都是玉銙排列紧密的“排方”，可见，排方应该是唐腰带中的上品。

唐五品以上武官有佩鞊韘七事的制度，但据描绘初唐情形的《凌烟阁功臣图》（参看图 3-18）和《步辇图（局部）》（参看图 3-5-1）中所反映的情况来看，初唐官员只挂鱼袋不用鞊韘七事的情况较多。在《凌烟阁功臣图》拓片之二中右手的官员袍带上只挂有鱼袋①,《步辇图》中的吐蕃使者也只佩鱼袋,而不见鞊韘七事。在初盛唐的其他现已发现的墓道壁画中，鞊韘七事大量见于女装胡服，而且挂件数量不限于七事，有多有少，可见鞊韘带七事只是胡服装束的一种配饰，对于官服而言，它的章服功能更多地集中在革带本身。

在唐永泰公主墓石椁线刻着男装侍女，身穿窄袖圆领衫、小口袴，双手捧圆盒，画面中可见，背身而立的她腰带上悬有七根鞊韘带，这幅图对鞊韘七事有清晰描画。另一男装女髻侍女，圆领长袍、花履，腰间佩八根鞊韘带、一个香囊，如加上看不见的左侧面所悬数目，应比八根鞊韘带要多。但也有侍女腰间除挂有香囊外，鞊韘带只有三根，并且一般不在鞊韘上挂东西，只是一种时髦的装饰打扮而已（参看图 3-19）。韦泂墓中侍女则只挂香囊没有鞊韘，可见鞊韘七事在不同的地域时尚有所不同。安史之乱以后，革带的鞊韘因来自于胡服，所以在胡服退出时尚舞台之后，这种装饰风气渐息，至晚唐几乎不在革带上系鞊韘，只把带銙保留下来作为装饰了。

(三)质地与图纹

唐官服的质地、图纹在唐代尤其是武周时被赋予了新的内含，促使章服制内容发生了显著的变化。《武德令》规定：三品以上，大科绸绫及罗；五品以上，小科绸绫及罗；六品以上服丝布，杂小绫、交梭、双紃；流外及庶人服绸、絁、布。贞观四年（630 年）又补充规定："七品以上服龟甲双巨十花绫，九品以上服丝布及杂

① 金维诺:《〈步辇图〉与〈凌烟阁功臣图〉》,《文物》1962 年第 10 期。

小绫……诸位将军紫袍，锦为褾袖。”《武德令》《贞观令》中这些关于服制与袍服纹样的规定，随着滥官、冗官的增多，不得不在武周延载元年（694 年）五月对袍服纹样重新作了全面的规定：左右监门卫将军等饰以对狮子，左右卫饰以麒麟，左右武威卫饰以对虎，左右豹韬卫饰以豹，左右鹰扬卫饰以鹰，左右玉钤卫饰以对鹘，左右金武卫饰以对豸，诸王饰以盘龙及鹿，宰相饰以凤池，尚书饰以对雁。这种富有时代特色的大变动依旧不能满足武周冗官带来的大量需要辨明身份等级的要求。在天授三年（692 年）“内出绣袍，赐新除都督刺史，其袍皆刺绣作山形，绕山勒回文铭曰：‘德政惟明，职令思平，清慎忠勤，荣进躬亲。’”（《唐会要・异文袍》）延载元年（694 年）“敕赐岳牧金字银字铭袍（《旧唐书・舆服志》）”。万岁通天（696 年）中，又赐狄仁杰十二字铭袍。延载三年（696 年），在颁布袍服纹样时，同时并行在背部刺绣铭文的新章服形式，铭文皆八字回文：“忠贞正直，崇庆荣职，文昌翊政，勋彰庆陟，懿冲顺彰，义忠慎光，廉正躬奉，谦感忠勇。”这种新的章服形式，综合《唐会要》《旧唐书・舆服志》的记载来看，应该是绣于前胸、后背，呈方形或山形，有固定的地方，又有具体的形象，且已具备标志等级的功能，这与后世的补子在位置、形状、功能上是一致的。据此作为后世补子的滥觞，不能不承认这是武周时的创举。

武则天时章服内容中关于袍服纹样的变化，是和当时的社会政治、经济的发展变化分不开的。唐以前，绫、罗、绸、絁、丝布作为丝织物中的不同种类，其制造已有很高的水平。唐建国后，制造技术、刺绣工艺、印染工艺都有了较大的提高，唐在武周时还出现了利用多重多色的经线织出花纹的织机。这种织机比较复杂，但操作方便，能织出比以往更繁复的花纹。新技术促使更多富丽美观的绫、罗、丝织物纹样问世。唐以前，绫属单色斜纹织物，因绫呈冰纹故得名“绫”。据《天工开物》记载，“凡单经曰罗地，双经曰绢地，五经曰绫地。凡花分实地与绫地，绫地者光，实地者暗”。绫经纬浮沉的斜纹配列变化在唐时增多，可以织造出更多图案不同、精致、美观的绫织物。这种织造技术的提高，为织物章服提供了物质基础。过去用于官服的本色显花面料显得既不美观也不尊贵，再加之武周滥官现象严重，以往的佩戴鱼（龟）、佩绶、佩玉，在官多爵滥的局势下，不能从根本上起品级区分的作用，于是在匹配当时织造工艺的前提下，重新规定袍服纹样，也是顺势而为。关于对狮子、对麒麟、对虎、对豹、对鹰、对鹘、对豸、盘龙、对鹿、凤池及对雁图案的丝织物在新疆、吐鲁番、敦煌等地遗址都有大量出土，不可以说不是一个明证。这些也在后世朝代皆有延续，如宋代中书、门下、枢密使、节度使及侍卫步军都虞候以上，皇帝、大将军以下则用天下晕锦；三司使、学士、中丞等用簇四盘雕细锦；三司副使用翠毛细锦；六统军、金吾大将军用红锦。金、辽、元以袍服花纹的直径大小区别等级，这都说明唐的章服新内容对后世的影响不容忽视。

六、平民礼服

平民一生需要使用礼服的重要时刻主要有三个重要时刻：一、成人行冠礼；二、成家行婚礼；三、为死者行葬礼。

(一)冠礼礼服

“冠礼”就是唐代男子的成人礼。先秦的男子据《礼记·曲礼》记载:“二十曰弱，冠。”据曹元弼先生在《礼经校注》一书中考证，此处的二十是虚岁，贵族子弟的冠礼应该在他们足十九岁后的一个月举行。但历代男子的成年年龄都会出现一些适应本朝的变化，唐代也不例外。《旧唐书·职客志》记载,武德七年(624年)定令:“凡男女,始生为黄,四岁为小,十六岁为中,二十有一为丁,六十为老。”天宝三年(744年)制:百姓以十八以上为中，二十三岁以上成丁。《唐会要》中记载,广德元年(763年)又制“百姓二十五岁成丁”。由此观之，唐代的成丁年龄大凡三变，高祖时以21岁为成丁年龄，玄宗时改23岁，代宗时又增至25岁。这是法律上的一般规定，实际行成年礼的年龄与成丁年龄又有所不同，应该以16—18岁为唐人的“弱冠”年龄，这一点从均田制的推行情况可以得到证明。唐前期每丁一岁受田法律认定年龄为21岁，但唐律令同时还规定:“凡给田之制有差，丁男、中男以一顷(中男年十八已上者，亦依丁男给)。”(《唐元典·户部郎中　员外郎》)又《唐律疏议·户婚》“嫁娶违律”条略云:“其男女被逼，若男年十八以下及在室之女，亦主婚独坐。”表明唐律令认定男子18岁为成年，所以18岁以下，16岁以上为中男，与丁男一样可以受田，但18岁以下被逼成婚可不承担责任。由此可见，唐代的法定成年年龄应该是18岁(古人喜用虚岁，即以一出生为一岁，此处的18岁，应当是今人习惯中的17岁)。周人的“弱冠”就是唐人的中男，类似现代法律规定中的“限制民事行为能力”的准成年人，冠礼也应该在男子年满

18 周岁时举行。但从唐前期的太子们加冠的实际年龄来看：李承乾 15 岁、李忠 12 岁、李弘 7 岁加冠，太子们的成人礼相较之于普通百姓又有所不同。通过研究发现这主要归因于以下两点：一方面，太子们要承担的家国责任不同于普庶；另一方面，复杂的宫廷政治环境也需要太子们尽快成年，这一点对比李承乾、李瑛与李弘的身世背景就可见一斑。李承乾生活于贞观治世、李瑛生活于开元盛世，所以他们的成人礼都在 15—16 岁时举行，虽不是法定的年龄，但也相去不远。而李弘的身份与武则天的名分紧紧联系在一起，所以李弘行成年礼时只有 7 岁。总体上，唐代平民男子的实际成年时间与今天相仿，具有一定的科学性。

表 3-2：唐太子加冠年龄表

太子	出生日期	加冠日期	加冠时的年龄	材料出处
李承乾	619 年	贞观八年（634 年）	15	《唐会要》
李忠	643 年	永徽六年（655 年）	12	
李弘	652[①] 年	显庆四年（659 年）	7	
李瑛	不详	开元八年（720 年）	从开元 25 年李瑛被陷害处死时年近三十的时间看，加冠时应该 15 或 16 岁	

① 李弘的确切生年学界尚存争议。据《全唐文》中的《孝敬皇帝哀册文》中记载："维上元二年（675 年）夏四月己亥，皇太子宏薨于合璧宫之绮云殿，年二十四，五月戊申，诏追号谥为孝敬皇帝。八月庚寅，转迁葬于恭陵。"据此算来当生于永徽三年（652 年），《新唐书》《旧唐书》均与之相符。《通鉴》则有显庆元年（656 年）"立皇后子代王弘为皇太子，生四年矣"，似可推为永徽四年（653 年），然通鉴比之官方讣文准确性自然不足。永徽三年七月李忠被立为皇太子，李弘生于这一年之后，应确定无疑，因而后人即使有所争议，也多集中在永徽三年末至永徽四年初之间。而近有学者宁志新独持异议，认为被武氏掐死的小公主纯属子虚乌有，他引用《全唐文》里高宗为李弘所做悼词有"年才 1 岁，立为代王"之句，认为这是高宗亲笔所写，必定最为可靠。不仅如此，李弘封为代王的时间，《旧唐书·孝敬皇帝传》和《唐会要》均作永徽四年，与李弘生于永徽三年说相符。而宁志新先生独取两唐书《高宗本纪》中的说法，为永徽六年正月，认为本纪来自于实录，比列传更为可靠。于是就此得出李弘生于永徽五年的结论。不管哪种说法，李弘的加冠年龄都不超过 7 岁。

先秦时期冠礼非常受重视，被看作是一切礼仪的开始。《礼记·冠义》记载："冠者，礼之始也。"《仪礼》开篇就是《士冠礼》居十七篇之首。《礼记·曲礼上》说："男子二十，冠而字。"另《礼记·冠义》："已冠而字之，成人之道也。"意思是二十岁，行过冠礼并为自己取过"字"的男子就是成年人了。自此之后要担负起为人子、为人弟、为人臣、为人夫等责任，所以历代都将其视为非常隆重的仪式。

根据周礼中《仪礼·士冠礼》《礼记·冠义》《礼记·曲礼》等篇章的记载，冠礼主要分三大部分。第一，准备阶段。这个阶段主要是行礼之前的各项工作的准备，先要卜筮择吉日；接着"筮宾"，选择一位最适合给加冠者加冠的"赞者"；再者，在加冠的前一天把驻地较远的宾客先请到家。最后，加冠者斋戒，并在家庙定下吉辰之后遍告亲友。唐代从皇家为太子所作的冠礼准备来看，李承乾的冠礼在贞观三年（629 年）时就已开始准备，而李瑛的冠礼在开元六年（718 年）也已提上议事日程，都提前了 2 年时间准备，可见唐代皇家对冠礼重视的程度。第二，行加冠礼。这是冠礼最核心的部分，唐代皇帝的冠礼只加一冕（衮冕），皇太子、亲王等仍用"三加"（缁布冠、远游冠、衮冕）；庶民加冠，综合《大唐开元礼》记载六品以下庶子冠"巾一爵一"的情况，以及宋代《政和五礼新仪》中"庶人子冠仪"为"二加"一帽、一折上巾的情况，大致可以推想唐代庶民加冠的状况也应为"两加"，具体为一介帻（即冠）、一巾。

至于身服，根据《司马氏书仪》的记载，就是平日盛服，这一点非常重要。第三，冠者宾字。据《仪礼·士冠礼》记载：“礼仪既备，令月吉日，昭告尔字，爰字孔嘉，髦士攸宜，宜之于嘏，永受保之。曰伯某父。”这是加冠之后，由宾客给冠者取字时祝辞的内容。

以上内容虽是周礼对贵族男子冠礼的记载，但因后代对周礼的尊崇，所以冠礼的仪式部分变化很少。唐代统治者也力图保持这种传统，我们完全可以依据周礼的记载完备唐的冠礼仪式。在这三部分中，行冠礼时所穿的服装，就是冠礼礼服。

冠礼的仪式历代少有变化，冠礼的礼服却有不同的时代特色。先秦实行“三加”制，也就是冠礼的仪式中要用三套礼服，依次为：一、缁布冠；二、皮弁；三、爵弁（玄冠）。汉代冠礼被称为“加元服”，皇帝的“元服”有四种冠式：一、缁布冠（后汉改为“进贤冠”）；二、爵弁；三、武弁；四、通天冠。魏晋时，皇帝的冠礼，只用“一加”，皇太子用“再加”，王公、世子才用“三加”。北魏时，孝明帝加冠后改元，将加冠年改为“正光元年”（520 年）。后齐皇帝加冠时并用玉、帛告祭圜丘、方泽，用币告祭宗庙，这些附加制度也成为后代帝王加冠礼仪式中的新内容。唐代皇帝冠礼只用衮冕一种，这是因为唐皇帝继位时绝大多数都已成年，在唐 17 帝中只有两位皇帝未成年，但都生逢乱世、末世，以皇帝身份行冠礼的机会在唐国运昌盛、礼制健全时并没有出现，所以唐皇帝的加冠礼服因没有用于实践，相对比较简单。

表 3-3：唐皇帝继位年龄表

皇帝	出生时间	继位时间	继位年龄	材料出处及备注
高祖李渊	天和元年（566 年）	618 年	52	《旧唐书》中记载敬宗李湛即位时只有 16 岁，但《敬宗纪》中并没有为其加冠的记载，可见他也不是在位上加的冠
太宗李世民	开皇十八年（598 年）	627 年	29	
高宗李治	贞观二年（628 年）	650 年	22	
玄宗李隆基	垂拱元年（685 年）	712 年	27	
肃宗李亨	景云二年（711 年）	756 年	45	
代宗李豫	开元十四年（726 年）	763 年	37	《旧唐书》中记载敬宗李湛即位时只有 16 岁，但《敬宗纪》中并没有为其加冠的记载，可见他也不是在位上加的冠
德宗李适	天宝元年（742 年）	780 年	38	
宪宗李纯	大历十三年（778 年）	806 年	28	
穆宗李恒	贞元十一年（795 年）	821 年	26	
敬宗李湛	元和四年（809 年）	825 年	16	
文宗李昂	元和四年（809 年）	827 年	18	
武宗李炎	元和九年（814 年）	841 年	27	
宣宗李忱	元和五年（810 年）	847 年	37	
懿宗李漼	大和七年（833 年）	860 年	27	
僖宗李儇	咸通三年（862 年）	874 年	12	
昭宗李晔	咸通八年（867 年）	889 年	22	
哀帝李祝	景福元年（892 年）	905 年	13	

唐皇帝在任时没有举行过冠礼，这并不能说明唐皇室不重视加冠礼，因为以上原因，所以唐人更重视皇太子、亲王的冠礼。皇太子、亲王的冠礼依照周礼古制仍用“三加”（缁布冠、远游冠、衮冕），皇家以外各色人等的冠礼规格，根据《大唐开元礼》的记载又分三等：第一等，三品以上嫡子和庶子的冠礼；第二等，四五品嫡子与庶子的冠礼；第三等，六品以下嫡子与庶子的冠礼，这其中也包括普庶的冠礼内容。制度层面的严格规定也可佐证唐统治者对冠礼的重视程度。此后宋、明各代大致沿袭唐冠礼的模式，直到清末民初，西式教育兴起之后，代表传统礼制的成人礼也随之逐渐消失。

唐平民进行加冠礼时，先由“赞者”为加冠者加冠两次（据《大唐开元礼·嘉礼券》记载贵族加冠三次），即依次戴上一巾、一爵，与巾爵相配的具体服饰为：爵弁服“庶人黑介帻，服绛公服，方心，革带，钩艓，假带，袜，履”；进贤冠服“庶人黑介帻服，白裙襦，青领，革带，袜，履”；缁布冠服“青衣素裳……庶人带、袜、履与介帻服同”。加巾表示加冠者从此可以成为一个家庭的主人，能担负起家庭的责任；加爵表示加冠者从此成为社会的人，能担负起社会责任。行过冠礼的男子则可以进入人生的第二个重要阶段，从此就可以成家立业了。这是周礼中对冠礼三加的礼服规定，但在唐、宋平民的冠礼仪式的实际运用中“时服入礼”的现象逐渐取代了周礼对冠礼的服饰规定。

平民在举行冠礼三加的过程中，用日常盛服幞头、加襕袍、革靴取代周礼规定的“缁布冠、皮弁、爵弁”等古代礼服。《家礼拾遗》记载：

宾揖，将冠者就席，为加冠巾。冠者适房，服深衣纳履出。

再加帽子，服皂衫革带，系鞋。

三加幞头，公服革带，纳靴执笏。若襕衫，纳靴。

唐代男子的冠礼具有极强的程式性、象征性和交际性。冠礼的礼服则是表达冠礼程式性与象征性的主要载体。

(二)婚礼礼服

婚礼是男子承担家国责任的开始，平民男子婚礼礼服是亲迎当天男子所穿的礼服，这是男子成年以后最重要的礼服。据《武德令》规定，平民男子结婚时可以穿戴：爵弁、冠帻缨、簪导、绛纱单衣、白裙（襦）、革带钩艓、假带、方心、袜、乌皮履等。

(三)葬礼礼服

唐代的葬丧礼数主要有：初终、属纩、啼哭、复、赴告君亲、吊丧、襚、铭、沐浴、饭含、袭、设重;小殓礼:陈设、设馔及盥巾、陈绖、床弟、小敛、小敛奠；大敛礼：陈衣、设馔、掘肂、殡殓、送宾闺门。以上是逝世前三天的葬礼活动,在乡土气息浓郁的山东、陕西农村，至今尤有遗迹。行过大敛礼之后，“五服之人，各服其服”。哀子哀孙们开始各服丧服，要朝夕哭奠，每月朔日奠用特豚鱼腊三鼎，五谷果物上市时还要存新。

周礼规定葬服的穿着，主要根据生者与逝者关系的亲疏远近而定。即按斩衰、齐衰、大功、小功、缌麻等服丧守孝，这五服既是丧服的五种规格，也成为亲属关系的代名词。《仪礼》专有《丧服篇》用6卷篇幅详加阐述。唐代的葬服大体上以周代的丧服制度为依凭，遵循亲亲、尊尊、长长、男女有别等礼制的基本原则而制定的。丧服论尊尊，以君、父、祖父为至尊，伯父、叔父为旁尊，分别服斩衰三年和齐衰期的重孝。论亲亲，如为母服齐衰三年，为妻服齐衰期。还论名分、出家在家和长幼。又有从服、报服。从服是间接关系，跟从他人服丧，如子为母党，臣为君党，夫为妻党服丧，其中又有轻重，如妻之父母去世，妻重服齐衰期，夫随而轻服缌麻三月。而在室女子则要为父母服斩衰和齐衰三年，比已嫁女子为重。报服，如姑侄两相为报。

【斩衰】

衰也作缞。《丧服篇》有“斩衰裳，苴绖、杖、绞带，冠绳缨，菅屦”。此服交领、袍制，上身为衰，下身为裳。用纱支最粗的生麻布做这套不缉缝边际的孝衣（斩为麻布不缉边），让断处外露，以示无饰，是丧服中礼最重的一种。穿此套丧服，还要配粗麻的苴绖、苴杖，系在头上的粗麻带称首径，系在腰上的粗麻带为腰绖，苴杖则是粗竹不加磨削制作的手杖，也就是俗称的“哭丧棒”，用以致哀时支持身体。苴绞带是粗麻绞成、系于腰间的带子。冠绳缨是在布帽上盘一条麻绳，称“武”，麻绳垂下的流苏称“缨”。脚穿菅草制作的草鞋。孝子在居倚、寝苫枕块时要如此穿戴三年。除孝子外，未嫁之女为父母；承重孙为祖父；父为长子；媳为公婆；妻妾为夫;臣为君等皆着此服。此服自周问世之后，一直流行至今，在胡风盛行的唐代这也是丧礼中等级最高的礼服。

【齐衰】

《丧服篇》有“疏衰裳齐，牡麻绖，冠布缨，削杖，布带，疏屦”。疏即粗，齐是缉边，这套丧服仍为交领、上衣下裳两截缝合的袍制，材质仍很粗陋。但牡麻是大麻的雄株，制出的绖要稍微细致一些。武也有别于斩衰武，杖也是磨削过的，腰间系麻布带，仍穿草鞋。这身缉边的孝服比斩衰稍轻。具体服期分四等：一、父卒为母、为继母；母为长子，都服三年。二、父在为母，夫为妻，服期一年。守孝时必须执杖，又叫“杖期”。三、男子为伯叔父母，为兄弟；出嫁的女子为父母；孙子、孙女为祖父母，服期也是一年，但不执杖，称“不杖期”。四、为曾祖父母，服期三月。齐衰时，男子戴冠，女子用丧髻等一如斩衰。据《旧唐书·礼仪志》记载，唐武则天曾上表要求“父在为母终三年之服”：

上元元年，天后上表曰：“至如父在为母服止一期，虽心丧三年，服由尊降。窃谓子之于母，慈爱特深，非母不生，非母不育。推燥居湿，咽苦吐甘，生养劳瘁，恩斯极矣！所以禽兽之情，犹知其母，三年在怀，理宜崇报。若父在为母服止一期，尊父之敬虽周，报母之慈有阙。且齐斩之制，足为差减，更令周以一期，恐伤人子之志。今请父在为母终三年之服。”高宗下诏，依议行焉。

武氏的变革，不仅在高宗朝得以推行，到开元二十年（732 年）修订《开元礼》时，玄宗仍诏“上元元年之父在为母终三年之服”，此后成为定制，宋元沿袭不改。这次变革被清人崔述认为是“古今更变之尤大者”(《崖东壁遗书·父母恩同义异》)，但也遭到了诸如卢履冰、王夫之等人的坚决反对。比如卢履冰认为“此是则天怀私苞祸之情，其可复相沿乐袭礼乎？”(《旧唐书·礼仪志》)，而王夫之也认为“武氏崇妇以亢夫……于是三从之义毁，而宫闱播丑，祸及宗社”(《读通鉴论·玄宗》)。武氏不过只是将“父在为母”原本为期一年的“杖期”改为三年而已，及遭如此尖刻的批判，并被上升到家国社稷安危的高度。可见，一方面，丧服的改制因涉及公序，所以自问世以来极少有更改。另一方面，武氏的改革的确对传统的丧服制度的理论基础造成了不小的冲击。在父只为其妻服一年丧期的前提下，其子要服三年丧期，即父已除服，而子仍需继续服两年丧期，这就使得周礼中规定的以父为“丧主”的一人主丧的理论根基受到冲击。如果以子为丧主，有悖父子伦常；如果父子各行其是，则一家有两个丧主，其各自为政又与儒家“家无二尊”的纲常礼教相悖。总之，武氏的变革陷儒家传统丧服理论于两难境地，也无怪乎会招致传统知识分子的谴责。

【大功】

次于齐衰，排在五服中间。《丧服篇》有“大功布衰裳，牡麻绖”。此服款式与前述诸服相同，只是用细麻布制作，因用工粗大而称大功，有人认为此服为示成年人早殇而没，所以称大功。男子为已出嫁的姊妹和姑母、堂兄弟；为丈夫之祖父母、伯叔父母服丧，都用此服，服期为九个月。

【小功】

小功是比大功为轻的丧服。《丧记篇》有“小功布衰裳，澡麻带绖”。此服款式与前述诸服相同，因丧服用洗濯去麻垢后的细麻布精织而成，故名小功。一般男子为伯叔祖父母、堂伯叔父母、再从兄弟、堂姊妹、外祖父母；女子为丈夫之姑母姊妹及妯娌服丧，都用此服，服期为五个月。据《旧唐书·礼仪志》，唐贞观十四年（640年），太宗因修礼官奏事之后言及丧服，于是太宗指示：

同爨尚有缌麻之恩，而嫂叔无服。又舅之与姨，亲疏相似，而服纪有殊，理未为得。宜集学者详议。余有亲重而服轻者，亦附奏闻。

对于太宗的示下，侍中魏征与礼部侍郎令狐德棻等人遵旨奏议：

臣闻礼所以决嫌疑，定犹豫，别同异，明是非者也。非从天降，非从地出，人情而已矣。夫亲族有九，服术有六，随恩以薄厚，称情以立文。然舅之与姨，虽为同气，论情度义，先后实殊。何则？舅为母之本族，姨乃外戚他族，求之母族，姨不在焉，考之经典，舅诚为重。故周王念齐，每称舅甥之国；秦伯怀晋，实切《渭阳》之诗。在舅服止一时，为姨居丧五月，循名丧实，逐末弃本。盖古人之情，或有未达，所宜损益，实在兹乎！

……故知制服虽系于名，亦缘恩之厚薄者也。或有长年之嫂，遇孩童之叔，劬劳鞠养，情若所生，分饥共寒，契阔偕老。譬同居之继父，方他人之同爨，情义之深浅，宁可同日而言哉！

……谨按曾祖父母旧服齐衰三月，请加为齐衰五月。嫡子妇旧服大功，请加为期。众子妇小功，今请与兄弟子妇同为大功九月。嫂叔旧无服，今请服小功五月报。其弟妻及夫兄，亦小功五月。舅服缌麻，请与从母同服小功。

魏征等人的奏议得到太宗的许可，不仅改变了“叔嫂无服”“舅（缌麻三月）姨（小功五月）服纪有殊，亲重而服轻”的状况，而且还增加了一些特殊亲缘关系人的服期。李唐君臣对丧服的改革以“人情”为制定礼制的出发点，讲究“缘情度理”，此议虽与周礼中的丧服制度精神大相径庭，但也算是对周礼制度精神的补充。

【缌麻】

是五服中最轻的一种。款式同于以上诸服，用精细的麻布制成，服丧期三个月。一般为族曾祖父母、族祖父母、族父母、族兄弟和外孙、甥、婿、岳父母、舅父等服丧用。

在服此五服时，寝苫，枕槐木块，不能听音乐、看歌舞、吃肉喝酒，不能食任何美味佳肴。服斩衰时只能住茅庐。服齐衰时，可以住在房屋中，其他同斩衰同。服大功时可以寝用席，饮食上稍有宽限，其他同于齐衰。服小功时寝可用床，食上除不许饮酒外，稍有宽限，其他同于大功。服缌麻时在食宿方面基本上和小功相同。

五服之外还有“吊服”“袒免”两种。吊服是朋友吊死之服，服弁，绖素色，首环绖。吊服又有三种：锡衰、缌衰、疑衰，如王为三公六卿用锡衰；为诸侯缌衰；为大夫、士疑衰。区别也在制作材料的质地渐细上，可见中国古人对友情的重视。袒免是五服之外的丧服，束发免冠，露左臂。这种表示悲痛的方法，应用于已出五服的同姓之间。

唐代丧服的服色一般以麻本色为主。除此之外还有黑色、白色、黄色等丧服流行过。守孝期满，脱去丧服，古代称之为“除丧”或“除服”。

遇有父母之丧，原有官职的人要辞职回家守孝，本无官职的人不能婚嫁、赴宴、参加科举考试。有官职的人请丧假称为“丁忧去职”，如公务实在重要不能离职，称为“夺情”。

第二节 尊贵大气的常服

唐代男子的常服分官常服和民常服两种，唐官民常服皆脱胎于便于行动的胡服，舒适灵便，是儒家传统的礼仪等级制度与北方少数民族便于行动的实用主义之间的一次大融合，体现的则是大唐恢宏的包容气质和开放的胸襟。

官常服就是官员的“宴服”，也叫“燕服”或“讌服”。原本是官员不祭典、不坐堂办公、不上朝时穿的制服，不过随着唐代各项制度的发展变化，官常服虽名为常服，但“谒见君上，出入省寺，若非元正大会，一切通用”(《旧唐书·舆服志》)，成为官员的主要制服，普通百姓并不能穿服。

民常服也可以称为“便服”，古已有之，“盖古之亵服也，今亦谓之常服。江南则以巾褐裙襦，北朝则杂以戎夷之制。爰至北齐有长帽短靴，合袴袄子，朱紫玄黄，各任所好”[1]。

一、官常服

唐官常服，虽名为常服，但在实际使用中，不仅普通百姓不能穿服，而且官员的穿着也有严格的等级限制。不仅如此，唐代的官常服在贞观年以后“谒见君上，出入省寺，若非元正大会，一切通用”(《旧唐书·舆服志》)，大有取代祭服、朝服、公服的趋势。这种趋势发展至开元十七（729 年）年以后形成定式。唐中后期官员的朝常祭礼服的地位在实际应用中已完全被官常服取代，致使《开元礼》中有关服制的部分还没有行用即成具文。

(一)官常服的制度演化

唐初因袭隋制，天子常服用赭黄文绫袍、幞头（折上巾）、六合靴，腰系十三环玉带为常服（参看图 3-20）。贞观年间，唐太宗“其常服，赤黄袍衫，折上头巾，九环带，六合靴，皆起自魏、周，便于戎事。自贞观已后，非元日冬至受朝及大祭祀，皆常服而已”(《旧唐书·舆服志》)。贞观以后天子的常服款式变化不大，但渐渐将颜色固定为赤黄色(《旧唐书·舆服志》)。皇太子制同天子，只是不能用十三环带，只能用九环带。

官员的常服由幞头、襕衫袍（襦）、靴为主，袍加襕的意思就是在袍的膝部加襞积，使袍的下摆变阔以便于穿着者行动。加襕袍是一种汲取了深衣上衣下裳连属的形制，再结合胡服窄袖、圆领的特点而形成的一种新的服装（参看图 3-21）。“襕，音阑，即今之袍也。下施横幅，因谓之襕。……长孙无忌又议，服袍者下

① 陈尚君辑校：《全唐文补编》卷 29，北京：中华书局，2005 年，第 347 页。

加襕，绯紫皆视其品。”（《资治通鉴·唐纪·龙纪元年》）但加襕袍绝非简单的“深衣加襕的袍”，这种服装创始于北周时期，最初不论官员还是平民都可以穿。到隋炀帝时，虽然庶人仍旧可以穿服，但为区别士庶，开始以袍色来论尊卑：五品以上的官员通着紫袍，六品以下的官员分别用红、绿两色，小吏们用青色，平民用白色，而屠夫与商人只许用黑色，士兵穿黄色戎服。炀帝以服色论等级的做法虽非首创，但如此精细全面地以服色来论官民的等级，并将之形成制度，炀帝也可算是开此制先河的第一人。

唐初，各级官员的常服也采用圆领襕衫（襦）。不过与隋相较而言，此时襕衫一般比较短，长度仅到小腿部，露出靴子。但从武德年间开始，唐统治者一直致力于在款式不变的情况下，如何更好地区别各级官员的等级。武德四年（621年）规定：“三品已上，大科细绫及罗，其色紫，饰用玉。五品已上，小科细绫及罗，其色朱，饰用金。六品已上，服丝布，杂小绫，交梭，双紃，其色黄。六品、七品饰银。八品、九品鍮石。流外及庶人服紬、絁、布，其色通用黄，饰用铜铁。”（《旧唐书·舆服志》）大科、小科是指面料上装饰图案的尺寸大小；绫、罗代表的是丝绸品类；交梭是一种纺织方法，代表面料的精细程度；紃是面料合缝时包边的沿条，双紃代表的是缝纫时的精细。总体上官员的常服面料、做工、装饰、颜色都有严格的制度要求。

幞头与靴仍是贵贱通用。此时对服色的要求并不严格，“旧（贞观以前）官人所服，唯黄紫二色而已”（刘餗：《隋唐嘉话》）。贞观四年（630年）更详细地将九品以上官员的常服服色划分为四个等级：三品以上服紫、五品以上服绯、六品七品服绿、八品九品服青，并仍然允许都穿黄袍。自此以后，唐高宗又先后于龙朔二年（662 年）、咸亨五年（674 年）、上元元年（674 年）等多次对官常服的管理制度进行了完善，其中龙朔二年（662 年）规定“八九品著碧”（《唐会要·章服品第》）；咸亨五年（674 年）再次强调“上得通下，下不得僭上”的官服制度精神；《唐会要·章服品第》记载，上元元年[①]（674 年）高宗再次下诏：

> 文武三品以上服紫，金玉带十三銙；四品服深绯，金带十一銙；五品服浅绯，金带十銙；六品服深绿，七品服浅绿，并银带，九銙；八品服深青，九品服浅青，并鍮石带，九銙，庶人服黄铜铁带，七銙。

这次诏令还有一项重要规定，即禁止官民穿黄袍衫，尤其是赤黄袍衫。官常服的管理制度在高宗时得以完备其基础。“高宗在位时期参照其父祖遗规订下的舆服制度，基本上（不是全部）为后来唐各帝所遵守”[②]，这一条在官常服的规定上尤其如此，此后唐代官常服的制度变化主要都是在上元元年（674 年）敕的基础上进一步完善、细分和出新。

到武周时，武则天以女主政，在保持高宗朝官常服等级制度基本框架不变的前提之下，又增添了许多富于创造性的内容。天授三年（692 年）正月二十二日，武周针对都督刺史级的官员，在

① 唐代有两个上元年号，第一个是高宗上元年（674—676 年）；另一个是肃宗上元年（760—761 年），从《唐会要》的记载顺序看，此处的上元年应该是高宗时的上元年号。

② 陈戍国：《中国礼制史（隋唐五代卷）》，长沙：湖南教育出版社，1998 年，第 327 页。

其新获提拔时，官常服上创造性地用刺绣“异文”的手段彰显尊崇，并与旧有官常服加以区别，据《唐会要·异文袍》记载：

内出绣袍，赐新除都督刺史，其袍皆刺绣作山形，绕山勒回文铭曰：“德政惟明，职令思平，清慎忠勤，荣进躬亲。”自此每新除都督刺史，必以此袍赐之。

相同的史料在《旧唐书·舆服志》中也有“则天天授二年二月，朝集使刺史赐绣袍，各于背上绣成八字铭”。万岁通天年间（696—697年），武氏还“自制金字十二于袍”（《新唐书·车服志》），以奖赏时任幽州都督狄仁杰的忠心、胆识和才能。武氏不仅对新获任命的官员依其身份对其地位的表现形式细分，在延载元年（694年）五月二十二日还规定，文武官三品已上，其袍胸背后处都要绣文字训诫，内容为八字回文：“忠贞正直，崇庆荣职，文昌翊政，勋彰庆陟，懿冲顺彰，义忠慎光，廉正躬奉，谦感忠勇。”另外，据《唐会要·异文袍》记载，武周时还创造性地规定：

诸王则饰以盘龙及鹿；宰相饰以凤池；尚书饰以对雁；左右卫将军，饰以对麒麟；左右武卫，饰以对虎；左右鹰扬卫，饰以对鹰；左右千牛卫，饰以对牛；左右豹韬卫，饰以对豹；左右玉铃卫，饰以对鹘；左右监门卫，饰以对狮子；左右金吾卫，饰以对豸。

这里需要注意的是，此处所言“饰”的含义，从吐鲁番阿斯塔那唐墓、青海都兰吐蕃墓和敦煌、法门寺地宫出土的实物来看，应该是指织物中的装饰性图案，而不是常服袍衫上的装饰性刺绣。上述地方出土的丝绸织物代表着唐代不同时期的织物，其中阿斯塔那唐墓出土丝织物大多为唐前期制品；青海都兰热水、夏日哈等吐蕃墓出土的丝织物主要属于吐蕃占领河西走廊时期，即唐代中期；法门寺出土的丝织物基本属于晚唐时期。总体上由于西北气候干燥（除法门寺外），这些数量众多、织纹精美的丝织物绝大多数鲜艳如新、保存完好，颇能说明唐丝织物纹饰的一般情况。

表 3-4：唐代出土、传世丝织物的图案统计表

丝织物名称	图案特征	出土地
对鱼锦	紫绛地，中间组成团花，蓝色做底，用红黄两色组成对鱼纹	拜城克孜尔石窟所出唐锦
对马锦	珠圈内饰以有翼双马，马头各有一“五”字，双马各有一前蹄腾起 昂首对马 低头食草对马	阿斯塔那唐墓出土
对鸳鸯锦	白珠圈内饰蓝色对鸳鸯	
对鸟锦	红底白色小珠圈内饰对鸟纹	
对鹿锦	小珠圈内饰以相向而立的对鹿纹	
对狮子锦	黄地对波狮象人物纹	都兰吐蕃墓区
对虎锦	黄地大窠联珠花树对虎纹	
对马锦	黄地簇四联珠对马纹	
对山羊锦	茶地间饰牡丹对山羊纹	正仓院藏品
对凤锦	珠圈内饰以对凤纹	

材料来源于吴淑生等：《中国染织史》，第 139—141 页；青海省文物考古研究所，北京大学考古文博学院：《都兰吐蕃墓》，北京：科学出版社，2005 年。

从以上实物中的图案资料可见，在唐代被称之为“陵阳公样”[①]的联珠、团窠对称格式的动物图案使用非常普遍，在初、盛、中晚唐都有实物出土，尤其是在武周时，通经断纬的织成锦“能织出非常华丽的图案”[②]，其中雁衔绶带、鹊衔瑞草、鹤衔方胜、对凤、盘龙、对麒麟、对虎、对鹰、对牛、对豹、对鹘、对狮子、对豸等纹样都是锦织物上的常参看图案。可见，武氏的创造之处在于将唐初所强调的“大科细绫、罗，小科细绫、罗”等内容加以细分，不仅给官常服的材质做了大分类，而且还严格细分了常服材质上的装饰性图案。原因有二：其一，因武周时滥官问题严重，需要有更多、更严格的区别手段；其二，丝织物纺织、印染、整体技术经过贞观之治的发展达到前所未有的高度，就其品种和制造技术而言，都达到了可用以区别身份的程度。武氏此举的意义在于，这一规定不仅扩大了官员常服管理的内容，而且为后世的官服管理开辟了新的途径。譬如此后，金代用官服上花朵直径的大小表示官阶的大小，即出于此。

睿宗景云二年（711 年）四月制“令内外官，依上元元年敕，文武官咸带七事。其腰带一品至五品，并用金；六品至七品，并用银；八品九品，并用鍮石”（《唐会要·章服品第》）。开元二年（714 年）七月二十四日敕“百官所带跨巾算袋等，每朔望朝参日著，外官卫日著，余日停”（《唐会要·章服品第》），第二天再次追颁

① “陵阳公样”出自唐初知名丝绸纹样设计家窦师纶，亦作窦师伦，字希言。扶风平陵（今陕西咸阳西北）人。爵封陵阳公，因精通织物图案设计，被唐政府派往丝绸产地益州（今四川省）任大行台检校修造。他在继承优秀传统图案的基础上，吸收中亚、西亚等地的题材和表现技法，设计出的瑞锦、官绫图案以对雉、斗羊、翔凤、游麟等为题材，“章彩奇丽”被称为“陵阳公样”，在永徽年以后极为流行。

② 吴淑生，田自秉：《中国染织史》，北京：中国出版集团东方出版中心，2016 年，第 143 页。

敕“珠玉锦绣,既令禁断,准式。三品已上饰以玉,四品已上饰以金,五品已上饰以银者,宜于腰带及马镫、酒杯、杓。依式。自外悉断”(《唐会要·章服品第》)。尤其是开元二年（714 年）七月这一次,针对配饰问题,连着两天颁旨定义同一问题,不仅严格规定了各级官员的腰带的金属配饰,连涉及金属制作的马镫、酒杯、杓的材质都做了使用者的品级限定。继续细分官员身份等级的标志是因为中宗、睿宗时大量的“斜封官”致使“台寺之内,朱紫盈满”(《资治通鉴·唐纪·景龙二年》),宰相、御史和员外官多到办公室坐不下,时称“三无坐处”(《新唐书·选举志》),所以不得不继续武周以来对官常服系统的细分。

唐德宗时,德宗考虑到原来赐节度使、观察使等的新制时服“文彩不常,非制也。朕今思之,节度使文,以鹘衔绶带,取其武毅,以靖封内;观察使以雁衔仪委,取其行列有序,冀人人有威仪也”(《唐会要·异文袍》)。所以在贞元三年（787 年）对节度使的常服纹饰又做了新的规定。当然这件事情并没有这么简单,从代宗大历八年（773 年）田承嗣兴兵抗命,到德宗贞元二年（786 年）李希烈被杀,藩镇作乱十四年之久,各藩镇不仅没被平定,反而在与朝廷的对抗中日益壮大,势力渐趋稳定。虽然德宗此时表面上统一了各地的藩镇,但经过数次逃难经历的磨砺,德宗也深知藩镇管理的艰巨。由此看来,贞元三年（787 年）在刚刚平静下来的藩镇面前,德宗的新规定显然不是因为节度使的官常服“文彩不常,非制也”,其中更深的含义是德宗想通过对节度使官常服的制度认定,重申中央对藩镇的管理权。但德宗的此番用意,深恐朝内文武将之视为恩宠，故而在七个月后，也就是同年的十一月九日，下令“常参官服衣绫袍”（《唐会要·异文袍》）。唐中后期的绫比锦组织变化更多，“可以随时改换斜纹的组织以产生不同的花纹”[1]，可见历经磨难后的德宗行政风格更趋沉稳，也可见陆贽在贞元元年（785 年）的评价：“陛下（德宗）智出庶物，有轻待人臣之心；思周万机，有独驭区寓之意；谋吞众略，有过慎之防；明照群情，有先事之察；严束百辟，有任刑致理之规；威制四方，有以力胜残之志。由是才能者怨于不任，忠尽者忧于见疑，著勋业者惧于不容，怀反侧者迫于及讨，驯致离叛，构成祸灾。”（《资治通鉴·唐纪·兴元元年》）。另外，从德宗所赐节度使的“鹘衔绶带”“雁衔仪委”的情况来看，也能证明唐在武周以后对官常服质底纹饰有越来越严格细致的限制，其目的虽不外乎于别贵贱、异尊卑的传统，但在执行中，安史之乱以后又增加了标志皇权、强调一统的功能。不过藩镇对唐中央政权的统治冲击已不能小觑，节度使幕府俨然已成自成一体的小朝廷。据《唐会要·内外官章服》记载，文宗大和元年（827 年）中书门下省曾上奏称：

幕府迁授章服，贞元元年之间，使府奏职至侍御史，然后许兼省官，至章服皆计考效，近日奏行殿中及戎卒，便请朱紫，数事俱行，其中自绿腰金，皆非典故。今请自侍御史待年月足后，更奏始与省官，至于朱紫，许于本使府有事绩尤异者，然后许奏请。惟副使行军，奏职特加，先著绿便许绯，余不在此限。

① 吴淑生，田自秉：《中国染织史》，北京：中国出版集团东方出版中心，2016 年，第 143 页。

此段记载对于文宗朝幕府对服饰制度的执行情况说得非常清楚，贞元年间节度使的幕府官员想要授章服的话，还有一定的程序和要求，这类人员想要授官加章服的话，必须被节度使推荐加值为侍御史[1]，然后才可以兼加省官如侍郎、尚书等官职。只有加兼职之后才能加章服，所加章服如紫、绯等也还要参照考校结果，也就是说，考校在决定章服等级方面有十分重要的意义。德宗对于可以加“朱紫”者，要求也很严格，必须是加兼上述职衔的幕僚中表现优异或者有重大贡献者，只有节度使副使（藩镇兵马使副使）和行军长史等（这是节度使属下的上佐，地位重要）才可以特许先着绿便可许着绯，其余的则没有这个资格。但到了文宗时，节度使幕府“自绿腰金，皆非典故”，从官常服服饰制度的变迁不难看出，唐政府中后期的统治窘境。

无论如何，唐帝国对官常服的等级有明文限制，除非政府力所不逮，大部分时间都能严格管理。《旧唐书·高祖二十二子传》中记载：“彭王元则，高祖第十二子也。……（贞观）十年，改封彭王，除遂州都督，寻坐章服奢僭免官。”可见，贞观朝即使皇族违反官常服的等级制度也不容赦，这在强调礼法并用和可以“议亲、议贵”的唐朝尤显官服等级制度执行的严格状况。不仅如此，咸亨五年（674 年）高宗再次颁敕强调常服的品序：“如闻在外官人百姓，有不依令式，遂于袍衫之内，著朱紫青绿等色短衫襖子，或于闾野，公然露服，贵贱莫辨，有斁彝伦。自今以后，衣服下上，各依品秩，上得通下，下不得僭上，仍令有司严加禁断。”（《唐会要·章服品第》）

① 侍御史属于“宪衔”有监督百官的职责，必须是德高望重、能力出群的官员才可领职，故非常荣耀。

这段敕文也收录在《唐大诏令集》，题为《官人百姓衣服不得逾令式敕》，有令和式对违制者进行处罚。唐玄宗时，常服的等级化已经成为一种普遍的行为规范，玄宗先后于开元二年（714 年）、开元四年（716 年）、开元十二年（724 年）、开元二十五年（737 年）四次下诏禁断官常服中的违制现象。不仅初、盛唐时如此，据《唐会要·异文袍》记载，文宗在太和六年（832 年）时，仍不忘下诏命令官员与庶民禁断奇纹异制的袍袄：

许服鹘衔瑞草、雁衔绶带及对孔雀绫袍袄；四品、五品，许服地黄交枝绫；六品已下常参官，许服小团窠绫及无纹绫、隔织独织等充。除此色外，应有奇文异制袍袄绫等，并禁断。其中书门下省、尚书省、御史台及诸司三品官，并敕下后。许一月日改易。应诸司常参官限敕下后两月日改易。除非常参官及供奉官，外州府四品已上官，许通服丝布，仍不得有花文，一切禁断。其花丝布及缭绫，除供御服外，委所在长史禁毁讫闻奏。其不可服丝布者，敕下后，限一月并须改易。

违反制度僭服者不仅有相关的令与式处罚，而且生产者和管理的各级官员也有责任。

表 3-5：武德令规定的常服等级标准表

品级	服装材质	服色	配饰材质	工艺	备注
三品以上	大科紬绫、罗	紫	玉	交梭双紃	①因官员有官品服色限制，所以对黄色没有使用限制的对象主要指流外官和庶民 ②这一次服令限制主要针对六品以上官员
五品以上	小科紬绫、罗	朱	金		
六品	丝布杂小绫	黄	银		
七品					
八、九品			鍮石		
流外	紬、絁、麻布	黄、白	铜铁		
庶民					

表 3-6：贞观令规定的常服等级标准表

品级	服装材质	服色	配饰材质	工艺	备注
三品以上	服龟甲双巨十花绫	紫	玉	交梭双紃	①对黄色仍没有使用限制 ②这一次服令限制主要针对九品以上官员的服色
五品以上		绯	金		
六、七品		绿	银		
八、九品	服丝布及杂小绫	青	鍮石		
流外	麻布		铜铁		
庶民		白	铜铁		

表 3-7：上元敕规定的常服等级标准表

品级	服色	带饰材质	备注
三品以上	紫	金玉带 13 銙	①严禁朝官及庶民使用黄色 ②这一次服令限制主要集中在对官员的服色和带饰规定上
四品	深绯	金带 11 銙	
五品	浅绯	金带 10 銙	
六品	深绿	银带 9 銙	
七品	浅绿		
八品	深青	鍮石带 9 銙	
九品	浅青		
流外			
庶民		铜铁带 7 銙	

表3-8：延载元年武官常服材质铭文表

官职	服饰材质上的装饰图案	袍上的装饰性铭文
诸王	饰以盘龙及鹿	文铭皆各为八字回文。其辞曰：忠贞正直、崇庆荣职、文昌翊政、勋彰庆、懿冲顺彰、义忠慎光、廉正躬奉、谦感忠勇
宰相	饰以凤池	
左右卫将军	饰以对麒麟	
左右武卫	饰以对虎	
左右鹰扬卫	饰以对鹰	
左右千牛卫	饰以对牛	
左右豹韬卫	饰以对豹	
左右玉铃卫	饰以对鹘	
左右监门卫	饰以对狮子	
左右金吾卫	饰以对豸	

表3-9：开元十一年敕规定的常服等级标准表

品级	服装材质	服色	配饰材质	纹饰
三品以上	绫及罗	紫	玉	开元十一年敕诸卫大将军，中军郎将袍纹：千牛卫瑞牛纹；左右卫瑞马纹；骁卫虎纹；武卫鹰纹；威卫豹纹；领军卫白泽纹；金吾卫辟邪纹；监门卫狮子纹
四品以上		绯	金	
五品以上			银	
六、七品	小绫	绿	银	
八、九品		青	鍮石	
流外	麻布	白	铜铁	
庶民			铜铁	

表3-10：大和敕规定的常服等级标准表

品级	服装材质	服色	配饰材质	备注
三品以上	鹘衔瑞草、雁衔绶带、对孔雀绫袍袄	紫	玉	①禁断奇文异制袍袄绫 ②外州府四品已上官，许通服丝布，仍不得有花文 ③一切禁断，其花丝布及缭绫
四品、五品	地黄交枝绫	绯	金	
六品、七品	小团窠绫及无纹绫、隔织独织等	绿	银	
九品以上		青	鍮石	
流外、庶民		白	铜铁	

以上制度证明，在唐代的官常服系统中，不仅存在一个后世熟知的由赤、黄、紫、朱、绿、青、黑、白七色构成的颜色序列，而且还存在后世不熟悉的由金玉、金银、鍮石、黄铜、铁等材料饰件构成的带饰序列，以及由13銙、11銙、10銙、9銙、8銙、7銙带鞓构成的腰带长度序列和盘龙、凤池、麒麟、对虎、对鹰、对牛、对豹、对鹘、对狮子、对豸组成的纹饰序列，以上颜色序列、带饰序列、带长序列和纹饰序列，都作为帝制时代社会等级框架的基础而被此后各代承袭。

唐代的官常服由幞头、圆领襕衫袍（参看图3-21）、革带、革靴等基本构件组成，终唐一代，官常服的款式都少有变化。对比《武德令》和《贞观令》以及《上元敕》中对常服的规定就会发现，武德、贞观年间的官服管理主要集中在对官常服和腰带等管理上，对颜色的管理在唐初其要求与执行都不太严格。高宗以后，对官常服管理日益严格，不仅对带的装饰进行严格的规定，而且对官常服的颜色也进行了细分，由贞观年间的四大等级，发展至四等七个分级，官常服的管理制度至此大体完备。此后经过武周、开元年间的不断创新与补充，不仅保留了唐前期的官服管理制度，而且还增加了利用服饰质地图案、刺绣文字等手段进行管理的新方法，使唐代的官常服成为后世宋、元、明、清各代官服的滥觞。

（二）官常服的使用情况

常服与礼服相较，更加简单、方便，所以很受官员的欢迎。唐自太宗时就喜着常服，“其常服，赤黄袍衫，折上头巾，九环带，六合靴”（《旧唐书·舆服志》），玄宗时不仅废除了大裘冕，开元十七（729年）年以后，“朝拜五陵，但素服而已。朔、望常朝，亦用常服，其翼善冠亦废”（《旧唐书·舆服志》）。不仅如此，玄宗见到张说“冠服以儒者自处”，因其异己还很不高兴，赐其“内样巾子，长脚罗幞头”（《唐语林·容止》），直到张说改装谢恩才又高兴了起来。上行下效，太宗朝时，重要的节日和盛大的典礼时还有穿礼服的记载，玄宗后期至五代，即使特别盛大的典礼，皇帝和官员大都仍以幞头袍衫、穿靴束带为主。日常中的官员更是以常服为主要制服，连庶民男子也如此着装，王梵志曾如此表述：“幞头巾子露，衫破肚皮开。体上无裈绔，足下复无鞋。”官民的服饰款式上并没有太大区别，区别仅在于材质、颜色、做工与佩饰上。

唐中后期诗文中有许多描写官员上朝、朝飨穿朝服的情形，根据其描述，也能感受到官常服存在于宫廷正式生活中的实况。唐代诗人王建的《元日早朝》中就有非常详细地介绍：

大国礼乐备，万邦朝元正。
东方色未动，冠剑门已盈。
帝居在蓬莱，肃肃钟漏清。
将军领羽林，持戟巡宫城。
翠华皆宿陈，雪仗罗天兵。
庭燎远煌煌，旗上日月明。
圣人龙火衣，寝殿开璇扃。
龙楼横紫烟，宫女天中行。

六蕃倍位次，衣服各异形。

举头看玉牌，不识宫殿名。

左右雉扇开，蹈舞分满庭。

朝服带金玉，珊珊相触声。

泰阶备雅乐，九奏鸾凤鸣。

裴回庆云中，竽磬寒铮铮。

三公再献寿，上帝锡永贞。

天明告四方，群后保太平。

这是元日（春节）早朝大贺时“朝服带金玉，珊珊相触声”；朝飨时有“玉俎映朝服，金钿明舞茵”（权德舆：《奉和圣制中春麟德殿会百寮观新乐》）；加上“煌煌列明烛，朝服照华鲜”（韦应物：《观早朝》）、“相公朝服立，工席歌鹿鸣；礼终乐亦阕，相拜送于庭”（韩愈：《此日足可惜赠张籍》）。有学者认为这些诗文中的朝服都是指官员礼服中的朝服，也就是具服。此观点值得商榷，首先，王建描绘的是元日（春节）上朝的朝服，据礼应着具服（朝服），但据王建的描绘来看，此处朝服带饰上有金玉装饰，这不符合具服（朝服）中革带或大带的装饰情况，却和常服中的革带制度要求一致。其次，白居易在《和微之诗二十三首·和栉沐寄道友》中写道：

栉沐事朝谒，中门初动关。

盛服去尚早，假寐须臾间。

钟声发东寺，夜色藏南山。
停骖待五漏，人马同时闲。
高星粲金粟，落月沉玉环。
出门向关路，坦坦无阻艰。
始出里北闬，稍转市西阛。
晨烛照朝服，紫烂复朱殷。
由来朝廷士，一入多不还。
因循掷白日，积渐凋朱颜。
青云已难致，碧落安能攀？
但且知止足，尚可销忧患。

从诗文中的“盛服”，以及此后的“朝廷士”的说法来看，此处的“朝服”就是官员上朝的服装。这个装束在晨烛中“紫烂复朱殷”，颜色在不断的随光线变化，由紫红色转变成深红色，这是官常服所特有的服色特征，如果是绛纱色质的具服（朝服）的话，颜色就不会作如此变化。不过在活动于贞观年间的诗人张文琮在《同潘屯田冬日早朝》中言“……通晨禁门启，冠盖趋朝谒……腰剑动陆离，鸣玉和清越”，在上早朝的队伍中，腰剑和佩玉发出的响声清越动听，这也证明张氏所见与王建、白居易所见的确不同，佩玉剑是具服（朝服）才有的佩饰，不过这正反映了唐前期和中后期具服使用上不同的变化趋势，也印证了《旧唐书·舆服志》中的有关记载是不虚的史实。

用官常服正式取代朝服（具服）的大礼服地位，始于景云二年[1]（711 年）七月，皇太子李隆基亲临国子监释奠，“有司草仪注，令从臣皆乘马著衣冠”，据《旧唐书·舆服志》记载，太子左庶子刘子玄（知几）进议曰：

臣伏见比者銮舆出幸，法驾首途，左右侍臣皆以朝服乘马。夫冠履而出，止可配车而行，今乘车既停，而冠履不易，可谓唯知其一而未知其二。何者？褒衣博带，革履高冠，本非马上所施，自是车中之服。必也袜而升镫，跣以乘鞍，非惟不师古道，亦自取惊今俗，求诸折中，进退无可。且长裙广袖，襜如翼如，鸣珮纡组，锵锵弈弈，驰骤于风尘之内，出入于旌棨之间，傥马有惊逸，人从颠坠，遂使属车之右，遗履不收，清道之傍，絓骖相续，固以受嗤行路，有损威仪。

……其乘马衣冠，窃谓宜从省废。臣此异议，其来自久，日不暇给，未及榷扬。今属殿下亲从齿胄，将临国学，凡有衣冠乘马，皆惮此行，所以辄进狂言，用申鄙见。

皇太子手令付外宣行，仍编入令，以为恒式。

刘知几的进议说得很明白，“褒衣博带，革履高冠，本非马上所施，自是车中之服”，如果整个社会以骑马为主要出行工具时，就不能继续穿具服、公服骑马。理由很充分：一是怕具服、公服骑马，不合古制且“惊今俗”；二是怕褒衣博带骑马不方便，如因不利索

① 《旧唐书·舆服志》中此处原作“景龙二年”，此处据《唐会要》卷 35。因景龙二年（708 年），中宗的太子李重俊已于神龙三年（707 年）被杀，景龙二年并没有新立太子；而睿宗景云二年（711 年）年，李隆基以太子身份监国，符合史实，所以此处应为“景云二年”。

坠马影响官威。当时监国的太子李隆基采纳了刘知几的建议，骑马不能穿具服、公服的意见自此被编入令文，成为恒常的法令制度。

关于贞观年以后官常服广泛地被称作朝服的记载在《全唐诗》中还有很多处，譬如刘长卿有“故里惊朝服”的句子；张九龄有“朝服见儿童”的诗句；刘禹锡有“朝服不妨游洛浦”的句子。这些诗文中的朝服肯定不是具服：一方面这是具服的性质决定的，“具服者，五品以上陪祭、朝飨、拜表、大事之服也，亦曰朝服”（《新唐书·车服志》），具服只能用于国之大典或重要的朝日，一般朝日尚且不能穿着，更不能穿着它出行、归乡（即是衣锦还乡也不行）、省亲，只有官常服用作朝服时，才可见上述情况出现。另一方面是官员制服的使用规定决定的。据《朝野佥载》卷四记载：“周张衡，令史出身，位至四品，加一阶，合入三品，已团甲。因退朝，路旁见蒸饼新熟，遂市其一，马上食之，被御史弹奏。则天降敕：‘流外出身，不许入三品。’遂落甲。”因着官服在退朝的路上骑在马上吃了一个热馒头，不仅即将到位的升迁泡了汤，而且还连累所有流外出身的官员都被武氏轻视，自此流外出身的官员不能进阶三品以上。在此事件中，不管张衡退朝穿的是官常服还是朝服，总之只要是官员穿制服就要严格遵守制服礼仪；更何况朝服的礼仪规定比官常服要更严格，违反朝服穿着规定者所受到的惩罚也更严重。从上述诗文作者的身份来看，刘长卿中进士以后，就曾做过监察御史；刘禹锡中进士后，官至太子宾客，加检校礼部尚书；张九龄则官高至玄宗朝宰相的位置，以他们的经历和见识既有张衡的故事在前自然不会做出违反制度常规的举动。

征之形象资料，常服在唐代的传世人物画像、墓道壁画和出土陶俑中随处可见。如唐代画家阎立本的《步辇图》中太宗与鸿胪寺引路官员，鲜于庭诲墓中的三彩陶俑，懿德太子墓道壁画《仪卫图》，敦煌莫高窟 45 窟南壁的《观音经变相》，西安出土的唐代韦泂墓壁画等等。所出现官员，上自皇帝、下至侍卫，皆着常服。较为典型的是懿德太子墓道壁画《仪卫图》，图中画了大批参加仪仗出行的官员，其中不乏红袍和青袍官员，都穿着圆领襕衫，戴幞头和巾子，着靴（参看图 3–22）。据专家介绍，这样盛大的仪式场面表现的应该是太子大朝时的情形，可见幞头、圆领袍与靴的常服组合在唐代流行之盛况。韦泂墓壁画中,官员们身穿圆领襕衫，足蹬乌皮尖头靴，腰束鞊鞢带，佩戴刀子、砺石、鱼袋等物品（参看图 3–23）。

（三）官常服的变异

唐代的官常服在实际使用过程中，由于唐王朝的胡人血统和对胡俗的认同感，还存在胡俗影响下的变异情况，主要包括胡服、袴褶服、櫜鞬服、缺胯袄子、半臂、幞头、革靴等内容。

【胡服】

胡服盛行的原因，在前文女服部已述及。唐代男子的胡服与女子胡服相比较而言，女装胡服直接取自于外族，男装胡服始自赵武灵王的“胡服骑射”，历经两汉、魏晋南北朝各代汉族风气的浸润，至隋唐时方达最盛时，故而已形成了独特的胡汉杂糅风格。就其具体形制来看：窄袖，大或小翻领袍，服色绯红，色彩鲜艳；短衣，小口裤，长靿靴，腰束鞊鞢带，头戴各式胡帽或幞头（参看图 3-24)。与当时唐官员的常服区别仅在于领式和革带的装饰。所以，唐代的官员对胡服的接受没有障碍，不仅士庶百姓以胡服为时尚，而且仕宦也以此为等闲常服视之。

【袴褶服】

袴褶服也是胡服对唐男子官常服影响的重要例证之一，现代有学者以其裤装的典型性将其命名为袴褶服，并将其定义为：

> 袴褶服原为北方少数民族服饰，特点是便于骑马征战，引入中原后在魏晋南北朝时期官民通用，从隋代开始将其提升为官宦专用。“袴褶，近代服以从戎。今篡严，则文武百官咸服之。车驾亲戎，则缚袴，不舒散也。中官紫褶，外官绛褶，腰皮带，以代鞶革。”在唐朝代宗之前，袴褶服的地位进一步提高，成为官员朝服的实际替代品，其具体形制为短身广袖上衣，时或外加裲裆，下裤宽大，腰系大带，足着翘头履，依据官员职守的差异配戴不同冠式。①

根据文献资料看，关于袴褶，在隋唐之前有两种形制存在，一种是传统汉族的袴褶。《中华古今注》认为：‘袴’，盖古之裳也。周武王以布为之，名曰‘褶’。敬王以缯为之，名曰‘袴’，但不缝口而已，庶人衣服也。”可见此“袴褶”应该是并列词，同指裤，只不过材质不同，褶是麻布的裤，袴是丝帛②的裤，与此种袴相配

① 李怡：《唐代官员的袴褶服》，《西北美术》2003 年第 2 期。

② 从汉马王堆出土的丝织物种类来看，在西汉以前，缯就是丝帛的统称。这可以从西汉早期下葬的长沙马王堆三号墓得到证实。三号墓出土装有丝绸的竹箱上，都挂有一块木牌，木牌上分别写着箱内所装丝绸的品种名称：锦缯笥、绣缯笥、帛缯笥、素缯笥、绮缯笥、绀缯笥等。说明帛和锦、素、绮、绀一样，也只是缯的一个品种。

的足服是鞋，是讲武之臣、近侍者穿服的装束。这种裤，在周、秦、汉直到汉昭帝之前，不论男女都没有裆。据《疑耀》记载“裈即袴也，古人袴皆无裆。女人所用，皆有裆者，其制起自汉昭帝时。上官皇后为霍光外孙，欲擅宠有子，虽宫人使令，皆为有裆之袴。多其带，令不得交通，名曰穷袴，今男女皆服之矣。”《疑耀》的这段记载非常著名[①]，被很多服饰史专家引用过，从中我们可以看到：第一，袴在中国古代经历过一个从无裆向有裆发展的过程。有裆裤名为“穷袴”始自于西汉昭帝（前 87—前 74 年）时。第二，汉代的穷袴封裆不是缝合，而是用带子系扎。第三，这是老百姓的装束。这种袴是下体服和唐人所着的袴褶是有区别的，唐人的袴褶应是另一种受胡服影响而产生的戎服。这种袴褶服“近世以从戎”（《艺林汇考·服饰篇》），始自“赵武灵王缦胡之缨，戎服有裤褶之制”（《艺林汇考·服饰篇》），至隋时，“文武百官咸服之；车驾亲戎，则缚袴，不舒散也。”（《隋书·礼仪志》）上述材料中，第一，这种袴褶是戎服；第二，此处的近世是指魏晋南北朝，在三国有关袴褶的记载中虽然《晋书·舆服志》中有“袴褶之制，未详所起”的记录，但从“范出，更释褠，著袴褶，执鞭，诣阁下启事”（《三国志》裴松之注引《江表传》）等记载中我们仍能看到，在三国时，袴褶就已是整体的套装了。因为吕范换下“褠”着袴褶，而褠则是直袖长袍的一种，如果袴只是下体服的话，释褠之后的吕范就要赤裸上身，但文献中并没有这样的意思，可见三国时，袴褶服已成定制。到隋唐时名儒颜师古（581 — 645 年）在为《急就篇》作注时，关于

① 明朝人张萱对穷袴的记载也是从前人的记载中辑录而来的，在宋人惠洪《冷斋夜话》卷 2 中就有相同的内容：“穷袴，汉时语也，今裆袴是也。”

此袴褶中的“褶”，就解释为:“褶，重衣之最在上者也。其形若袍，短身而广袖。一曰左衽之袍也。”可见,在传统文献中存在两种袴褶：一种是传统汉族服饰系统中的袴褶裤：另一种是向北方马上民族学习而来的袴褶服，后一种因借鉴于马上民族，所以多用于狩猎、戒严，与裲裆甲配合还可用于战斗。《魏志·崔琰传》记载，魏文帝为皇太子时，穿了袴褶服出去田猎，崔琰谏劝他不要穿这种异族的贱服，文帝不仅虚心接受了劝谏，还要求崔琰以后也要如此敢言。晋朝时袴褶为戒严之服，天子和百官都可以穿。《宋书·后废帝纪》中就有宋后废帝刘昱（472—477 年在位）“常著小袴褶，未尝服衣冠”的记载。魏晋南北朝的动乱成就了袴褶服，此时的袴褶服像现代的猎装一样，由特定场合使用的功能服，渐变成便于行动的“运动服”。

隋唐时，文武百官驾车、亲戎都穿此服，袴褶服的使用范围再次扩大，并开始以颜色作为标志区分袴褶，据《旧唐书·舆服志》记载：

（大业元年）始令五品以上，通服朱紫。是后师旅务殷，车驾多行幸，百官行从，虽服袴褶，而军间不便。六年，复诏从驾涉远者，文武官等皆戎衣，贵贱异等，杂用五色。

唐代沿用此制，规定“袴褶之制：五品以上，细绫及罗为之，六品以下，小绫为之，三品以上紫，五品以上绯，七品以上绿，九品以上碧”(《新唐书·车服志》)。然而袴褶服在唐代经历了全盛至最终消亡的发展过程。

武德年间对袴褶的规定主要限于武官，至唐太宗贞观二十二年（648 年），下令百官朔望日上朝都要服袴褶，武周时期袴褶服作为时尚，“(文明元年七月甲寅诏）京文官五品以上，六品以下，七品清官,每日入朝,常服袴褶。诸州县长官在公衙,亦准此”(《旧唐书·车服志》)。后经过中宗时期的一段停滞，至玄宗时期又恢复，“(开元）十九年六月敕，应诸服袴褶者，五品已上，通用绸绫及罗，六品已下小绫”(《唐会要·章服品第》)。玄宗开元二十五年(737 年)御史大夫李适之建议冬至、元日大礼时六品以下通服袴褶。天宝年间，御史中丞吉温又建议，“京官朔、望朝参，衣朱袴褶”(《旧唐书·车服志》)。从这一发展过程看，袴褶服似有最终代替朝服的趋势，但它虽比常服方便，却终究不是传统礼制规定的冠服，像其他胡服一样不能逃脱最终边缘化的命运。安史之乱之后，经过肃宗朝对胡俗的反思，代宗宝应元年（762 年）前后，治礼名家、多识容典的归崇敬以百官朔望朝服袴褶非古，上疏云：“按三代典礼，两汉史籍，并无袴褶之制，亦未详所起之由。隋代已来，始有服者。事不师古，伏请停罢。”(《旧唐书·归崇敬传》) 代宗采纳了归崇敬的建议。至此，袴褶准备作为唐代官员朝服的使命告一段落。然而由于它固有的优点，袴褶服在唐代仍被下层武人加以改造后作为日常服装使用，即袖子变窄小、没有中单、腰系革带等，已经完全出于实用考虑了。

表 3-11：唐代袴褶服考古发现一览表

年代	材料出处	人物	服饰形象	备注
龙朔三年（663 年）	《唐昭陵新城长公主墓发掘简报》，载《考古与文物》1997 年第 3 期	风帽胡服俑；笼冠文官俑	风帽胡服俑：头戴风帽，身穿翻领窄袖短袍，腰束革带，大口袴褶裤笼冠文官俑：头戴笼冠，身穿翻领窄袖短袍，腰束革带，大口袴褶裤，脚穿鞋	此三墓均属昭陵陪葬墓
麟德元年（664 年）	郑仁泰墓	文官俑	头戴平巾帻，身穿大袖褶衣，方帛填胸，名曰假裲，大口褶裤。	
开元六年（718 年）	李贞墓道壁画《昭陵唐人服饰》，介眉编著，西安三秦出版社，1990 年	加彩文武官俑	武官俑：头戴武弁，身穿立领大袖襦，大口袴褶裤；文官俑：头戴平巾帻，身穿曲领大袖褶衣，大口袴褶裤，手捧圭	

从以上出土材料来看，袴褶服在唐代发展的线索非常清楚，同样是昭陵的陪葬墓，在新城长公主墓出土的风帽俑和笼冠文官俑所使用的袴褶服其褶皆为窄袖、翻领胡服的样式，与开元年以后的头戴平巾帻、武弁，身穿大袖襦、曲领或立领的褶衣，捧圭的文武官形象形成鲜明的对比，显然开元年以后的袴褶服已经在中原本土化、礼服化。

【櫜鞬服】

唐代的“櫜鞬服”，据黄正建先生的研究表明，它的具体款式由抹额、袍袴、靴、刀、箭房、弓袋等组成。理由是从早期有关“櫜鞬”的文献记载来看，櫜是盛箭之器、鞬是盛弓之器。他援引《春秋左传·僖公二十三年》:记“晋、楚治兵，遇于中原，其辟君三舍。若不获命，其左执鞭弭，右属櫜鞬，以与君周旋”。杜预注云：“櫜以受箭，鞬以受弓。”得出以上结论。但从徐坚的《初学记》中我们却发现唐人对“櫜”和“鞬”的另外一种解释。据徐坚解释,“櫜”指甲衣，“鞬”则是指盛弓矢的盛器：“甲衣谓之櫜”；“鞬：建也，言弓矢并建立于其中”。因《初学记》是唐玄宗命徐坚等人为皇子们写文章检索事典、临摹文体所编的类书。所以《初学记》所辑录的内容在解释唐史问题上肯定要比晋人杜预的注更可信。《初学记》中对甲衣的解释也很详细，“凡为甲，必先为容，然后制革，权其上旅(腰以上)与其下旅(腰以下)而重若一。凡甲下饰为之裳”。此处的“甲衣”是在“容”(也即甲鳞的附着物，也应呈衣状)上加革质甲片做成甲衣。据黄正建先生考证,开元年间(713—741年),“櫜鞬”除了佩带弓箭之外，已发展成一种特殊服饰的代称，并可以称这种特殊服饰为“櫜鞬服”。如前文所述，黄先生认为它的具体款式应由抹额、袍袴、靴、刀、箭房、弓袋等组成，但并没有提到甲衣的问题。

有关櫜鞬服的具体款式，以《旧唐书》中的记载为例：

①《李愬传》(记李愬率军攻入蔡州的第二天,宰相裴度至蔡州)

“愬具櫜鞬候（裴）度马首，度将避之”。

同一条史料《裴度传》记作“李愬具櫜鞬以军礼迎度，拜之路左”。

②《柳公绰传》记他为山南东道节度使，“牛僧孺罢相镇江夏，公绰具戎容，于邮舍候之。军吏自以汉上地高于鄂，礼太过。公绰曰：‘奇章才离台席，方镇重宰相，是尊朝廷也。’竟以戎容见”。

同一条史料载《资治通鉴》记作：“牛僧孺过襄阳，山南东道节度使柳公绰服櫜鞬候于馆舍”。

③《令狐峘传》记作：“（令狐峘）授吉州刺史。齐映廉察江西，行部过吉州。故事，刺史始见观察使，皆戎服趋庭致礼。映虽尝为宰相，然骤达后进，峘自恃前辈，有以过映，不欲以戎服谒。入告其妻韦氏，耻抹首趋庭。谓峘曰：‘卿自视何如人，白头走小生前，卿如不以此礼见映，虽黜死，我亦无恨。’峘曰：‘诺’，即以客礼谒之。映虽不言，深以为憾。映至州，奏峘纠前政过失，鞫之无状，不宜按部临人，贬衢州别驾”。

④《令狐楚传》记载，唐文宗大和九年（公元 835 年），令狐楚上奏说：“诸道新授方镇节度使等，具帑抹，带器仗，就尚书省兵部参辞。伏以军国异容，古今定制，若不由旧，斯为改常。未闻省閤之门，忽内弓刀之器……伏乞速令停罢，如须参谢，即具公服。”

⑤《李回传》记载，唐武宗会昌三年（公元 843 年），李回“奉使河朔。魏博何弘敬、镇冀王元逵皆具櫜鞬郊迎”。

在这五条史料中，虽没有清晰的櫜鞬服形象描述，但从中我们仍可以做一些合理推断。首先，唐人的櫜鞬服就是一种戎服。套用《初学记》的解释来看,文中各处所指的櫜鞬,综合起来就是甲衣、弓、箭、绔（袴奴）、抹额等物，韩愈在《送幽州李端公序》中的描写也可作为上述材料较为详细的文本补充，李藩作为德宗告哀使前往幽州，幽州节度使刘济“红帓首，靴袴，握刀，左右杂佩，弓韔服,矢插房,俯立迎道左”,章怀太子墓墓道东壁上的《仪卫图》（参看图 3-25）中就有基本符合以上要求的武士形象，可以作为上述材料的图像补充。从图中形象看，这些仪卫者头戴红抹额，身穿圆领纯色袍，脚蹬革靴，左手握刀，右手边佩纳箭的囊，因长袍与靴子的遮挡看不清楚袍底着裤的情形[①]。但无论是韩愈的描写还是章怀太子墓道的壁画，从中都看不到衣上或衣下着甲的痕迹，这是不是典型的櫜鞬服还有待今后其他资料的佐证。不过章怀太子墓墓道壁画与韩愈的记载相互印证，刘济的这身装束，仍然具有一定的典型性。从时间上看,《初学记》中的解释来源于孔颖达《礼记》注，无论作注者的阅历还是成书年代都有强烈的初唐战事刚刚平息的痕迹。李贤死于武则天文明元年（684 年），迁葬于中宗神龙二年（706 年），唐建国经贞观之治与武周时的治理，到中宗复位时,社会和平日久,于服饰制度一项多有改变。德宗朝以后，随着藩镇问题的不断恶化，櫜鞬服再次恢复戎服特征。櫜鞬服作为军人的礼服，它的变化与唐代制度的总体变化趋势相同，也和整个社会生活变化密切相关。除此之外，櫜鞬服穿着细节也有明

① 参见陕西省博物馆、陕西省文物管理委员会编:《唐李贤墓壁画》图 28，北京:文物出版社，1974 年。

显的前后期变化。譬如前期圆领袍为白色，后期袍上绣花纹等。

除整体变化外，值得说明的是，这里的红帓首也被称为“绛帕”。按“帕”是头巾，一般扎在额头上，在唐代又叫“抹额”。“绛”则是红色，因此“绛帕”实际就是红抹额。据《新唐书·娄师德传》记载：“（娄师德）乃自奋，戴红抹额来应诏。”娄师德当时在西北“募猛士讨吐蕃”，带抹额的装束应该是西部习武男子的一般装束，所以才会有猛士戴红抹额来应召的记载。上文中的“袴”“奴袴”为何物？《释名·释衣服》的解释是：“袴，跨也。两股各跨别也。”据《事物纪原》记载：“唐归崇敬言：‘三代无裤褶之制，隋已来始有服者’”。不过，此处的“袴”或者“奴袴”和《事物纪原》中所提到的裤褶还有所不同。因为据文献和出土事物图像来看，郑仁泰墓出土文官俑的裤褶裤管很肥大，而“袴”或“奴袴”是猛士、武士、仪卫穿的裤装，韩愈称其为“靴袴”，可见这种袴应该是收袴口的，因为只有收口才可能方便纳入靴靿，而且裤腿也不可能肥大，这种裤形应该是和“赵武灵王缦胡之缨，戎服有裤褶之制”有关联的戎服。

【袍衫袄子】

袍衫袄子是唐男子最常用的服装。圆领、长过膝，为方便行走，通常在膝下加襕。加襕襦袍是两层丝帛中间夹丝絮的绵袍，适用于秋、冬季；加襕衫是单或夹的袍，适用于春、夏季服用。加襕袍在武周以后还有在后背处绣回文的现象。袄子则多为夹衣，《中华古今注》记载，袄是“袍之遗象也”，与袍相同，比袍又稍短。一般士庶通着，唐高宗时曾下令严禁“于袍衫之内，著朱紫青绿等色短小袄子”（《全唐文·禁僭服色立私社诏》）。章怀太子墓道壁画中有《狩猎图》(参看图3-26),其中在马上疾驰狩猎的武士们,头戴红抹额,身穿袍衫袄子,足蹬乌皮靴,这种装束的马上骑兵造型在晚唐张义潮出行的队伍中也曾出现过,可见,在非战状态,军人也有轻便常服。

【缺胯袍与缺胯衫】

唐武官的常服与文官相似。在敦煌壁画中,将士所穿的大都是窄袖袍、革带乌靴,正如刘秩在《裁衣行》一诗里写的:“裁衣须裁短短衣,短衣上马轻如飞;缝须缝袖窄窄袖,窄袖弯弓不碍肘。”除此之外,唐代的将军还有穿缺胯袍与缺胯衫者,缺胯袍与缺胯衫又称为“衩衣”。缺胯袍衫唐初时流外官与庶人通用黄色(但禁用赤黄色),总章元年(668年)禁士庶通用黄色之后,改为白色。这种缺胯袍与缺胯衫与普通圆领袍相同,唯一不同的是作为军旅之服,缺胯袍与缺胯衫的衣袖较大,袍左右两侧开衩便于骑马,是武官常服之一。从敦煌壁画的内容来看,唐代的门卫、侍从、刑吏、射手等常服也着此衣,但裤为大口裤,足衣乌靴或麻鞋,戴交脚幞头。

【半臂】

此服男女通用,前文女服部已述及,但唐男子与女子穿着半臂不同之处在于,唐男子在使用中也有将其穿在外衣之内作内衬,起垫肩作用的记载。男子着半臂多为圆领,但随穿着者社会地位和经济地位的不同,其质地、纹饰、色彩的不同较大。《北梦琐言》记载:“郑愚尚书……而性本好华,以锦为半臂”。《通鉴纪事本末》中也有:“陕尉崔成甫著锦半臂,缺胯绿衫而裼之,红袙首,居前船唱《得宝歌》。”可见,锦半臂在唐男子日常生活中因方便实用而被广泛使用的情况。

半臂在流行的过程中还有半袖、背子、绰子、搭护等名目（参看图 3–27）。

（四）官常服的首服

【幞头】

有关幞头的来历，现代服饰史专家黄能馥等先生研究认为：

秦汉时期华夏地区身份高贵的人，男子二十而冠，戴的是冠帽，身份卑贱的人戴帻，帻本是一种包头布，用以束发。在关西秦晋一带称为络头，南楚湖湘一带称为帕头，河北赵魏之间称为幧头，说或称之为陌头。使用时就是用一块巾布从后脑向前把发髻捆住，在前额打结，使巾布两角翘在前额作自然的装饰，这在当时青年男子中间，认为是一种美的打扮，所以乐府诗《陌上桑》有“少年见罗敷，脱帽著帩头”之句。东汉以来有些有身份的人士，则用较完整的幅巾包头。北周武帝宣政元年，将幅巾戴法加以规范化，并以皂纱为之，作为常服。①

黄先生等人的这种说法遭到孙机先生的反驳，孙先生在《从幞头到头巾》一文中认为：

然而应当指出的是，幞头并不是直接继承幅巾而来。对于幞头说来，幅巾仅仅起着先驱的作用，并不是它的原型。这是由于：

① 黄能馥、陈娟娟：《中华历代服饰艺术》，北京：中国旅游出版社，1999 年，第 192 页。

首先，裹幅巾的东晋、南朝人士，“皆……衣裳博大，风流相放”，仍保持着汉以来的传统服装式样。幞头却是和圆领缺胯袍配套的。褒博得衣裳与缺胯袍分属不同的服装系统，所以与后者配套的幞头的前身，不能到与前者配套的幅巾那里去寻找。其次，在形象材料中，也看不到自幅巾向幞头演变的发展序列。因此，虽然不能说幞头和幅巾毫无关联，但它们中间的断层却是不容忽视的。

孙先生通过大量的出土陶俑和墓道壁画认为，隋唐流行的幞头和鲜卑人的帽子之间有非常大的承袭关系，“（自十六国以后）在此期间，由于胡服，特别是鲜卑装的强烈影响，我国常服的式样几乎被全盘改造。这时形成的幞头，虽然远远地衬托着汉晋幅巾的背景，却是直接从鲜卑帽那里发展出来的”。孙先生的立论以考古发现为基础，较为可信。

幞头的戴法有两种：第一，先将一幅方巾从中线折合成两个长方形，将折口放在额前罩在头发上，然后将脑后的四角结扎，先将下层两角在脑后打结成自然飘垂状形成装饰，再将上层两角从前打结处系紧反缚到前面固定发髻、擒住巾顶。第二，先将一幅方巾从对角线处斜折成等边三角形，将折口放在额前罩住头发，随后将脑后的四角依次结扎，先将三角形底边处的两脚系扎在脑后，然后将三角形顶角处的两脚从前面结节处的上面反缚到前面系结。马周对此种裹法的解释是：“裹头者，左右各三襵，以象三才，重系前脚，以象二仪。”（《新唐书·车服志》）这两种裹法是最基本的裹法，前一种裹法裹成之后，两脚紧靠在一起，后一种裹法裹成之后，两脚分别在左右风池边，距离较前者远。除此之外，还有在裹头之前“先以幞头曳于盘水之上，然后裹之”(《封氏见闻记·巾幞》),这种裹法被称为“水裹”。宋代沈括在《梦溪笔谈·故事一》中述及:“幞头一谓之‘四脚’，及四带也，二带系脑后垂之，二带反系头上，令曲折附顶”，则较为典型地说明了幞头的戴法（参看图 3–28）。

隋代的幞头是直接裹在发髻上，外观顶部较为低平，有后垂两脚的，譬如武汉周家大湾隋墓出土陶俑、湖南湘阴隋墓出土陶俑都属此类，也有额前脑后各垂两脚形成四脚装饰的，譬如莫高窟第 281 窟隋代壁画中戴幞头的男子。总体上，隋的幞头顶部低平，裹法简单。唐初的幞头裹法较隋特殊，顶部较隋代要高，并开始人为使之隆起而增加美观。《旧唐书 · 令狐德棻传》中有“高祖问德棻曰 :‘比者，丈夫冠、妇人髻竞为高大，何也？’”，武德年间流行的高冠大髻已到了惊动皇帝关注的地步，可见其高。唐初高顶幞头的出现和此时幞头的用料是分不开的。

唐代幞头的用料较隋代要轻薄，因幞头源自于鲜卑人的鲜卑帽，故北周与隋幞头初出时，一般多用避风防尘防寒的厚料，因料厚，缠裹后自然有型，并不需要再作其他处理；但“唐始以罗代缯”(《宋史 · 舆服志》)，而唐的“幞头罗”又比较轻薄，说它轻薄是因为后世宋人干脆将它称为“幞头纱”①,缠裹后如不做特殊处理褶皱较多不好看。于是，自“幞头罗”定性之后，也就是武德年以后，为平整好看都要在幞头内衬以巾子,《封氏闻见录·巾幞》

① 见（宋）钱易:《南部新书》丙说:“元和、太和以来,左右中尉或以‘幞头纱’赠清望者。”宋去唐不远，可见“幞头罗”已是专指，而所指之织物则轻薄似纱。

中有“幞头之下，别施巾，象古冠下之帻也”的记载，说的就是这种情况。宋代郭若虚《图画见闻志·论衣冠异制》中也有“……巾子，裹于幞头之内”的记载，可见自武德年起，这种在幞头之内另加巾子的做法已成惯例。从1964年新疆吐鲁番阿斯塔那墓地出土的唐巾子的实物看，巾子应该是一种类似魏晋笼纱冠一样的帽盔，其材质主要以桐木、丝葛、藤草、皮革等制成，将巾子罩在发髻上，一方面固发，另一方面可保证裹出一定形状、较为平整的幞头外形（参看图3-29）。

巾子的加入使幞头外形更加富于变化，可以根据巾子的不同形制，裹出各种不同样式。幞头的外形据此发生了较为复杂的流行变化。《旧唐书·舆服志》中记载：

武德已来，始有巾子，文官名流，上平头小样者。则天朝，贵臣内赐高头巾子，呼为武家诸王样。中宗景龙四年（710年）三月，因内宴赐宰臣已下内样巾子[①]。开元已来，文官士伍多以紫皂官絁为头巾、平头巾子，相效为雅制。玄宗开元十九年（731年）十月，赐供奉官及诸司长官罗头巾及官样巾子，迄今服之也。

唐初流行平头小样巾，在贞观四年（630年）入葬的李寿墓壁画和咸阳底张湾贞观十六年（642年）入葬的独孤开远墓出土陶俑的头上都能看到内衬这种巾子的幞头。武则天时期赐武周贵臣高头巾子，高顶部分呈两瓣，中间部分呈凹势，称“武家诸王样”，衬这种

① 此种巾子即《新唐书·车服志》所称：“中宗又赐百官英王踣样巾，其制高而踣，帝在藩时冠也。”

巾子裹出的幞头在天宝三年（744年）入葬的豆卢建墓出土陶俑身上也能见到。中宗时赐给百官“英王踣样巾”，式样高而踣前倾，唐玄宗开元年赐供奉官及诸司长官官罗巾及官样巾子，又称官样圆头巾子。到晚唐时期，巾子造型变直变尖，盛行一时，一直延续到了五代。

除了巾子的加入丰富了幞头的形状以外，幞头脚的变化也丰富了幞头形状的内容，幞头脚即幞头系扎后留在脑后的两根带子，最初只是自然下垂的两根软脚，称为“垂脚”或“软脚”，后来将带子加长，打结后可作装饰，称为“长脚罗幞头”。中唐以后的幞头之脚，或圆或阔，中间有用竹丝、铜丝或铁丝等物做骨架的硬脚，使之富有弹性，犹如硬翅微微上翘，谓之“硬脚”，进而出了“翘脚幞头”“直脚幞头”和“展脚幞头”等各种样式。

中唐巾子的踣已由前俯变为直立；晚唐巾子变为微微后仰，巾顶的分瓣也不十分明显，两脚渐为平直或上翘，被称之为“朝天幞头”或“朝天巾”。至五代，幞头已发展成两脚平直，有木胎围头，在木胎上糊绢罗，涂上里漆，成为可脱可戴的帽冠。宋明的官帽——乌纱帽就是由此发展而来的。中晚唐至五代、宋的幞头因其脚内用铁丝缠裹成硬脚。所以根据幞头脚的形状不同又分为交脚幞头、折脚幞头、垂脚幞头、顺脚幞头，或顺风幞头，展脚幞头、直脚幞头，以及朝天幞巾、朝天巾等（参看图3-30）。

【胡帽】

胡帽则是随着胡服在中原地区的影响日渐加深而流行起来的首服。在隋唐五代的官宦士庶中，不分层均以之为时尚，但因为其来源于不同的民族、不同的地域，形制较为复杂。（见女服胡服部分）其中主要有帷帽、浑脱帽、席帽等。

（五）官常服的足服

靴在这一时期为男子常服的搭配首选。隋时，皇帝贵臣就多服乌皮六合靴，唐初马周将靴的长勒改为短勒，更加方便穿服，无论文武官员常服时足衣均着靴。六合靴用七块皮子拼缝而成，成品之后有六条缝纹，所以又叫“六缝靴”。靴口较宽，上有带系扎，靴勒可以纳物，小到书信，大到小笸箩。唐男子的靴与女子的靴样式相同，有翘头靴、尖头靴、圆头靴等诸多式样。

二、民常服

唐代平民服饰，目前所论不多，我们仅能从唐代各帝颁布的诏敕禁令中发现一些蛛丝马迹。《新唐书·车服志》中记载，玄宗时“流外及庶人不服绫、罗、縠、五色线靴、履”。形成这种局面的主要原因是贵族和平民由于身份地位不同，在整个社会发展的过程中各自所能占有的社会资源比重不同。平民虽然人数众多，但其占有的社会资源少，千年之后能留下的痕迹也不多。所幸不断发现的唐代壁画资料还是为后世探索发现唐代庶民服饰提供了雪泥鸿爪的佐证。

唐代平民男子[①]的服饰在现存的文献资料中所载极少，但从敦煌壁画和20世纪50年代以来西安等地的唐墓考古发掘中出土的农人、船夫、猎户、养马人、牵马人等庶民图像资料里，为我们研究唐代平民的服饰提供了帮助。

① 具体内容请参阅拙著：《隋唐平民服饰研究》，北京：人民出版社，2023年。此处的庶民并不包括贵族的侍者、侍卫和僮仆，虽然这些人地位较低，但他们与贵族的关系密切，服饰并不能体现社会下层的真正面貌。

表 3-12：唐庶民男子的壁画形象

年代	材料出处	人物	服饰形象
贞观五年(631年)	陕西博物馆：《唐李寿墓壁画试探》,《文物》1974年第9期	第三天井底部：牛耕、播种、中耕、牛栏、饲养	幞头、圆领窄袖短袍、紧口长裤、腰系革带、靴或鞋
乾封元年(666年)	昭陵韦贵妃墓道壁画	天井西壁画：献马客2人	其一：头戴红色翻黄边胡帽，翻领、窄袖及膝红色短袍，黑色长腰靴；其二：头戴黑色幞头，圆领窄袖，青色长袍袍裾掖在腰带下，白色长裤，黑色靴子
盛唐	敦煌23窟壁敦煌壁画中的农作图 王进玉：《敦煌民俗研究》，甘肃人民出版社，1999年	雨中耕作的农民	农人一：头戴斗笠，身穿交领短袍，腰系缕带，下身穿缚腿裤，赤脚；农人二：头戴斗笠，身穿交领短半臂，下服围裳
盛唐	敦煌323窟壁画 沈从文：《中国古代服饰研究（增订本）》，上海书店出版社，1999年	船夫	头戴斗笠，身穿短袍，外罩半臂袍，小口长裤，麻履
麟德二年(665年)	李震墓道壁画 介眉：《昭陵唐人服饰》，三秦出版社，1990年	驾牛车人	戴黑色羊皮浑脱帽，翻领短上衣，下穿汞红色犊鼻裈
上元二年(675年)	阿史那忠墓道壁画 介眉：《昭陵唐人服饰》，三秦出版社，1990年	墓道东壁：驼夫 墓道西壁：驾牛车2人	驾牛车人：皆头戴浑脱帽，前者穿乳白圆领袍，白束腿裤，素色线鞋，后者白圆领袍，黑色高腰靴
开元六年(718年)	李贞墓道壁画 介眉：《昭陵唐人服饰》，三秦出版社，1990年	牵马俑；牵胡驼俑	牵马俑：戴黑幞头，身穿绿色紧袖上衣，外罩赭绿色翻领半臂袍，袍角左掖，腰束缕带，下身着犊鼻裈，赤足；牵驼俑：戴黑色翻沿胡帽，红色交领窄袖上衣，外罩翻领绿半臂袍，腰系缕带，足蹬革靴
晚唐	敦煌壁画—张议潮夫妇出行图 沈从文，《中国古代服饰研究（增订本）》，上海书店出版社，1990年	百戏人物	力士身穿蓝色镶白交领半臂，臀围红色短裳，下身着白长裤，乌靴。其余画面中男子皆头戴褐色胡帽，上身着圆领缺胯袍，下身着白裤，腰系带，脚着履
晚唐(862—865年)	敦煌85窟壁画 沈从文，《中国古代服饰研究（增订本）》，上海书店出版社，1999年	猎户	猎人一：头戴尖顶拖裙毡帽，身穿圆领及膝短缺胯袍，腰系革带，卡夫口长裤，麻鞋，肩扛斧;猎人二：幞头，圆领长缺胯袍，腰系革带，革靴，手拿猎鹰。猎人三：头戴毡帽，身穿圆领袍，腰系革带

从以上材料来看，唐庶民的服饰主要由首服、身服、足服等组成。

（一）首服

【幞头】

庶民戴幞头的形象，从上述资料来看，多出自汉族农夫、牵马客，没有胡人相貌的平民戴幞头的纪录。而且幞头的款式有明显的前后期变化，在公元 631 年（贞观五年）入葬的李寿墓墓道壁画中，无论是扶犁播种的，还是在牛栏饲养家畜的，抑或是抬重物的，凡所涉及的劳动者都以黑色、软角幞头为首服，帽袱较圆平。而公元 718 年（开元六年）入葬的李贞墓墓道壁画中的幞头虽也为黑色，款式却有较大的变化，李贞墓中的牵马俑所戴之幞头折角上绾于帽袱处，帽袱高大前倾（参看图 3-31）。

【浑脱帽】

胡帽以唐初的墓道壁画所见较多，就现存壁画来看，样式的变化也较大。在李震和阿史那忠的墓道壁画中，驾牛车的人所戴的都是羊皮浑脱帽，也有学者将其称为“羊皮馄饨帽”（参看图 3-32）。据《新唐书·五行志》记载：“太尉长孙无忌以乌羊毛为浑脱毡帽，人多效之，谓之‘赵公浑脱’。近服妖也。”相同的内容在《朝野佥载》中载有：“赵公长孙无忌，以乌羊毛为浑脱毡帽，天下慕之，其帽为‘赵公浑脱’。”有学者以这条史料为线索认定浑脱帽应起自于长孙无忌，但从壁画的内容来看，这段史料显然有误。因为武则天在永徽六年（655 年）十月已被封后，在永徽六年至显庆四年（659 年）的这段时间里武氏已将长孙无忌、褚遂良等人清除出中枢，而李震墓葬于665年（麟德二年）、阿史那忠墓葬于675年（上元二年），两墓壁画的驾牛车人都戴浑脱帽（参看图3-33），如果浑脱帽始于长孙无忌，在他被判“谋反”投缳，其子被流岭外，从弟也被贬的情况下，举天之下，谁还会因羡慕追随一个乱臣贼子的时尚？更何况李震死时其父李勣还健在，不可能在其子的墓道壁画上涉及敏感题材。另外张鷟在这句话之后还有一句颇富感情的话："后坐事长流岭南，浑脱之言，于是效焉。"可见《新唐书》中的服妖说即源于此。《旧唐书·舆服志》中并没有相同的记载，也可佐证这种说法的不正确性。有关“浑脱”究竟为何物？在明人叶子奇的《草木子·杂俎篇》中载有："北人杀小牛。自脊上开一孔，逐旋取去内头骨肉，外皮皆完，揉软用以盛乳酪酒湩。谓之浑脱。"可见，浑脱应该是北方游牧民族的一种皮革制作技术。主要是把牛羊皮全体脱下，使整张皮为一整体，中空可以储酒水、乳酪等，浑脱帽也应是此种方法制作的一种简易的御寒首服。从制作手段来看，此帽长途旅行时可以储水、储酒、储奶酪，天凉时可以御寒，浑脱帽的问世更像是北方游牧民族集体智慧的体现。所谓长孙无忌创制浑脱帽的说法，应该是宋人在著《新唐书》时对《朝野佥载》所记史实的误读。张鷟所记是当朝事，虽然不太可能出错，但张鷟所说的是长孙无忌“以乌羊毛为浑脱毡帽”，可见，长孙氏只是用黑羊毛毡代替黑羊皮改进了浑脱帽的制作材料和制作方法，浑脱帽与长孙氏的“赵公浑脱”综合文字和壁画图像来看，因材质不同，制作方法和形状都有区别。

【席帽】

安史之乱以后，唐人对于胡服有了明显的选择性，表现最明显的就是席帽的出现。中晚唐敦煌85窟壁画中的三位猎户头上，一种新的、不同于胡帽和幞头的平民首服开始大规模流行开来。在《旧唐书·裴度传》中，曾经救过裴度一命的席帽被称为毡帽，毡帽在后世服饰史研究专著中多将其归为胡帽类[①]，且与平民无关，这与隋唐以前正史中毡帽多出自《四夷传》有关。但在新旧唐书有关四夷的记载中却皆无毡帽的记载，仅在《新唐书·兵志》内记载了府兵各装备中有"毡帽"一项，显然毡帽肯定另有来历。

唐代的毡帽除了上文提到的资料来源之外，晚唐李匡文的《资暇集》中对永贞到会昌年间毡帽的一系列演化过程作了详细记载：

永贞之前，组藤为盖，曰"席帽"，取其轻也。后或以太薄，冬则不御霜寒，夏则不障暑气，乃细色罽代藤，曰"毡帽"，贵其厚也。非崇贵莫戴，而人亦未尚。元和十年（815年）六月，裴晋公之为台丞，自通化里第早朝，时青、镇一帅拒命，朝廷方参议兵计，而晋公预焉。二帅俾捷步张晏等傳刃伺便谋害，至里东门，导炬之下，霜刃欻飞，时晋公繄帽是赖，刃不即及，而帽折其檐，既脱祸，朝贵乃尚之。近者布素之士，亦皆戴焉（折檐帽尚在裴氏私帑中）。太和末，又染缯而复代罽，曰"叠绡帽"，虽示其妙，与毡帽之庇悬矣。会昌已来，吴人炫巧，抑有结丝帽若网，其巧

① 沈从文：《中国古代服饰研究（增订本）》，上海：上海书店出版社，1999年，第269页。

之淫者，织花鸟相厕焉（近又染藤为紫，复以轻相尚）。[①]

李氏的记载虽详细，但除元末明初的陶宗仪在《说郛》中加以引用之外，并未引起后世学者的注意。

从李匡乂的记载来看，席帽的演变经历过四个重要阶段。第一阶段永贞年以前，这时的席帽主要由竹藤等材质编制而成，刷桐油可以避雨雪，不刷桐油的席帽虽轻薄，但夏不避暑，冬不御寒，实用性不强。第二阶段永贞年以后，用极细毛线（类似今天的开司米）代替竹藤制作高档席帽，并改称之为“毡帽”，此种材质，夏可以吸汗避暑，冬可以御寒挡风。但因为制作精细，价格昂贵，只在河洛间地位极其尊贵的权贵间流行，普通贵族与平民间并不识货。第三阶段元和十年（815 年），因裴度遇刺时受毡帽庇护，使原本受众极少的毡帽进入大众视野，一般贵族开始追捧毡帽。第四阶段太和末年，就连置办不起精细毛织材质的平民，也想尽办法用缯帛一类的面料代替细毛线，制作仿毡帽的“叠绡帽”。在这个阶段里，从会昌年间到五代，毡帽越来越名不符实，时尚花样层出不穷，有将胎藤或胎竹染成紫色，然后编织成轻便席帽的，也有将毡帽上的毡换成丝网的，还有将毡换成丝织物并在帽子两侧织出各种花样的时尚。

席帽糅合了笠帽的实用性和毡帽的保暖性，自晚唐五代开始在平民中间大行其道。在莫高窟第 61 窟《五台山图》中，表现辗

① 原田淑人：《中国服装史研究》，合肥：黄山书社，1988 年，第 119 页。也引用了这段材料，但原田氏认为“其制不详”，并猜测有檐的“毡帽”应该是胡人习俗，但原田氏也忽略了气候问题，裴度的毡帽是初夏的装束，肯定和胡人避寒用的毡帽有区别。

转于五台山各个寺庙之间的平民香客大部分头戴席帽，直到元明的传世画作中，仍能看到席帽的形象资料。朱彝宗画像中，头戴的就是席帽，席帽在普通山野村夫和渔樵耕猎者间普遍使用，因为它的平民性，也成为隐逸的标志之一（参看图 3-34）。

（二）身服

【半臂袍】

唐庶民男子在劳动时，上身一般穿圆领窄袖短上衣或交领窄袖短上衣，外罩长仅及膝的半臂袍，腰系缕带或革带。从壁画材料来看，文献中提到的缺胯袍，只在敦煌第 85 窟壁画材料中的猎户身上可以看到，这种装束在《新唐书·车服志》中有记载："开胯者名曰缺胯衫，庶人服之"，通常被看作是便于行动的庶民装束。但从唐代壁画中的庶民形象来看，庶民劳作中并不见此服，反而在懿德太子和章怀太子墓道壁画中的侍卫，以及《张议潮出行图》中的乐工、下级官吏身上更常见。可见缺胯袍在使用中更接近近侍与下级官吏的具体生活，真正的下层劳动人民因无力负担袍服的制作费用，在日常生活中并不常用，更愿意穿着及膝的半臂袍。

值得说明的是，庶民男子的半臂袍与贵族的半臂相较，更加实用。首先，庶民男子的半臂袍通常都较长，可以将内着的短上衣罩住，这样既方便行动，又能最大限度保暖散热。其次，庶民男子的外罩半臂除白色外，还有赭绿色和绿色，这虽不符合唐服制规定，但与汉代以来的商庶穿着状况相近。在《后汉书·舆服志》中记载，"贾人，缃缥而已"。在穿半臂袍时，可以将半臂的衣角掖于缕带，形成缚半臂的穿法，但在文献材料中只有"缚衫"的记载，却不见“缚半臂”的记载。可见真正下层社会的穿法，并不能完全见诸于文字记载。

【裤装】

敦煌壁画中的庶民下身多穿紧口翻边的胡服长裤，敦煌壁画中的奴婢、猎户、乐工、商旅都有着此装的形象。陕西境内出土的唐墓壁画中的庶民则多穿束腿裤或犊鼻裈，这与关中地区、敦煌所处的地理位置和气候条件不同有关，也说明，平民的衣着和气候条件的关系比之其与制度的关系要更大。唐平民着束裤，一般束于膝盖之下，和魏晋南北朝的裤褶束于膝盖之上的做法有异。这时的犊鼻裈像今天的篮球运动员所穿的篮球短裤，但裤长及膝和汉代画像砖中司马相如所着长仅掩臀的犊鼻裈也有区别，着犊鼻裈时常见赤脚，说明这是气候极热时下层劳动者的装束。

(三)足服

【履】

唐庶民男子足服着履的情况较多，这一时期的履有麻履、线履、藤履、草履、棕履。除履之外还有木屐与靴。这时的履取材容易、制作方便、穿着轻便，使用广泛。除履之外，在庶民劳动者中间，还有热天赤足的习惯。这当然也和庶民中的下层劳动人民的经济条件有关。

【靴】

靴的使用，从壁画材料来看，下层劳动人民穿靴主要集中在猎户、马夫、力士、乐工等职业者，猎户、马夫要骑马，力士、乐工有表演要求，所以虽身处下层也以穿靴者居多。普通劳动者要参加耕作，还是以履为主。靴的穿法有两种：一种将裤口掖在靴靿中，将整个靴子露出；一种将靴靿藏于裤口中，只露靴鞋部分，这种穿法容易与鞋履相混淆。

除款式上的变化外，在材质上，唐平民男子主要用麻布和毛线制作。服色也主要以麻本色、毛褐色为主。除此之外还有绿色、赭绿色等。

唐代平民男子的常服与官员的常服在制度层面上有严格的等级差异，区别主要集中在颜色和质地上。唐初《武德令》规定：庶人服白，屠商服皂。庶人服䌷、絁、布。但在具体执行过程中，平民也有穿皂、褐，甚至绿紫的情况。商人更是衣“紫锦裘”“朱帛”屡禁不止，有些有钱的商人其穿戴比下级官吏还要好。到唐后期，商人更是托名军籍，名正言顺地穿起了紫衣，这种情况一直延续到五代。但总体上，庶民男子的服饰，受经济条件制约的情况比制度制约的限制要更大，寒山的这首诗便是最好的说明：“笑我田舍儿，头颊底絷涩。巾子未曾高，腰带长时急。非是不及时，无钱趁不及。一日有钱财，浮图顶上立。”

第四章 威武实用的戎服

唐代是封建官僚体系非常完备的时代，武官制度体系也十分完备。武周时首创武举制度，更是完善了武官的人才选拔制度。戎服作为武官制度的外在体现，也比之前的任何朝代都要完备。唐戎服根据其形制、样式、材质、功能等的发展变化可将其分为初、盛、中晚三个时期。初唐的戎服基本保持着北魏至隋以来的样式和形制；盛唐整个时代太平安逸，服饰崇尚奢华、新潮，戎服也不例外，华丽威武；中晚唐社会动荡，藩镇割据，战事不断，戎服重归简单实用。总体上唐作战时的服饰具体包括：头盔、铠甲、战袍，另外还有武官朝参时的官服和官常服。本节重点介绍唐代武人作战时的装束。

唐代的戎服包括：头部护具、躯干护具、下肢护具三大部分。

其中头部护具主要有头盔；躯干护具主要有铠甲、护肩、披膊等；下肢的护具主要有腿裙和战靴。

第一节　头部护具

头部护具，秦汉以前称胄，秦汉以后称兜鍪，宋至明清称盔甲。与欧洲人、阿拉伯人对头部的保护意识不同，中国古代头盔护首主要保护的是头部的要穴，所以头盔的形状一定和这些穴位的分布相关。同理，头部关乎死生的大穴，皆要在胄（兜鍪、盔甲）的保护之内（参看图 4-1）。譬如额头的印堂穴，头顶的百会穴，脑后的风池和风府穴，两侧颞骨上的太阳和角孙穴等，这些穴位如遭重击或伤害，轻则昏厥失去战斗能力，重则危及生命，尤其是百会穴，是人体的要穴。所以无论是先秦的甲胄，汉末至唐初的兜鍪，还是贞观以后的盔甲等护首装备，重要功能就是保护以上大穴。古代的头部护具为了保护百会穴，一般都要在百会穴上方再增加一层保护，譬如特意在兜鍪的顶部再加一个小圆顶装饰，或者特为加高兜鍪的顶部，形成独特的高盔顶装饰等，就连贞观以后盔甲上的插缨管起的也是护穴的作用。受经络穴位思想的影响，中国古代的盔甲中，很难看到像欧洲骑士一样将整个脖颈一并包裹进去，只眼部开窗的头部护具，中国古人的这种既不失灵活，又重点防护的做法，随着科技的发展，也得到现代军事医学和现代军事装备科学的认同，从第一次世界大战起，士兵们的钢盔，就只保护头部，而不再将头颈看作一体。

唐戎服中保护头部的任务主要由头盔承担。头盔又称为“兜鍪”“兜牟”，简称“兜”，也可称为“胄”“鞮鍪”“首铠”。唐代的头盔从形状上可以分为：兜鍪期和盔甲期。

一、兜鍪

初唐时沿袭隋的传统，头盔仍称兜鍪，形状大体与魏晋南北朝相同，同属于从东汉末年开始的兜鍪期。

鍪是古代的炊器，圆底鼓腹敛口，之所以将此时的头部护具称为兜鍪，是因为此时的头盔形状简单，不设装饰，就像一口圆底鼓腹的炊器。《汉书·刑法志》在叙述魏国兵卒的装备时，提到“魏氏武卒，衣三属之甲”，这里的“三属”之甲，汉末魏初苏林的解释是“兜鍪也，盆领也”，此处“领”通“首”，意即兜鍪像盆一样扣在头上，可见兜鍪就是像盆一样简单有效的头部护具；除此之外，《后汉书·袁绍传》也有“绍脱兜鍪抵地”的记载，意即袁绍脱去兜鍪，以头抵地顿首。此外，呼和浩特收藏的北魏铁兜鍪（参看图 4–2 左）、太原北齐娄叡墓出土武士俑头戴兜鍪、河北吴桥北朝出土武士俑和敦煌唐代石窟中的天王像（参看图 4–2 右）等也从文物角度证明，从东汉末年开始到唐初，头部护具主要以兜鍪为主的情况。兜鍪的大规模使用主要和东汉末年开始的动荡时局分不开，三国、两晋、南北朝时期战乱不断，交战各方在旷日持久的争战中，皆无力承担制造形状复杂、装饰繁复的盔甲，简单有效的护具（兜鍪、裲裆铠）应运而生，因其简单实用，即便在隋唐仍有兜鍪的变种盔流行。从文献记载到文物都证明兜鍪的大体形状像盆，虽然后期有装饰变造，但大体形状仍然简单实用没有变化，而非现代有些描述三国的影视作品那样，将魏、蜀将士的头盔做成碟子形（有很宽的一圈帽盔）。

隋至唐初头部护具仍处在兜鍪期，佐之以实物资料，洛阳龙门石窟敬善寺中开凿于麟德元年（664年）的天王像头上可看到与隋兜鍪相同的护具。除此之外，咸阳独孤开远墓出土持盾武士俑，据考证制作年代为贞观十六年（642年），其形制也是兜鍪盔的装束。兜鍪盔整体简洁，没有过多的装饰，实用性较强（参看图4-3-3）。

二、头盔

贞观及以后，造型简单的兜鍪逐渐被造型和装饰更为复杂的各式头盔所取代。此时的头盔，在兜鍪的形状上，往往会在胄顶和面颊两侧的护具上增加装饰。

唐昭陵陪葬张士贵墓出土贴金彩绘武士俑的头盔就是这种样式的典型代表（参看图4-3-1）。此后，受太宗创制的翼善冠的影响，盛唐时的头盔盔顶一般都有装饰，或羽毛，或铁珠，或红缨（参看图4-3-2）。盔附在脸颊的地方通常斜向上翻，形成护耳装饰。此装饰还有鸟雀形象的，变化较多，装饰性较强。

洛阳龙门南郊发现了一座保存完好的唐墓，墓主人安菩出生于公元600年左右的西域“昭武九姓”之一的安国，公元630年（贞观四年）随父归顺大唐，因骁勇善战，被封为定远将军，公元664年（麟德元年）葬于龙首原，40年后其子将安菩与其妻合茔于洛阳龙门。因安菩墓没有被盗掘过，出土三彩墓俑保存基本完好，在这些三彩器墓俑中有两件镇墓天王俑值得关注。

一件头戴鹃式盔（参看图4-4右），身着黄绿釉铠甲。瞋目嗤鼻，左右两肩至臂装饰兽首式衔臂护膊，左臂曲肘作持兵器状（兵器缺失）；右手叉于腰间，腹两侧各垂饰一片膝裙，铠甲后缘中间垂缀鹊尾式裙踞，在小腿上缚有护缚，足着黄色尖头履，胸、腹及小腿部为白色。左弓步，双脚踏绿色卧牛，下为镂孔台座，通高 113 厘米。另一件形态与前件对称（参看图 4–4 左），身着绿赭黄及白色斑点的铠甲，绿釉饰边，护胸上浮雕兽首，左右肩臂饰禽兽形象。右手曲肘上举握兵器，左手下叉于腰间，右弓步，双脚踏白色卧牛，立于镂孔台座上。

晚唐的头盔开始用大量的红缨装饰盔顶，护颊部位的装饰出现了凤翅状的图形，但总体上中晚唐的头盔存在两种情况：第一种是用于实战的头盔，由盛唐注重装饰性回归注重实战性；另一种则是更加强化了盛唐对头盔所做的装饰，这一类以敦煌壁画中各类天王像为代表。

唐代的头部护具不管形状如何，多用金属制作，即使是皮甲也用金属头盔。

值得一提的是，唐代还曾出现过兽头盔，这种盔用动物的头骨、皮毛制成。尉迟敬德墓（葬于显庆四年，即 659 年）出土一武士俑，头戴虎头头盔，身穿绿战袄，胸饰铠甲，虎皮护臂，束窄黑革带，围黄褐色豹皮裳，穿翘头系带战靴，穿宽腿裤，整个造型仿照老虎的样子，威武又粗犷（参看图 4–5）。

第二节　躯干护具

唐代戎服的躯干护具又可分战衣和铠甲两大类。使用的材料比之头部护具要精细，其中战衣使用的主要有麻布、丝帛；铠甲使用的主要有铜、铁、各种动物的皮革，还有藤、布、绢、纸等。其中金属甲除铜、铁之外，还有皇帝、皇族、贵臣显宦在仪式上穿戴的金、银类仪仗甲。皮革类铠甲主要使用的是犀牛皮，但有时也用骆驼、象、鲨鱼等动物皮。盛唐仪仗队的仪式甲多用丝帛的绢甲充任。纸甲是唐僖宗时徐商创制出的新甲种，也是中国特有的甲类。

一、战衣

唐代的战衣又包括战袍和战袄。

(一)战袍

战袍比战袄要长，通常战袍或战袄单着，但也有连服之时。据《唐六典·两京武库》记载："武库令掌藏天下之兵仗器械……袍之制有五:一曰青袍,二曰绯袍,三曰黄袍,四曰白袍,五曰皂袍。"又有:"今之袍皆绣画以武豹、鹰鹞之类，以助兵威也。"这类战袍，据周锡保先生考证"比官服的袍要窄要短"[1],周先生虽然也认为如果外披战袍而内着铠甲的话,外披的袍"当是较宽大的袍"[2],但周先生不认为唐代有这种穿法，因为"在唐代壁画及陶俑中尚未见有这种着法"[3]。不过现在发现在昭陵六骏图中正在为飒露紫拔箭的

① 周锡宝:《中国古代服饰史》，北京：中国戏曲出版社，1984 年，第 230 页。
② 周锡宝:《中国古代服饰史》，北京：中国戏曲出版社，1984 年，第 230 页。
③ 周锡宝:《中国古代服饰史》，北京：中国戏曲出版社，1984 年，第 230 页。

丘行恭穿的正是此类战袍（参看图 4-6）。从此图中看到，战袍穿在战甲之上，在这类穿法中，最著名的要算《夜读春秋》中的关羽了，可见在枕戈待旦的战斗岁月里，将战袍穿在战甲之上是一种较为普遍的做法，唐代也不例外。

（二）战袄

战袄通常用质地厚实的麻布制成，冬季则穿蓄絮麻衣，称为“纩衣”。据《袍中诗》诗题记载：

开元中，赐边军纩衣，制自宫人。有兵士于袍中得诗，白于帅。帅上之朝，明皇以诗遍示六宫。一宫人自称万死，明皇悯之，以妻得诗者，曰：“朕与尔结今生缘也。”

在这个边兵与宫女的传奇爱情故事中，有两件重要的事情。第一，唐边将、边兵有在甲上罩袍袄的习惯。这种穿服法，最大的好处就在于蔽体保暖的同时，又能时刻保持战斗状态，脱去外罩战袍便能即刻投入战斗，保证了兵士的作战效率。第二，边军的寒衣并不全是自备，有一部分由募集提供。唐前期实行府兵制，府兵需要自备的个人装备，据《新唐书·兵志》记载有：“毡帽、毡装、行藤皆一”，可见府兵必须自备御寒装备，但如遇常年征战，如何替换装备，规定中并没有记载。这个爱情故事里，宫女缝纫了边将的纩衣，说明即便是府兵制下，遭遇连年征战时，军队的物资补给中原本由府兵家庭提供的部分，也可能由政府提供，或者由朝廷募集获得。

唐代戎服多用黄色，只是禁用赤黄色，也有以红、黄、紫、青等颜色辨别部队的做法。只有太宗十二年时始设的“飞骑”，因属于精挑细选的健儿，可以“衣五色袍”(《新唐书·兵志》)。

墓道壁画中还存在大量将铠甲穿在袍服之上的图像资料，尤其是在服用裲裆铠时要在铠甲之下穿服袍衫，这种袍衫叫“急装”。《南史·废帝东昏侯纪》:“帝骑马从后，著织成袴褶……戎服急装缚袴，上著绛衫，以为常服，不变寒暑。”从唐代的壁画、陶俑来看，大凡穿裲裆铠者，里面都衬有这种“急装”，卸掉铠甲，也可单独穿此服。它和普通的服式的最大区别就在于合身适体，可以应急，所以被称为“急装”。唐代的战袍，在继承魏晋南北朝戎服的基础上有很大进步。将士平常穿袍袄，袄的下摆开衩，名叫“缺胯”，有别于不开衩的“合胯袄子”。这种战袄初见于隋，到了唐代，则用兽纹织物为之，以壮军威。如《中华古今注》记:“隋文帝征辽，诏武官服缺胯袄子。……至武德元年(618年),高祖诏其诸卫将军，每至十月一日，皆服缺胯袄子，织成紫瑞兽袄子；左右武卫将军服豹文袄子。”延载以后，又在将帅战袍上绣画上凶猛的禽兽纹样，以示勇猛。除战袄之外，唐代还有号衣，高骈《闺怨》:“人世悲欢不可知，夫君初破黑山归。如今又献征南策，早晚催缝带号衣。”这也是标有部队番号的士兵制服。

二、铠甲

在冷兵器时代，战甲作为作战人员的人身防护装备，不仅必要，还因“器械巧则伐而不费”(《管子·兵法》)，有利于提高作战能力、鼓舞士气、稳定军心，成为军队必不可少的装备物资之一。唐朝时，更是成为政府专管的军事物资，私藏铠甲可以作为谋反谋叛的重要依据，安禄山反叛的直接导火索，就是因其在长安的府邸中，发现私藏铠甲数十具又无法解释其合理来源，安禄山认为自己被杨国忠诬陷，但因当时大型武器和铠甲属于政府管控，武器中只有佩刀（参看图 4-7）和弓箭自备，不允许甲胄自备，所以安禄山并没有选择进京向玄宗说明情况，而是选择了打着“清君侧、诛国忠”的旗号起兵反叛。

据《管子 · 地数》记载，最早的铠甲出现在黄帝时代，当时“葛卢之山发而出水，金从之，蚩尤受而制之，以为剑铠矛戟”，蚩尤作为上古的兵主战神，不仅创制铠甲，还制作了多种兵器。南宋程大昌认为管子所言，蚩尤创制的铠甲就是金甲，岂不知金的延展性虽好但较软，作铠甲的防护性不如美观性，显然这里所言“黄金”当是黄色的金属，也就是黄铜，这种对黄铜的溢美称呼在古人的生活中几成惯例。譬如直到清代时，吴三桂在云南的家庙，虽号称“金庙”，仍然由黄铜铸造。

《周礼 · 考工记》提到，掌管铠甲的函人可以制造犀甲、兕甲和合甲，这里犀为犀牛，兕为雌犀牛或青色的小犀牛。据现代学者考证，合甲是两层犀、兕的皮合二为一制作出的坚固、耐用的双层甲。另外，除皮甲外，《荀子》中还提到过鲛人的鱼皮甲，抛开古人神秘夸大的描写，牛皮、鱼皮都可以制作铠甲，这一点也到了少数族裔传世皮甲的证明。譬如赫哲族的鱼皮衣、鱼皮甲，台湾原住民泰雅人的鱼皮甲等。

南北朝时期中国已经进入重装时代，人马皆要披甲，马身甲称具装，十六国时期的冉闵就曾凭借重甲骑兵多次以少胜多，数千重装骑兵往往可以击败十倍于己的敌兵。不过很快擅长机动作战的中国人就发现，重装不仅不适合机动作战，而且随着锤、锏等力量型兵器的使用，厚重的装甲反而会加重使用者受内伤的概率和伤势，于是到隋末唐初时，唐骑兵很快与重装骑兵分道扬镳，步兵的装甲也以轻便、便于活动为主要设计思想，所以这一时期大唐军队的装备，与同时期罗马帝国和阿拉伯帝国的骑兵装备比较起来，有一目了然的差异。譬如唐军的头盔只护百会、太阳、风府等大穴，并不保护面门，这与投枪冲刺的欧洲骑士头盔包裹整个头颈部，只留眼睛的做法有明显的区别，现在一些影视作品中，将欧洲骑士的盔甲当作唐人的装具，是一件极不严肃的文化冒用，两种不同的历史发展脉络，其背后隐含着的是两种截然不同的作战思想。在中国人的影响下，亚洲人作战普遍追求灵活机动，而以阵地战为主的欧洲人，防护得则更为严密。战场上追求回马枪、三鞭换两锏打法的唐军将士，需要极致灵活的铠甲，唐军不仅弃用马具装，在单兵装备上也尽量使用更有效、更方便的保护措施，唐军的铠甲正是这种作战思想下的产物。

昭陵六骏中，中箭者有四骏，四骏中飒露紫当胸中 1 箭、青骓当胸 1 箭、后丘 4 箭、卷毛騧身中 9 箭、什伐赤身中 5 箭，除卷毛騧腹背皆有中箭外，青骓和什伐赤、飒露紫都是胸前和后丘中箭，可见在唐初的激烈战斗中，马已不再披具装。而从马中箭的位置来看，端坐于马上的战将有功能强大的护身铠甲罩体，效果明显。

唐代的铠甲，有保护全身的，也有只保护胸背的。此处所说的铠甲主要是指身甲、披膊、臂护。据《唐六典·两京武库》记载，唐铠甲有：明光、光要、细鳞、山文、乌锤、白布、皂绢、布背、步兵、皮甲、木甲、锁子、马甲等十三种。宋人周必大所著《二老堂诗话》中言“明光、光要、锁子、山文、乌锤、细鳞甲”是铁甲，后三种是以铠甲甲片或者甲片上的装饰纹样的式样来命名的（山纹、乌锤，细鳞），众铁甲之中，又以锁子甲最为精良。皮甲、木甲、白布、皂绢、布背，则以制造材料命名。

制甲的材质分甲页和甲背，甲页就是或金属，或皮革，或木头的叶片，这些叶片被绳索或铆钉固定在挂叶片的布帛或者皮革上，像一页一页的书页故名。而固定甲页的布帛或皮革就是甲背，不过挂甲页的布帛、皮革要制成铠甲的模样，也才能称为甲背。前人在讲铠甲材质时，常常混淆这两者。甲背的材质受铠甲的形状制约，通常使用皮革，就是“皮被甲”，如果是裲裆甲也可以使用木板或者金属板做甲背,如果使用布帛的话,这种甲也可以称为“布被甲”。甲页的材质受使用场合限制，譬如仪仗甲的甲页也可以用布帛或者刺绣制作，而实战甲，不管甲背使用什么材质，甲页必须有一定的抗攻击能力。

唐代的金属甲页，主要有铁、铜、铜铁合用等三种，但金属甲页都会面临久用生锈的威胁，所以，唐代的甲在鎏金技术成熟之后，逐渐开始在铁铜甲上鎏金、银防锈，也有用五彩髹漆来防锈的。

《考工记》记载，制作铠甲时，必先制作一个类似人体的“容”（类似今天服装设计师的人体模型），“凡为甲，必先为容，然后制革”，说的就是制甲的过程，做铠甲要先制作人体模型，然后用皮革做一个容身的甲背，然后再挂甲页。

(一)明光铠

唐代的明光铠是一种在胸背腹处装有金属圆护的铠甲。圆护大多用铜铁等金属制成，打磨得似镜一般光亮，穿上这种铠甲在阳光下作战，圆护会反射出耀眼的“明光”，故而得名。三国时曹植在《先帝赐臣铠表》中就曾经提到过它的名称，不过真正的普及还是在南北朝后期。《周书·蔡祐传》记蔡祐“著明光铁铠，所向无前。敌人咸曰‘此是铁猛兽也’，皆遽避之”。说的就是这种铠甲。唐代明光铠此“铁猛曾”制作更加精良（参看图 4-8）。

(二)裲裆铠

裲裆铠又称“裲裆甲”，使用历史悠久，在西周就有裲裆铠使用的痕迹，直到明光铠大规模使用前，它都是将士们的主要装甲，因其形制与当时服制中的裲裆衫相接近，故而得名。

这种铠甲通常由胸甲及背甲两片组成，肩上用皮带搭襻前后扣联，腰间用皮带系扎。如果甲页使用金属材质，以铜片和铁片居多，战国以前，多使用铜片，战国以后多使用铁片。如果使用皮革制甲，材料大多为犀牛、水牛、大象等坚硬厚实的皮板，或者稀有鱼皮片。在铁器大规模使用以后，用铁片制成者较多。

这种铠甲早在三国时曹植《先帝赐臣铠表》中就有“先帝赐臣铠……裲裆铠一领”的记载。南北朝时，不仅用于征战，而且还被指定为武官的制服甲。《隋书·礼仪志》记：“……侍从则平巾帻，紫衫，大口袴褶，金玳瑁装两裆甲。”《大唐开元礼》：“……

诸卫将军，并平巾帻，紫裲裆……”。此种铠甲的甲片有长条形与鱼鳞形两种，以鱼鳞形为常见。穿这类铠甲的人，一般里面都衬有厚实的裲裆衫，头戴兜鍪，身着袴褶裤。

(三)皮甲、木甲和纸甲

皮甲，又称革甲。南宋程大昌在《演繁露》“革甲”条中记述，借吴起之口，描绘出春秋时的革甲：朱红色大漆覆底，上面或用丹青绘制或烙烤出大象、犀牛等猛兽的图案，鲜艳华丽，但唯独没有描述款式。从出土实物来看，皮甲可以制作裲裆甲，也可以制作明光铠式。

木甲与皮甲一样古老，木甲可以将整块木板制作裲裆甲，也可以用小木块制作甲页，其抗冲击力并不输于皮革，还可以为皮甲做胎，在两层皮革中间夹一层木板增加皮甲的防护性能。因取材方便，成本较低，是军队缺乏经费时的首选，所以在乱世总能看到木甲被使用的痕迹。同属于木甲中的藤甲，在三国老将黄忠治下被运用得出神入化，唐末五代十国也有藤甲使用的情况。

纸甲则是唐代比较有特色的甲式。据《新唐书·徐商传》记载：徐商“襞纸为铠，劲矢不能洞”。《容安斋苏谈·谈物》介绍得比较详细：“以无性极柔之纸，加工槌软，叠厚三寸，方寸四钉，如遇水雨浸湿，铳箭难透。”此甲不仅可以应急，成本较低还不会生锈，直至宋明时还有人在制作纸甲。

(四)马甲

马甲多数学者也称其为“马具装”或者“马铠”，是重装骑兵的装备。但近年也有学者认为重装骑兵在唐代已退出战场，根据东晋以后的习惯，只有人穿的铠甲才能称“甲”，马着的甲衣只能称“具装”，而不叫“马甲”。因此，唐代的马甲应该也是武人铠甲之一种。

(五)绢甲

皂绢甲是一种用绢或织锦做面料的帛甲。刘永华先生认为:“绢甲是一种仪仗甲，一般不用于实战，只是宫廷侍卫、武士的戎服，它的出现可能是受到武官公服的帛制裲裆甲的启示。”① 绢甲因其材质的可塑性较强，不仅可以更加利索地包裹在身上，还可以使整件甲衣上下连属，较为突出地表现了盛唐的军容。

出现在唐代墓道壁画中的各种武士图中的甲士们的身甲，大多数属于此类绢甲。譬如长乐公主墓道壁画中的仪卫(参看图 4–9)和章怀太子墓道壁画中的仪卫等，这些甲式，肩甲更夸张，身甲更贴身，下肢护具往往过膝，颜色鲜丽，显然不能用于战场实战，后世在使用这些资料时，一定要认真鉴别。

总体上，初唐的铠甲和隋朝的铠甲相似，因为隋二世而亡，在隋统一的 37 年中，和平时间较短，铠甲、头盔的设计制作仍以实战的要求为目的，简单实用。

盛唐时期的盔甲，和当时的服装一样，华丽而鲜艳。在总结了明光铠经验的基础上，开发了更实用的复合装甲。胸部仍然是整块的胸护，手脚等部位也用铁铠保护，腰腹和关节则采用方便活动的皮革，威武的金属兽面吞口出现在护肩位置。全套盔甲用色鲜艳，再加上红缨、羽毛、鸟雀装饰，用于残酷战争的铠甲，

① 刘永华:《中国古代军戎服饰》，上海：上海古籍出版社，2003 年，第 89 页。

反而像参加盛大集会的华服，一派盛唐气象。

自安史之乱之后，唐社会动荡，藩镇割据，豪强并起，争斗不断，所以中晚唐时期的盔甲又恢复到初唐时的简单实用。

第三节　下肢护具

唐代的下肢护具主要有战裙（垂缘、甲裙）、吊腿和战靴。

一、战裙

唐代戎服护具中的战裙也应归属于铠甲类，但在唐代，除绢甲上下连属，身甲和腿裙一体之外，其他多数的甲式中，身甲和护腿的战裙基本属于上身甲下身战裙两截式，如昭陵陪葬墓长乐公主墓墓道壁画中的武士（参看图 4-9），这一点和同时期日本战甲区别明显，日本同期的战甲身甲和战裙通常联系在一起。

战裙的材质一般与身甲保持一致。金属材质的战甲裙多由金属细鳞叶片组成，皮甲上下虽不连属，但也可以用两大整块皮革从左右分别包裹臀腿。除上文提到的绢甲上下一体外，不论材质如何，为方便行动，战裙常常被做成两片式，分别包裹两臀和两股（大腿），交接处可以重叠在臀部前后，也可以在交接处再增加一个短护裆，就像越王李贞墓出土天王俑、甘肃永靖炳灵寺石窟第 168 窟彩塑天王像、敦煌第 264 窟彩塑天王像、山西五台山南禅寺大殿彩塑天王像中战裙的样子。但也有整个甲裙为裙式围裹下身的情况，比如长乐公主墓道的仪仗俑就属此类装束，仪卫的甲裙由整幅绢布刺绣出鳞片形甲围裹而成，这样的战甲更服贴轻便，显得仪卫更精神美观。

明光铠的战裙似裙，却有明显的左右腿之分，两腿中间还有一个短护裆的设计，这种设计尤其符合骑马作战的需要。至于马下的步兵用甲，从现有的考古资料来看，步兵更注重防护上半身，战裙可有可无。如果穿甲裙，甲裙也短至膝盖以上，并不会对兵士的行动设限。有些学者将太宗爱女长乐公主墓道壁画中的武士铠甲当作唐前期的步兵甲，值得商榷，因为从战裙的穿着来看，过膝的甲裙，贴身合体，并且没有开衩。研究唐代军戎服饰成绩突出的刘永华认为，此时的士兵甲“一般不开衩，如果开衩，也要使两片相交合拢处相互重叠,不留空隙”[①]。这样用甲完全迈不开腿，尤其是步兵，上战场无异于送死，完全不符合步兵实战。将同时期的中日战甲对比来看，郑仁泰墓出土的金甲武士，上身的甲身与下身的甲裙有明显的分界，甲裙被固定在革带上（参看图 4-10 左）；而日本大盔甲的甲身与甲裙被一些经向细皮带相连，不设纬向联结是为了便于活动，尺寸上甲裙明显有外扩的痕迹，分 2 至 3 部分，至少有两个开衩便于行动（参看图 4-10 右）。[②] 相比之下中式的甲胄部件更多、更复杂，作为曾经在白村江之战中对峙一个多月的交战双方，其武器、甲械之间的异同对于战局发展的影响并不能被忽略。长乐公主墓道壁画中的武士所穿的应该是用绢帛制作的仪仗甲，不管这种铠甲的款式如何，其主要目的是突出军容、升华军人的荣耀，故不能当作真正的戎服看待。

比较特殊的是裲裆甲，一般没有战裙。穿裲裆甲时，往往搭

① 刘永华：《中国古代军戎服饰》，上海：上海古籍出版社，2003 年，第 87 页。
②［日］三浦一郎著，永都康之绘：《日本甲胄图鉴》，东京：碧水社，2010 年，第 12 页。

配裤褶，也就是更适合春秋以前的战车兵和之后时代的步兵平日训练，所以后世在战场上看到使用裲裆甲的遗迹，主要集中在西周、春秋时期的战车兵身上，当铁兵器和战马大量使用之后，裲裆甲因其轻便的特性，主要集中在武官的官服和兵将的日常训练上。

二、战靴

唐代的战靴和普通常服的革靴区别不大，但仍有一些陶俑或彩塑脚上的靴子和普通的常服革靴不同（参看图 4-11）。主要区别在普通的革靴用皮革制作，靴靿和靴鞋部分是一体的，以追求合脚舒适为目标。战靴既要有普通靴子的以上功能，又要起到保护小腿、脚踝和整脚的作用。所以，战靴除材质厚实之外，还增加了保护小腿和脚踝的吊腿，也就是通常所说的“裹腿”。不过唐兵将的吊腿与近代清兵的绑腿不同，是用整块皮子缝合而成的护腿，而不是用皮条或者布条的缠裹。如上文提到的山西五台山南禅寺大殿彩塑天王像的脚上所穿的战靴就非常特别，靴头翘起，在脚踝处装饰有翔云纹，靴跟处也有条纹装饰，华美大方，与天王的身份十分契合；越王李贞墓出土的天王战靴吊腿上有圆扣形装饰（参看图 4-12），普通军将的战靴虽不会有这样的装饰，但大体形状应该一样。

6 至 9 世纪的欧洲，正处于黑暗时代，制甲技术较为落后。到了唐末宋初，随欧洲经济技术的发展，制甲业才开始逐渐复苏，有简单的铁铠问世，但欧洲人的制甲思想是以全具装整体铠甲发展为方向的，这和亚洲的轻便盔甲区别较大。到了元代轻便、精细的亚洲铠甲随蒙古骑兵的出征让西方人第一次见识了东方铠甲的威力。

第五章
唐服饰的国际影响

“(中国文明)成为东亚文明的中心，展开了独自文明的历史，中国邻边的东亚诸民族，都以这个文明为母胎而展开自己的文明。我们日本民族也是这些民族之一，在中国文明的影响下展开自己独创的文明，设若没有中国文明的影响，我们仍可以自豪的迈向明日生活，但我们所谓的国民文化内容将与现状有极大的差异。”①这是日本学者西嶋定生有关中国文明对亚洲各民族文明形成影响的论断，应该就是中日、中韩以及中国与东南亚各国之间文化交流实况的反映。在这种文明交流中，隋唐的服饰对东亚的日本、朝鲜半岛诸国以及越南等东亚国家和地区的服饰，无论款式、质地，还是装饰都有极大的积极影响。

① 参看西嶋定生：《关于中国古代社会结构特质的问题所在》,《日本学者研究中国史论著选译》卷2，北京：中华书局，1993年，第1页。

第一节　大唐与周边的交通

一、与朝鲜半岛的交往

中原与朝鲜半岛的交往由来已久，有史记载开始于“箕子入朝”。

箕子一行人入朝的路径，虽然有陆路和海路两条，传说认为箕子一行从胶州湾渡黄海入朝鲜。这个传说经不住推敲之处在于，山东半岛与朝鲜半岛虽然隔海相望，在荣成成山的天尽头，天气晴朗的时候能看见半岛的陆外小岛，山东半岛最东端距离平壤直线距离不过 300 公里左右，距首尔也不过 350 公里左右，遥遥与朝鲜半岛相望。但这并不能证明当年箕子走的就是水路，因为在公元前 1076 年到公元前 1077 年间，商人是否有可以渡海的交通工具姑且不论，单就大陆架附近的洋流走向，以及季风影响会给箕子一行带来什么危险就很难预测。箕子的出走是老谋深算，又岂会置全族利益于不顾，铤而走险呢？此行最大可能会使用陆路交通工具环渤海湾进入朝鲜半岛，这样的行进路线也不会比海路用时更长，可资佐证的是海岱地区、沿渤海湾到朝鲜半岛都有玄鸟（燕子）崇拜的习俗，而商契正是其母简狄吞玄鸟卵而生的奇迹，玄鸟也是商人的图腾，可见存在一条从山东半岛到朝鲜半岛的陆路文化传播途径。

箕子到朝鲜半岛后，便将中原先进的建筑、耕地、养蚕、烧陶、纺织等技术引入半岛地区，并制定“犯禁八条”来管理民众。箕子开疆拓土的做法，得到了周武王的首肯，自此分封箕子为朝鲜侯，双方开始了长达一千多年的诸侯与宗主之间正常的朝贡联系，可以说是箕子入朝将中原王朝的服饰文化带到了半岛地区，商人的具体服饰后世可以从妇好墓出土玉人身上得到一个大概的了解。

箕子建国以后，一直保持着与中原王朝的宗藩关系，箕子定下的宗藩基调，在此后朝鲜半岛的历任统治者中成为不成文的规矩。在漫长的历史进程中，虽也叛服不定，但直到袁世凯登基时，朝鲜仍认中原王朝为自己的宗主国。这种关系在语言、文字和服饰方面表现得尤其突出。

箕子朝鲜亡于卫满，据《史记·朝鲜列传》记载：

朝鲜王满者，故燕人也。自始全燕时尝略属真番、朝鲜，为置吏，筑鄣塞。秦灭燕，属辽东外徼。汉兴，为其远难守，复修辽东故塞，至浿水为界，属燕。燕王卢绾反，入匈奴，满亡命，聚党千余人，魋结蛮夷服而东走出塞，渡浿水，居秦故空地上下鄣，稍役属真番、朝鲜蛮夷及故燕、齐亡命者王之，都王险。

从太史公的叙述中，我们可以知道，燕国全盛时，曾经尝试在朝鲜半岛设置管理机构，并安置官吏，为此修筑障寨。秦灭六国后，朝鲜地属辽东郡管理。汉代建国以后，嫌其地远难守，重新修复辽东郡的旧要塞，以浿水为界，将朝鲜指派给燕国管理。汉燕王卢绾造反失败叛逃匈奴后，卫满亡命至朝鲜，纠集从前燕国、齐国的流亡者千余人，束起顶发扎起髻，穿上朝鲜当地的衣服，自立为王。太史公说他“魋结蛮夷服”，可见卫满到朝鲜后，所做第一件事情就是从习俗上当地化。虽然我们据箕子的身世和身份能够推断出入朝时，箕子所带的商朝遗民，穿戴应该就是商人的样子，但在从周兴到汉立一千多年的历史流变中，后世并不知道箕子朝鲜的穿戴究竟发生了哪些变化，与中原王朝产生了哪些区别。但可以肯定的是，箕子入朝之后，在朝鲜境内延续并推广了商人的穿戴方式和穿戴文化，很可能一直延续到汉代卫满入朝时，只是这种不变，相对于中原王朝历经春秋战国的大变革，服饰的差异非常明显。首先此时的朝鲜人“魋结”，魋结是形容发式的词，在太史公的笔下还有一处，就是《郦生陆贾列传》中:“陆生至，尉他魋结箕倨见陆生。”这里赵佗本是汉族，因为平南越有功，被封为南越王，但陆贾代表汉皇去见他时，赵佗以南越人的样子魋结、箕坐相见。服虔认为“魋音椎，今士兵椎头结”，司马贞认为:“谓为髻一撮似椎而结之。”南越人生活在南方，朝鲜人生活在东北方，一南一北温湿不同，生活环境也不同，显然不可能梳理相同发式，故此魋结只是一种形容。太史公借陆生之口说得很清楚，赵佗魋结抛弃的是衣冠，可见“魋结”就是无冠、披发结发尾的发式，在太史公看来，无论南北，只要和中原冠巾不同的束发装束都是魋结。服虔和司马贞解释得都对，只是解说太过简略，至今无法确知其形状。

概卫满入朝时，朝鲜半岛原来由箕子带来的商人服饰经过一千年的演进，已经与中原王朝有了很大的差异。这种差异并非不能理解，毕竟半岛北部比镐京纬度高，年均温也要低于长安所在的关中平原，商人为了适应环境而做的努力，在太史公看来，还是边地寡民的穿着。

卫满朝鲜之后，汉武帝在原朝鲜故地，设置乐浪等四郡，正式将朝鲜纳入版籍之内，刘颂玉所著《朝鲜通史》一书中写道："汉四郡的设置对朝鲜各部落的政治、经济、文化上有巨大的影响。汉通过乐浪郡，与朝鲜各部落之间的交易广泛开展起来了。考古遗迹发掘工作中，在大同江流域黄海道，直到韩国庆尚道地方，都发现汉朝时代的文化遗物的事实，就说明了这一点。"

二、与日本列岛的交往

中原和日本列岛的交流起源很早。在中生代时期，东亚大陆还是完整一块，并与北美洲大陆连在一起，此时白令海峡没有沉入海底，日本海也没有沉降为海，在东亚并没有朝鲜半岛、日本诸岛之分。东南亚菲律宾群岛和日本诸岛还有陆路连接，古生物通过陆路就可以穿梭于上述地区。此后随日本海的沉降，日本与大陆间的陆路交通断绝，双方的生物交流也处于断绝期。直到距今约 6500 万年的新生代时期，东亚大陆与日本海之间形成一条天然的左旋回流，这股左旋回流成为中日之间来往的天然航道。日本海形成之后，中日之间的交流即通过此航道完成，早期的服饰交流即开始于此阶段。只是此航道很长一段时间处于经验丰富的老水手的航海实践之中，并不见于文献记载，故而给中日之间早期的交流蒙上了一层神秘的外衣。近代对此航道的正式发现纯属偶然：日俄战争期间，俄国布防在旅顺口外的大量水雷，在海流的作用下，有 375 颗水雷漂至日本海岸，漂至日本山阴北陆海岸的多达 248 颗，证明在辽东半岛和日本之间有一条天然的水道，此事件引起了日本海军部的高度重视。日俄战争结束之后，日方的胜利大大鼓舞了日本觊觎东亚的野心，日本相关各方对这条天然航道的存在极为重视，先是日本水产部委托和田雄治博士采用投瓶法继续考察，再次证实了在东亚大陆与日本岛沿岸之间有天然航道存在，也对于中日之间以朝鲜半岛作为中转站的早期交流模式从历史地理的角度给予了科学解释。

这条航道的存在足以证实东亚中、日、韩三国间的民间联系古已有之的状况，所以近代学者王辑武先生认为："日本海之左旋回流为中日最古之自然航路，亦为我国文化东渡之最古途径。"①而日本方面的学者也更详细地肯定了这条航道在中国大陆、朝鲜半岛与日本之间上古文化交流中所起的作用：

> 利曼海流由鄂霍次克海流而出，顺沿海州南流到达朝鲜的元山湾头，由朝鲜东岸南下，在那里，日本海上由寒暖两流形成了左旋的大环流。这个环流从远古时代起，就对日本同大陆之间的航行起到重大作用。出云神话中的出云与朝鲜的往来，垂仁纪中的意富加罗国王子来到角鹿（敦贺），天日枪在但马登陆等等传说，都是以朝鲜与山阴、北陆之间在古代已有直接交通的事实为背景的。另外八九世纪时的渤海使节，也是利用这种海流来到日本的，所以他们出图们江口以后到达的地点是，从出云、伯耆的沿岸直到能登、加贺，有时还到了出羽。②

① 王辑五：《中国日本交通史》，北京：商务印书馆，1937 年，第 2 页。
②[日]阪本太郎著，汪向荣等译：《日本史概说》，北京：商务印书馆，1992 年，第 7 页。

这条航道不仅促成了远古误打误撞式的神迹①，从徐福的无意识探寻，到魏晋时的遣使互动，再到隋唐期间遣隋使、遣唐使有意识地大规模往来，中日之间的联系一直得以保持。此航道的存在使中日、中韩、韩日之间的早期民间服饰交往成为可能。

第二节 隋唐服饰对朝鲜半岛的影响

一、隋对朝鲜半岛的服饰影响

隋短短 37 年，常常又因血缘、制度的延续性被视为与唐一体从而淹没在大唐荣光形成的阴影里。但整个社会处在历史转型之拐点，由于政权由大分裂走向大统一，社会因此步入安定，经济技术在平稳的社会环境里有序、繁荣发展，再加之隋的统一，使东亚格局发生了变化。所以隋代的服饰不仅在“上汲汉魏六朝之余波，下启两宋文明之新蕴”②的服饰新风中有开创之功，而且对东亚尤其是朝鲜半岛的服饰发展影响较大，不可不察。

与前代相比，隋代的服饰主要有以下特点：首先，上衣渐短，衣袖以合体为度，不追求宽肥;其次，束裙位置由腰部向胸部过渡；再次，裙多纯色，偶有间色条纹裙，且裙裾不加襈；最后，上衣由汉族传统的交领，演变成为交领、圆领并存的南北服饰融合格局。隋代女子服饰的这些特点在朝鲜半岛朝韩平民女子的服饰中都可以找到相对应的表现，但在盛唐以后的中原则难寻踪迹，可见其

① 可参考香港学者卫挺生著:《徐福入日本建国考》，卫氏认为徐福就是日本的开国者神武天皇仲田玄，此观点得到台湾省学者彭双松著《徐福即是神武天皇》的赞同。

② 向达:《唐代长安与西域文明》，北京：三联书店，1979 年，第 1 页。过去认为这是向先生对唐代服饰的评价，准确地说，这应该是向达先生对隋唐服饰的整体评鉴。

中的承继关系。

现代朝韩传统的平民女服主要有：窄袖短衫[①]、纯色长裙和裤构成。汉文文献中将窄袖短衫，有时也称复襦[②]，一般为窄袖交领短衣，以组系扎，组带也常常以异色为饰；下素色长裙，束裙往往在腰际以上，胸线上下，视时尚而定。在室女子为统裙式，已婚后改旋裙式（参看图 5–1）。

朝韩女性的上述装束，中国学者自宋以后普遍认为来自于唐风影响，但大多数韩国学者则认为定型于李氏朝鲜，这里需要注意的有两点：其一，从文献资料来看，大陆中原王朝与朝鲜半岛的关系非常密切，从箕子入朝建立西周之封国算起，朝鲜半岛的各政权（尤其是半岛北部各政权）在中原王朝更迭时，或主动或被动，总会有“来献贡物”的相关举动，即使在南北朝这样动荡的历史时期也没有间断。与此相对应的，也一直存在中原各王朝向朝鲜半岛“诏赐”官服的记载[③]。而民间服饰的交流，从汉武帝在朝鲜半岛置四郡将古朝鲜故地纳入汉帝国版籍开始，就渐有与华夏一体的趋势。其二，从相关的记载来看，卫满入朝时半岛北部尚“魋结蛮夷服”，同期半岛南部三韩各地的居民“大率皆魁头露紒，布袍草履”（《后汉书·东夷列传》）。可见汉魏时，整个朝鲜半岛平民的装束还很简陋，这一点也得到了高句丽古墓壁画的证实。高句丽古墓大部分处于公元 4 世纪前叶到 7 世纪中叶，其中能够表现高句丽时期墓主人世俗生活的壁画，大多存在于公元

① 韩语称为：“赤古里”由五部分组成，分别是衣、襟、动襟（半襟）、紟和筒袖。
② 衫，单层，适合气候温暖季，襦，有夹，有絮，适合气候寒冷季。
③ 这种记载很多，譬如：“汉武帝元封四年，灭朝鲜，置玄菟郡，以高句丽为县以属之，汉时赐衣帻朝服鼓吹。”《北史》卷 94《高丽传》。

4 世纪中叶到 6 世纪中叶这段时间。从壁画反映的情况来看，这一阶段生活于此的高句丽女子，常穿服交领、开襟、紧袖长袍，腰系束带，裙裾、袖口、衣襟皆加襈（参看图 5–2）。这与后世徐兢在半岛看到的女装“旋裙八幅”“插腋高系”完全不同，可见半岛女子服装款式发生巨变的时间当在 6 世纪中叶以后。

宋朝宣和年间[①]徐兢出使朝鲜半岛时，所见已是“逮我中朝岁通信使，屡赐袭衣，则渐渍华风，被服宠休翕然丕变，一遵我宋之制度焉”(《宣和奉使高丽图经 · 冠服》)。显然从交领、开襟、紧袖长袍、腰系束带、裙裾、袖口、衣襟皆加襈到与华夏一体。朝鲜半岛平民服饰在款式与穿着风俗上曾经发生过重大变化，这种变化开始于何时徐兢没有说，但徐兢所见到的下层劳动女性“亦服旋裙，制以八幅，插腋高系，重叠无数，以多为尚。其富贵家妻妾制裙，有累至七八匹者，尤可笑也”(《宣和奉使高丽图经 · 妇人》)。“旋裙八幅”“插腋高系”，不仅说明现代韩服的穿着精神和款式与隋代服饰有极高的相似度，同时也证实，现代所看到的韩服“赤古里”，不仅出现在王氏高丽之前，而且还是不同于北宋风尚的女性服饰，这一点不仅有徐兢自述“简汰其同于中国者，而取其异焉”(《宣和奉使高丽图经 · 序》) 相佐证。另外，现代考古资料也显示：一方面北宋平民女性的服饰虽然也为两截式，但腰际线所在位置与隋唐相比，明显要低得多，并不存在“插腋高系”的现象；另一方面集安高句丽的古墓壁画中也没有此类女性服饰，

① 据考证应该是公元 1123 年，宣和五年，高丽睿宗王俣去世，徐兢随使团出使朝鲜吊慰，在高丽国都开城逗留一个多月，回到中国后，把高丽的“建国立政之体，风俗事物之宜”，记述成书，“使不逃于绘画纪次之列”，其所记颇富史料价值。

文献资料也还显示直到北周时朝鲜半岛："妇人服裙襦，裾袖皆为襈"（《周书·高句丽列传》）。这些证据同时也表明，朝鲜半岛平民女子身服，从款式到穿着方式发生重大变革的具体时期在隋代。

之所以是隋而不是以往所说的唐，主要原因有以下几点：首先，从莫高窟第62窟、第390窟、第389窟的具体情形看，隋代女服存在"插腋高系"的现象，而唐代女服虽有"插腋"之高，但却没有"高系"这一明显特征；其次，据日本学者田中俊明的统计，公元32至666年的643年间，高句丽向中原历代王朝朝贡总计205次。其中，公元32至423年的391年时间里，朝贡仅有17次，平均23年才发生一次。而423至666年共朝贡188次，平均1.3年朝贡一次（参看《高句丽的历史与遗迹》一书）。虽然中方学者对于田中据此统计数据所下的结论并不认可[①]，但统计数据本身并没有问题，而且据《隋书·高丽传》记载："开皇初，频有使入朝。及平陈之后，汤大惧，治兵积谷，为守拒之策。"自文帝建隋到平陈，高氏高丽与隋"岁遣使朝贡不绝"（《隋书·高丽传》）。在公元581至589年的9年间，双方的交往频率要高于每1.3年一次的平均值，可见双方密切往来是从隋开始的。再次，隋与高氏高丽在此后的29年里发生过5次大规模集结、调动人员的战争（见表5-1）。隋与高氏高丽战争的性质评价不在本文讨论范畴，但战争带来的大规模人口流动和由此而来的文化交流却是不争的事实，"战争导致高丽、中原之间的人口大规模地流动，到隋朝达到了一

① 中方学者认为，出现这种情况是因为，一、高句丽政权出现之初，其隶属于汉王朝的隶属性十分强，并不需要向中原王朝朝贡，即使想进贡也根本不具备向皇帝进献贡物的资格；二、东汉末年以后，中原处于分裂中，此时高句丽政权已初具规模，但中原的混乱使其没有朝贡的具体对象而不需要经常性的朝贡；三、后期由于北魏这样的北方中原强大政权的建立，出于政治与经济等多方面的原因，高句丽遂大大增加了朝贡的频率与次数。

个小高潮”①。据拜根兴先生研究表明，武德五年（622年）唐高祖下令括户时，高氏高丽曾送还隋末战争时被俘滞留高丽的一万多人，这些人也只是被俘滞留人员中的一小部分②，可见隋末战争也是继汉武帝在半岛北部置郡之后，持续时间最长、规模最大的一次文化交流。在当时的交通和物质条件下，这比以往单凭使者往来通信的交流方式成效更显著。隋举全国之力，持续五年时间想要建立的东亚国际秩序带给朝鲜半岛的文化影响远大于政治意义。此后唐初继续对高氏高丽用兵，所以后世所看到的主要是这两个时段的影响。

表5-1：隋与高氏高丽间的争战

时间	事由	结果
598年	高氏高丽攻打辽西 隋反击（一征）	高元自称“辽东粪土臣元”，因谢罪被赦免
612年	隋二征高丽	隋军渡辽水，上营辽东城，从陆路和海路进攻高丽，一路破城四五十余座，兵至平壤
613年	隋三征高丽	隋军深入朝鲜半岛腹地，后杨玄感的反叛，仓促撤兵
614年	隋计划出兵	高元闻隋大军已“至辽水”，主动遣使请降谢罪
615年	隋计划出兵	由于隋内乱加剧，攻高句丽的计划被迫取消

隋对高氏高丽的这种文化影响从贵族女性的服饰生活中也可见一斑。徐兢所见贵妇皆以“皂罗蒙首，制以三幅，幅长八尺，自顶垂下，唯露面目，余悉委地”（《宣和奉使高丽图经·贵妇》）。这种蒙首价格昂贵，平民百姓负担不起，只是女官贵妇的装饰，

① 姜清波：《入唐三韩人研究》，广州：暨南大学出版社，2010年，第3页。
② 拜根兴：《七世纪中叶唐与新罗关系研究》，北京：中国社会科学出版社，2003年，第270—271页。

虽然徐兢所见的图像没有存世，但这种蒙首之物，在李氏朝鲜时仍有遗迹。从图像资料看，蒙首（参看图 5–3）应该脱胎于隋贵族女性的披袄子,而不是“今观丽俗蒙首之制岂羃篱之遗法欤？”(《宣和奉使高丽图经·女骑》）最早注意此问题的学者是周锡保，周锡保认为：“因有两袖，故不得以羃篱名之，所以叫做长衣。”[①] 披袄子和羃篱最大的区别在于披袄子不仅两袖齐全，衣领也一如任何成衣一样，不可缺少，而羃篱不仅没有袖子，也没有领子。遗憾的是徐兢的著作图像资料没有保存下来，但从莫高窟第 295 窟、390 窟、303 窟、305 窟和 407 窟贵族女性的形象资料中可以看到这种披袄子的资料。图像资料显示只有隋代的贵族女性有披袄子的装身法，初唐女服中此风业已消失。唐初流行戴没有领、袖的羃篱，而非披袄子。但文字资料显示中唐时，“昭国坊崇济寺，寺内有天后织成蛟龙披袄子及绣衣六事。”(《酉阳杂俎·寿塔记》）另外《逸史》中有唐开元时期男子服用披袄子的记载：“以一黄绣披袄子，平日所惜者，密置棺中。”但这两条史料当中，前一条载于《酉阳杂俎》较为可信，后一条出自于《逸史》并被李昉收入《太平广记》的神仙卷，可见其如有荒诞不合时宜者，也属正常。通过对上述材料的分析显示，披袄子是隋代贵妇们的时尚，而唐只在武则天时的宫廷中还存有零星遗存，其实这也符合曾经流行服饰衰落的特点。

① 周锡宝：《中国古代服饰史》，北京：中国戏剧出版社，1984 年，第 212 页。

表 5—2 ：披袄子的文献记载以及文献出处

类别	隋	文献出处	唐	文献出处
女服披袄子	炀帝宫中有云鹤金银泥披袄子	《中华古今注》卷中;《说郛》卷 12;《艺林会考》卷 5	昭国坊崇济寺，寺内有天后织成蛟龙披袄子及绣衣六事	《酉阳杂俎·魏方进弟》;《说郛》卷 67
男服披袄子			以一黄绣披袄子，平日所惜者，密置棺中	《太平广记》卷 36

马缟认为披袄子的传统来源于汉代，是古代袍服的遗迹："盖袍之遗象也。汉文帝以立冬日赐宫侍承恩者及百官披袄子，多以五色绣罗为之，或以锦为之，始有其名。炀帝宫中有云鹤金银泥披袄子。则天以赭黄罗上银泥袄子以燕居。"（《中华古今注·宫人披袄子》）但汉代现存的图像资料中看不到相关内容。于是现代以姜伯勤先生为主的敦煌学学者认为此种服装"与厌哒统治时期的吐火罗斯坦贵族服装样式"[①]有联系。姜先生使用乌兹别克斯坦巴拉雷克捷佩壁画宴饮图中的服饰图像作资料进行对比研究，认为巴拉雷克捷佩壁画宴饮图中第 4 号男子"'卡佛坦'[②]为白色,左边为大三角翻领镶红边,袖口亦镶红边"[③]。侧翻领的袍服从领式到装饰图案与敦煌莫高窟第 303 窟壁画中的男供养人，第 5 号女子"着三层衣，外层为无袖斗篷，披在肩上"[④]与莫高窟第 305 窟女供养

① 姜伯勤:《敦煌莫高窟隋供养人胡服服饰研究》，载郝春文《敦煌文献论集》，沈阳:辽宁人民出版社，2001 年，第 354 页。

② "卡佛坦"即对称翻领的胡服

③ 姜伯勤:《敦煌莫高窟隋供养人胡服服饰研究》，载郝春文:《敦煌文献论集》，沈阳:辽宁人民出版社，2001 年，第 355 页。

④ 姜伯勤:《敦煌莫高窟隋供养人胡服服饰研究》，载郝春文:《敦煌文献论集》，沈阳:梁宁人民出版社，2001 年，第 355 页。

人的服饰，无论是翻领的款式还是联珠纹的图案装饰，皆与厌哒贵族所统治地区的服饰影响有关（参看图5–4）。但这里存在的问题是，姜先生所使用巴拉雷克捷佩壁画宴饮图的材料里，无论男子的“卡佛坦”还是女子的敞衣，都是穿在身上的，而马缟所说的披袄子和莫高窟第303窟，以及朝鲜半岛女子的“蒙首”都属于“披”衣，而非“穿”衣，这种区别是根本性的。姜先生的证据可以解释胡服翻领（“卡佛坦”）的来历，但却不能解释披袄子的来历，其解释似乎并没有马缟的解释更可信。根据马缟所言，这种披袄子的穿着方式，承载了一部分宫廷隐晦生活礼制化的功能，属于中原王朝的宫廷秘辛，现存汉代图像资料中看不到相关内容也属正常。另外，高丽王朝蒙首长衣的使用范围也仅限于宫廷贵妇，也可看作是变相的佐证。

至于有学者认为披袄子是北朝戎夷风俗[①]，是因为没有注意到“披袄子”和“袄子”之间的区别，宋人认为：“襦今之袄子也。”（卫湜：《礼记集说》卷72）袄子与襦相同，就是夹有绵、絮的厚上衣，西域、中西亚也有将皮裘做袄子的现象。但披袄子是一种穿着袄子的固定方式，只有适合披的袄子披在身上时，才叫“披袄子”，而不是所有的袄子都可以称为“披袄子”，这两种称呼并不能混淆。

另外，徐兢的其他见闻中也有可资管窥的价值，一并抄录在此（《宣和奉使高丽图经·妇人》）：

①《旧唐书》卷45《舆服志》燕服，盖古亵服也，亦谓之常服。江南则以巾褐裙襦，北朝则杂以戎夷之制。爰至北齐有合袴襖子，朱紫玄黄，各任所好。虽谒见君上，出入省寺，若非元正大會，一切通用。除此之外，姜伯勤先生也认为这种披衣的穿着方式来源于西亚和中亚的风格。

臣闻三韩衣服之制，不闻染色，唯以花文为禁。故有御史稽察民服，文罗花绫者，断罪罚物，民庶遵守，不敢慢令。旧俗：女子之服，白纻黄裳，上自公族贵家，下及民庶妻妾，一概无辨。顷岁，贡使趋阙，获朝廷赐予十等冠服，遂以从化。今王府与国相家，颇有华风。更迟以岁月，当如草偃矣。今姑摭其异于中国者图之。（《宣和奉使高丽图经·妇人》）

宫府有媵，国官有妾，民庶之妻，杂役之婢，服饰相类。以其执事服勤，故蒙首不下垂，叠于其顶。抠衣而行。手虽执扇，羞见手爪，多以绛囊蔽之。（《宣和奉使高丽图经·婢妾》）

妇人之髻，贵贱一等，垂于右肩，余发被下，束以绛罗，贯以小簪。细民之家，特无蒙首之物。盖其直准白金一斤，力所不及，非有禁也。亦服旋裙，制以八幅，插腋高系，重叠无数，以多为尚。其富贵家妻妾制裙，有累至七八匹者，尤可笑也。崇宁间，从臣刘逵、吴拭等奉使至彼，值七夕，会馆伴使柳伸，顾作乐女倡，谓使副曰："本国梳得头发慢，必是古来坠马髻。"逵等答云："坠马髻乃东汉梁冀妻孙寿所为，似不足法。"伸等唯唯。然至今仍贯不改，岂自其旧俗椎结而然耶？（《宣和奉使高丽图经·贱使》）

妇人出入，亦给仆马，盖亦公卿贵人之妻也，从驭不过三数人，皂罗蒙首，余被马上，复加笠焉。王妃夫人，唯以红为饰，亦无车舆也。昔唐武德贞观中，宫人骑马多著羃䍦，而全身蔽障。今观丽俗蒙首之制，岂羃䍦之遗法欤？（《宣和奉使高丽图经·女骑》）

这里徐兢所记载的是朝鲜半岛女性装束中不同于宋，但又特色鲜明的地方。从徐兢的描述中，可以看到：第一，女性的身服外形、款式与隋相类似；第二，以服色、面料、图案论等级，平民女性穿着文罗花绫者有司问罪，这符合中国自周礼以来的服饰等级区分精神；第三，平民女性以苎麻本色为服色，符合秦汉以来庶民不得服正色的制度规定；第四，“插腋高系”的旋裙，旋裙系裹于身，仍有深衣袍服的遗迹；第五，坠马髻，宋人以为始于孙寿，便是汉风，岂不知在隋、唐此种髻式也很流行。总体上徐兢的所见，说明上述特色都属于隋或隋以前各代，总之没有超出隋末唐初的时间下限。另外，徐兢以为异于宋代的服饰特色，也有中原王朝宋以前各代的特征，但因徐兢并不研究服饰史，虽然其所见属实，但其推断则多可商榷。问题复杂之处还在于：其一，朝鲜半岛地处中原王朝的东北疆，与鲜卑、契丹等少数族裔接触较多，再加之高氏高丽本身即为扶余人后裔，在日常生活中还留有东北少数民族的服饰习惯。比如“妇人髻髻下垂，尚宛然鬉首辫发之态”（《宣和奉使高丽图经·杂俗一》）。另外，从箕子建国到高氏高丽，不管现今东亚疆域格局如何。在历史上，朝鲜半岛北部、南部三韩中的辰韩（又称秦韩），与中原各王朝都有不容忽略的血缘和文化承继关联，这种联系决定了上述地区在社会生活方面，尤其是服饰、语言等方面与中原各王朝在同步中又因为距离和传播速度上的差异而不同步。换句话说，朝鲜半岛的社会生活与中原王朝在同步中有不同步，但即使不同步，仍是中原王朝的传统。这就是在宋人徐兢眼里，高氏高丽的社会生活，一方面“颇有华风”，另一方面又与当时的华风不同。体现在服饰方面，既有类隋制插腋高系的旋裙，又有类唐制的披衣蒙首，同时还保留了脱胎于秦汉女服加襈、加裾的做法。总体上，朝鲜半岛的传统韩服女装在款式上受隋的影响较大，这种影响不能因隋朝的历史时间较短而被埋没。从现存的图像资料来看，隋王朝在服饰文化方面对朝鲜半岛的影响全面而深远。

二、唐对朝鲜半岛的服饰影响

朝鲜半岛和唐的关系与日本不同。以高丽为代表，是唐帝国东北地区的一个少数民族建立的地方政权，治所在国内城（今吉林省集安），它臣属于以长安为中心的中央王朝，与中央王朝保持定期朝贡关系，虽与中央王朝偶有战争，但都属于中央王朝与地方政权之间的利益冲突。所以在服饰上与中央王朝保持了相对统一的制度精神和审美观念。

在唐以前，高丽、新罗、百济这三国在服饰的基本结构上，虽然遵从中国的上衣下裳、腰束革带、头戴冠束发等制度，但仍保留有朝鲜半岛地区的地域风俗——诸如高丽人冠上插羽、百济人编发、新罗人尚白等。到贞观十年（636年）新罗王奏请“因请改章服，从中国制”(《新唐书·新罗传》)。自此以后，与唐朝交往密切的新罗，服饰特点几乎与唐朝无异，到朝鲜统一于李朝这一漫长的历史阶段里，用于参加典礼、重大节日、拜见尊长的礼服都用一个直接的汉语词——“唐衣”来指代。

这种影响可用现代朝鲜一位研究服饰的学者刘颂玉教授文章中的一段话来说明：

朝鲜王朝宫中的服饰因为经过壬辰倭乱（1592—1598年）和丙子胡乱（1636年），宫廷中服饰被毁。由于经过两乱冲击，民族意识大大提高，所以，在复员宫廷服饰过程中出现了国俗化倾向。无论王的冕服远游冠、降纱袍，或是王妃的冕服翟衣，这些原先受赐于中国的服装，在两乱之后，并没有随明灭清立政权的变更而更迭，而是在加进民俗化倾向之后被保留下来，一直持续到了朝鲜时代末。①

从这段话里可以知道，直到朝鲜末期（1906年），李朝宫廷中的服装还是以中式汉化服装为主。所谓的民俗化倾向也不过是放弃对长袍马褂的追随，继续保留明以前的汉装而已，这从传世的朝鲜王朝的仪轨图中可以得到印证。李朝天子冕服中有远游冠、降纱袍、冠十二旒、赤舄、赤袜，皆从中国皇帝制；翼善冠、衮龙袍,黄色运用同于中国皇帝,只是“中单”被称之为“天翼”,“袴”被称为“把持”。这种中国化趋势虽可上溯到隋代，但真正使中国官服思想在朝鲜宫廷扎根的还应归功于唐时的文化传播。在出土的6—7世纪修山里、德兴里的墓道壁画上，赤、绿、白、青、紫的运用，服装的结构、款式无一不体现着唐人的文化心态。唐代服饰文化的影响，随着大唐在国际上的政治、经济影响而辐射，以长安为中心，呈放射状分布，这种影响将华夏服饰思想和先进的纺织、刺绣、印染工艺传播四散，在世界文化交流史上留下了不可磨灭的印迹。

①（韩）刘颂玉：《朝鲜王朝时代轨仪图宫廷服饰的研究》,《国际服饰志》1984年第4期。

第三节　隋唐以前中日之间的服饰交流

一、秦汉时中日之间的服饰交流

“徐福东渡”是秦始皇初年发生在中日民间最著名的往来事件。徐福在不同的古籍中又被称为“徐市”“徐福”“徐巿”等，据清人考证，应该都是古“巿”字的同音异形字。

据《史记·始皇本纪》记载：

齐人徐市等上书，言海中有三神山，名曰蓬莱、方丈、瀛州，仙人居之。请得斋戒，与童男女求之。于是遣徐市发童男女数千人，入海求仙人。

同样的内容在《史记·淮南衡山列传》中，记载得更加详细，太史公以汝南王谋臣武被的口气叙述了徐福入海整个事件的经过：

又使徐福入海求神异物，还为伪辞曰：“臣见海中大神，言曰：‘汝西皇之使邪？臣答曰：‘然。’‘汝何求？’曰：‘愿请延年益寿药。’神曰：‘汝秦王之礼薄，得观而不得取。’即从臣东南至蓬莱山，见芝成宫阙，有使者铜色而龙形，光上照天。于是臣再拜问曰：‘宜何资以献？’海神曰：‘以令名男子若振女与百工之事，即得之矣。’”秦皇帝大说，遣振男女三千人，资之五穀种种百工而行。徐福得平原广泽，止王不来。于是百姓悲痛相思，欲为乱者十家而六。

…………

《集解》徐广曰:"《西京赋》曰'振子万童'。"骃案:薛综曰"振子,童男女"。《正义》引《括地志》云:"亶州在东海中,秦始皇遣徐福将童男女,遂止此州。其后复有数洲万家,其上人有至会稽市易者。"

另据《三国志·吴书·吴主传》记载:

二年春正月……遣将军卫温、诸葛直将甲士万人浮海求夷洲及亶洲。亶洲在海中,长老传言秦始皇帝遣方士徐福将童男童女数千人入海,求蓬莱神山及仙药,止此洲不还。世相承有数万家,其上人民,时有至会稽货布,会稽东县人海行,亦有遭风流移至亶洲者。所在绝远,卒不可得至,但得夷洲数千人还。

综合以上记载,依笔者看来,徐福东渡至少说明三方面的情况:第一,至迟战国时期,山东半岛沿海的齐人已经掌握了东渡日本的航线;第二,徐福熟悉此行的目的地;第三,徐福预谋乃为移民而非求药。徐福有备而去,不仅准备了同样数目的少年男女,而且还带有百工工匠、各种农作物的种子。综合以上三点可以看出,徐福不仅熟悉山东半岛至九州的航道,并且在面见秦始皇之前还曾有过来回,这说明至迟战国时,九州与山东半岛之间,懂得利用洋流和季风的渔民并非没有,徐福就是其中之一,只是因为他更大胆而得以青史留名。另外,徐福所带领的少年男女、百工工匠,不仅会将秦平民的穿着打扮带到日本,而且百工工匠中很可能包括了养蚕、缫丝、染色、纺织、剪裁、缝纫等工匠，因为这些工匠是当时仅次于房屋修造匠的主要技工工种，这一点也得到了徐福遗迹的证明。在京都府丹后半岛的伊根町海岸，有两个小岛，一个叫"冠岛"，一个叫"沓岛"，这两个岛当地人认为是徐福船队登上陆地时，留帽子和鞋的地方①，可见徐福的穿着在当时九州土著的眼里印象一定非常深刻。在壹岐一郎所著《徐福集团东渡与古代日本》一书中写道：在日本，徐福也被称为"机神"，此种民间习俗以富士山地区为最，因为富士山地区能有日本"甲斐之国"的美誉，皆得益于徐福带来的能工巧匠引入的养蚕、织绢技术。直到今天，价格不菲的"西阵织"，其源头也被追溯到这批到达日本的秦人。

时至汉代，西汉时武帝在朝鲜半岛建立四郡之后，汉代的中国知识分子已经明确知道在"乐浪海中有倭人，分为百余国，以岁时来献见云"(《汉书·地理志》)。由于以物易物的贸易方式，使得国家间早期的贸易往来，常常被传统知识分子冠以"朝贡"或"来献"的名目，所以班固此处所说的"岁时来献"中的"来献"并不可信，但"岁时"至少可以说明此时双方贸易交往的频率。但这样频繁的贸易往来没有更多官方材料支撑，只能说明此时相对频繁的以物易物的贸易往来仍属民间交往。另外，日本民间在徐福一行的影响下，对中国大陆熟悉的程度要远高于同时期中国对日本诸岛的认识。民间服饰制作技术、染色技术和平民服饰的款式，在双方交往中互有借鉴，其中以日方的仿效为多。

① 详见王恩祥：《日本大神徐福》，哈尔滨：黑龙江美术出版社，2010年，第27页。

直到东汉光武帝“建武中元二年，倭奴国奉贡朝贺，使人自称大夫，倭国之极南界也。光武帝赐以印绶”（《后汉书·东夷列传·倭》），真正意义上的官方交往才正式开始。光武帝所赐金印“汉倭奴国王”印也在后世考古发掘中得到证实[①]，此后“安帝永初元年，倭国王帅升等献生口百六十人，愿请见”（《后汉书·东夷列传·倭》）。这是正史中，日方首次向大陆派送人员，其意义在于通过这160个人的活动，中国知识界第一次较为详细而且直观地对日本诸岛的情况有所了解。此后陈寿和范晔作品中有关日人纹身、黥面的记载即源自于此。自此以后，魏晋时中日之间官方往来增多。

二、邪马台国与曹魏之间的服饰交流

曹魏年间，陈寿认为中国与日本诸岛的三十多个邦国有了官方往来：“今使译所通三十国。”（《三国志·魏书·东夷传·倭》）互派使节和通译的存在说明双边存在持续且密切的关系，这也是秦汉以来民间和官方交往的延续所致。在这些邦国中，中原王朝各政权与邪马台国联系较多，也较具有代表性。

在正史记载中，曹魏时期与邪马台国的交往共有四次。第一次，在景初二年（238年）；第二次在正始元年（240年）；第三次在正始四年（243年）；第四次在正始六年（245年）；第五次在正始八年（247年）。这五次中，除第五次因为狗奴国男王卑弥弓呼进攻邪马台国，邪马台国向带方郡太守求救，太守派张政等带诏书及黄幢，代表曹魏出面调停，不涉其他之外，其他几次都有通贡的

① 此印1784年，出土于日本北九州博多湾志贺岛。由一位佃农在挖沟时偶然发现，金印印面正方形，边长2.3厘米，通高2.2厘米，印台高约0.9厘米，重108克，台上附蛇形纽，上面刻有“汉委奴国王”字样。金印出土以后辗转百年，直至1979年才被持有人黑田家族捐献到福冈市博物馆收藏。

记载。其中尤以第一次通贡记载得比较详细。魏景初二年（238 年），邪马台国的女王卑弥呼第一次派遣使者到带方郡接洽“贡献”事宜，带方郡太守刘夏派员将使者与所献“男生口四人，女生口六人、班布二匹二丈”（《三国志·魏书·东夷传·倭》）。一同护送至洛阳，这里的“生口”有两层含义，一为生齿之口的简略；另一为活口的意思，可见这 10 个人必须是健康存活的成年人。魏明帝感其态度“忠孝”，赐卑弥呼女王“亲魏倭王”假金印[1]、紫绶，赐封正副使节以银印青绶。与此同时，作为对卑弥呼的回赐：

今以绛地[2]交龙锦五匹、绛地绉粟罽十张、蒨绛五十匹、绀青五十匹、答汝所献贡直。又特赐汝绀地句文锦三匹、细班华罽五张、白绢五十匹、金八两、五尺刀二口、铜镜百枚、真珠、铅丹各五十斤。（《三国志·魏书·东夷传·倭》）

这样做的目的是：“悉可以示汝国中人，使知国家哀汝，故郑重赐汝好物也。”（《三国志·魏书·东夷传·倭》）魏明帝诏书、印绶及礼物于正始元年（240 年）由带方郡使者送到日本。此次以物易物的“献贡”活动中，所涉物品 80% 是丝织物和毛织物，可见在中日官方先期的交往中，作为生活必需品的纺织品是双方贸易的主要物资。此后，卑弥呼执政期间又先后于正始四年（243 年）、正始六年（245 年）与曹魏通贡，其中的物品也主要以纺织物为主。（正始四年）卑弥呼派使节到洛阳，“上献生口、倭锦、绛青缣、绵衣、

① 此处的“假”通“借”，而非材质有假，意即卑弥呼的金印比之魏王的真金印要低等级。
② 裴松之注解认为：“地”应为“绨”，不过笔者认为这个“地”应该通“底”。

帛布、丹木、㺃、短弓矢”(《三国志·魏书·东夷传·倭》)。中国方面的回赐在正始六年（245 年）由带方郡太守王颀送到日本。正始八年（247 年）卑弥呼死后，女王壹与派率善中郎将掖邪狗等 20 人送张政等回国，“献上男女生口三十人，贡白珠五千，孔青大句珠二枚，异文杂锦二十匹”(《三国志·魏书·东夷传·倭》)。这三次通贡中，后两次并没有中方回赐的记载，但却详细记载了邪马台三次上贡的纺织品的品类：第一次邪马台国仅以“班布二匹二丈”上献；第二次上献的是“倭锦、绛青缣、绵衣、帛布”；第三次上献的是“异文杂锦二十匹”。

短短五年内，日方三次用于贸易的纺织品无论从数量还是质量上，都存在质变式提升。先是只能以少量染杂色的木锦布上贡，接着是织锦和缣，最后是数量、花色大增的文锦，这种体现在数量上的产能变化和体现在工艺上的技术大幅提高，无一不昭示日本诸岛对大陆农业生产技术和纺织技术的学习和仿效。换句话说，邪马台国时期，日本的植桑养蚕和丝纺织技术是在模仿中国的基础上建立并发展的，并在以物易物的献贡中，不断提高自己的生产技术和产能。

三、大和国与南北朝之间的服饰交流

邪马台国衰落之时，日本各邦国中，大和国逐渐兴起。[①] 在其基本统一日本各地，并取得统治权以后，继续与西晋、东晋和南北朝各中原王朝建立了持续的“朝贡”往来。

据杜佑《通典·东夷上·倭》记载，“晋武帝泰始初（265 年），

① 大和国是因为其地处以大和为中心的畿内地区（今奈良），所以被称“大和国”。大和国兴起于 3 世纪末期，于 4 世纪末至 5 世纪初基本统一日本。

遣使重译入贡。宋武帝永初二年(421年),倭王赞修贡职,至曾孙武,顺帝升明二年(478年),遣使上表”。

《宋书·夷蛮列传·倭国传》中记载:“高祖永初二年(421年)诏曰:‘倭赞万里修贡,远诚宜甄,可赐除授。’太祖元嘉二年(425年),赞又遣司马曹达奉表献方物。赞死,弟珍立,遣使贡献。”综合两书的记载,显然从晋武帝泰始初年(265年)至刘裕永初二年(421年),其间155年[①],双方官方正史中再无来往记载,这段时间正是邪马台国衰落,日本诸岛小国林立,大和国逐渐兴起,并逐步统一日本岛的历史。忙于平定内部纷争的日本人,从统治者到平民都无暇顾及对更高技术和更优雅生活的追求,而中原王朝此时也正陷于三国两晋南北朝的大混乱时期,日方没有需求,中方无暇顾及,是此段时间中日停止交流的主要原因。促使双方恢复交往的动力,许多中国学者认为来源于日本人对中原王朝政治势力的依赖,因为晋义熙九年(413年),高氏高丽的王琏与百济王馀映因“远修职贡”有功,王琏被封为“征东大将军”,馀映被封为“镇东大将军”,这对于刚刚复兴的大和国而言,要在周边各国中提高国家地位,必须寻求中原王朝的政治支持。

倭国在高骊东南大海中,世修贡职。高祖永初二年,诏曰:“倭赞万里修贡,远诚宜甄,可赐除授。”太祖元嘉二年,赞又遣司马

① 也有人认为应该从泰始二年(公元266年)至东晋义熙九年(公元413年)算起,双方断交147年,但不知所据何出,因为《宋书》和《南史》中对此有明确的记载,东晋义熙九年来朝贡的是高氏高丽王琏的使者,所求也包括对倭人的统治权,当时晋帝的封赐诏书中就将高琏和百济王映封为:“使持节、都督营州诸军事、征东将军、高句骊王、乐浪公琏,使持节、督百济诸军事、镇东将军、百济王映,并执义海外,远修贡职。惟新告始,宜荷国休。琏可征东大将军,映可镇东大将军。持节、都督、王、公如故。”这种诉求和倭王赞的政治诉求相互矛盾,所以就此证明,此之前大和国和中原王朝并没有通联,这也是此后促使倭王赞向刘宋朝贡的直接原因。参看《宋书》卷97《夷蛮传》。

曹达奉表献方物。赞死，弟珍立，遣使贡献。自称使持节、都督倭百济新罗任那秦韩慕韩六国诸军事、安东大将军、倭国王。表求除正，诏除安东将军、倭国王。珍又求除正倭隋等十三人平西、征虏、冠军、辅国将军号，诏并听。二十年，倭国王济遣使奉献，复以为安东将军、倭国王。二十八年，加使持节、都督倭新罗任那加罗秦韩慕韩六国诸军事，安东将军如故。并除所上二十三人军、郡。济死，世子兴遣使贡献。世祖大明六年，诏曰："倭王世子兴，奕世载忠，作藩外海，禀化宁境，恭修贡职。新嗣边业，宜授爵号，可安东将军、倭国王。"(《宋书·夷蛮列传·倭国》)

然而，日本的学者并不作如是想。内藤氏认为，此时中日之间的政治交往并不存在，双方的交往仍然以物质互换为主要内容，而之所以产生政治外交的错觉是因为"一言以蔽之，是翻译外交，只要贸易上获利，那么交往的关系或者不闻不问，或者未明确认可，并不重视体面上的问题"①。但种种迹象表明，中日之间的交流关系的确发生了质的变化。在此之前，双边的交流关系通过"献贡"方式，更多体现在物质生活层面。自此之后，双边的交流渐趋多元化，一方面日本不仅对中国各种物品的需求日益增加；另一方面，日本人首次意识到中原王朝对周边各国的影响力，并且想借助这种影响力对周边，尤其是朝鲜半岛各政权施以影响。所以尽管中国政权更迭频繁，但在晋、宋、齐三代之间，日本的朝贡仍不下十次。中日的此种交流模式，使中国文化不断地流入日本，为后

①[日]内藤湖南：《日本文化史研究》，北京：商务印书馆，1997年，第43页。

来飞鸟文化的形成奠定了基础。

四、贯头衣与横幅

囿于中日双方文化发展的不平衡性，上述各阶段的文献资料只能在中方的古籍中寻找痕迹。在中国早期文献的记载中[①]，详细记载日本岛诸国间道里、国名、统治方式、民俗民情的只有《三国志·魏书》。虽然在陈寿之前，有《史记》中提到“瀛洲”“蓬莱”和《论衡》中提到“倭”“倭人”，但此后各正史的《东夷传》几乎都或多或少存在转录陈著《魏书·东夷传》的痕迹，包括郭璞注释《山海经》时,其认知也来源于此。在这些转录陈著的著作中，以范晔《后汉书·东夷传》影响最大，范著虽是后学，并只是删减、整理了陈著的记载，不及陈著详实，但在后世应用时，常常将《山海经》《后汉书》放在《三国志·魏书》之前，岂不知陈寿的记载不仅早，而且史料更原始、更详细。[②]

《三国志·魏书·东夷传·倭》中详细记载了日本诸岛各国的具体情况和民风、民俗：

男子无大小皆黥面文身。自古以来，其使诣中国，皆自称大夫。夏后少康之子封于会稽，断发文身以避蛟龙之害。今倭水人

①《山海经》中已经提到了“倭”,“盖国在锯燕南,倭北。倭属燕”(袁珂校译:《山海经·海内东经》,上海:上海古籍出版社，1985年，第402页。）郭璞的注释是：“倭国在带方东大海内，以女为主。其俗露紒，衣服无针助，以丹朱涂身。”但《山海经》的成书年代学界一向存疑,《四库提要》认为应该是“周秦间人所述而后来好异者又附益之欤”。这个说法与两汉前以王充为代表的“大禹说”(〔东汉〕王充著，黄晖校:《论衡校释》中记载:“禹主行水益主记异物”才有了《山海经》的诞生。）比较而言相对保守，也许其上限更古老，但“前人所述”的提法应该是事实，这也与历史地理的发展和考古学取得的成绩相吻合。而郭璞的解释只能当作晋人的认知。郭璞之前最早记载日本诸岛详细民间服饰习俗的只有陈寿的《三国志》。

② 因为陈寿的史料除亲自收集之外，还有被曹髦称为“文籍先生”王沈的《魏书》和魏末晋初大学者鱼豢的《魏略》可以参考，再加之与范晔同时代的裴松之的校注，使得《三国志·魏书》史料更原始、更详细。

好沈没捕鱼蛤，文身亦以厌大鱼水禽，后稍以为饰。诸国文身各异，或左或右，或大或小，尊卑有差。计其道里，当在会稽、东冶之东。其风俗不淫，男子皆露紒，以木绵招头。其衣横幅，但结束相连，略无缝。妇人被发屈紒，作衣如单被，穿其中央，贯头衣之。种禾稻、纻麻，蚕桑、缉绩，出细纻、缣绵。其地无牛马虎豹羊鹊。兵用矛、楯、木弓。木弓短下长上，竹箭或铁镞或骨镞，所有无与儋耳、朱崖同。倭地温暖，冬夏食生菜，皆徒跣。有屋室，父母兄弟卧息异处，以朱丹涂其身体，如中国用粉也。食饮用笾豆，手食。其死，有棺无椁，封土作冢。始死停丧十余日，当时不食肉，丧主哭泣，他人就歌舞饮酒。已葬，举家诣水中澡浴，以如练沐。其行来渡海诣中国，恒使一人，不梳头，不去虮虱，衣服垢污，不食肉，不近妇人，如丧人，名之为持衰。若行者吉善，共顾其生口财物;若有疾病，遭暴害，便欲杀之，谓其持衰不谨。出真珠、青玉。其山有丹，其木有柟、杼、豫樟、楺枥、投橿、乌号、枫香，其竹筱簳、桃支。有姜、橘、椒、蘘荷，不知以为滋味。有狝猴、黑雉。其俗举事行来，有所云为，辄灼骨而卜，以占吉凶，先告所卜，其辞如令龟法，视火坼占兆。其会同坐起，父子男女无别，人性嗜酒。

陈寿非常详细地描述了倭人男女的穿戴情况:（1）男女皆科头，男子梳髻以木棉带束额，女子披发下垂直发尾结髻；（2）男子穿横幅，女子的贯头衣像被子一样披在身上；（3）曹魏时倭人已经能够使用麻布和蚕丝；（4）倭人无论男女服装，在制作时都没有缝纫剪裁；（5）贯头衣和横幅属于倭人民间的通常装束。

陈寿的记载客观而没有偏见，因为陈寿在描述的同时，对此装束的穿着背景也做了相应的解释：这样穿着是因为倭地温暖、近水，是平民渔猎的生活习惯和气候地理条件决定的。但此后引用此段资料的学者常常忽视气候地理的因素，只重视“横幅相连”和“贯头衣之”的记载，很容易得出因为其技术落后、文化不发达而不得不服贯头衣的结论。似乎贯头衣就是生产力落后的原始阶段的服饰，显然这中间并不能画等号。

不过“贯头衣之”显然应该是日本诸岛最先出现的服饰类型之一。陈寿客观的态度代表了魏晋以前中国人对日本的态度，虽名其为“倭”“倭人”，但大陆方面更多的是好奇，除此之外与所有藩属国一样对待，并没有特殊之处。

(一)贯头衣与横幅考辨

陈寿记载的贯头衣和横幅，并没有实物遗迹。但好在一方面有现代民俗学、人类学和考古学的研究佐证，另一方面有正仓院收藏的贯头衣实物可以推想。多方比较，即使没有当时实物留存，后世仍然可以推想出贯头衣和横幅的大概。

现代活动于古百越、西南夷等故地的彝族、佤族、仡佬族、珞巴族、独龙族等民族，直到民国时期，还有穿着贯头衣的情况：

> 独龙人的衣饰仍极为简古，由于不会剪裁，无论男女都不着衣裤、跣足，绝大多数人一年四季只用一块麻布围住下身，有些人穿两块麻布缝合在一起的上衣……白天为衣，夜里当被。[①]

① 戴平：《中国民族服饰文化研究》，上海：上海人民出版社，2000 年，第 151 页。

在中央民族大学博物馆藏品中有一件珞巴族的贯头男服：

坎肩式黑色氆氇贯头长衣，是将两块窄幅长条氆氇从中间对折后拼缝在一起，前后两片呈长方形状，上端中间留 30 多厘米长的口做领口，穿时从头上套下，用藤条或皮腰带将坎肩束于腰间。腰饰金属链条和缀满贝壳的腰带，颈上挂松石项链，头戴藤壳熊皮帽。①

除此之外，魏晋时中国人对倭人民俗的追记也得到了现代考古发现的证明。在新石器时代后期就有一条由中国大陆南部到朝鲜半岛以及日本诸岛之间“贯头而衣之”的服饰带存在，这种“贯头而衣”的服饰在中国古文献中被称为“贯头衣”“一口钟”，故沈氏将此服饰带称为“贯头衣”带。这条从大陆到日本岛的“贯头衣”带的存在，说明人类在由裸露向服饰期过渡的过程中，东北亚地区的服饰仍然存在大陆向海岛影响的痕迹②，按时间发展的先后顺序而言，此时的影响应该是从大陆向朝鲜半岛地区，再由大陆和半岛地区向日本岛影响发展的。另外值得注意的是，贯头衣的使用寿命通常要比人们想象得长，从原始人类掌握了纺织技术到今天时尚都市的街头休闲服，在平民的生活当中仍然能看到贯头衣的影子。只不过在古坟时代以后，贯头衣在岛国平民装束中不再是主流而已。

① 藏品见中央民族大学博物馆

② 参阅陈桥驿：《与日本学者交谈两国史前文化》，《吴越文化论丛》，北京：中华书局，1999 年。其中陈先生在比对了河姆渡和吉野里两个遗址的相关性之后，认为在距今 1 万年以前，中国东南沿海的越人利用夏季季风漂洋过海到日本各地，带去了水稻、高床式建筑、服饰等。

陈寿的记载中，男子服“横幅”，女子服“贯头衣”。贯头衣的具体形状，现代日本人大多参照东大寺正仓院收藏的一件贯头衣实物，来解读文献中的贯头衣。正仓院的这件贯头衣为长方形麻料，长 0.79 米，最宽 0.67 米，面料对折正中挖圆领、无袖，随料型腋下稍有剪裁（参看图 5-5）。据此日本学者猜测：“所谓贯头衣，就是在一幅布的正中央剪出一条直缝，将头从这条缝里套过去，然后再将两腋下缝合起来的衣服……横幅就是将两块横幅的布帛放在一起而拼缀起来的衣服。”① 这里日本人对贯头衣和横幅具体形状的猜测，其描述与沈从文在《中国古代服饰研究（增订本）》书中的描述：“（贯头衣）大致用整幅织物拼合，不加裁剪而缝成，周身无袖，贯头而着，衣长及膝”有三处出入：其一，贯头衣究竟是一整幅料剪裁而成，还是两幅料拼缀而成？其二，贯头处是预留还是裁剪所得？其三，贯头衣的长度。虽然正仓院的这件贯头衣并不能代表中日上古民间“贯头而衣之”服饰的全部形象，但结合现活动在古代百越、哀牢夷故地的彝族、哈尼、佤族、苗族、侗族、水族以及高山族等少数民族服饰中贯头而衣的实物来看，贯头衣是一幅面料中折，在折线正中竖划一直线，形成可贯头而衣的形状，长度取决于面料的长度。因不是两幅布，所以不能预留贯头处。此结论有现活动在古代百越、哀牢夷故地的少数民族服饰中贯头而衣的实物证实。这些“贯头而衣”的服饰，有连裁如正仓院者，也有上下分属成两截的（这种形制可能就是上衣下裳的前身），但多数只在布料开领处开竖直裂缝，而不是掏挖出圆

①［日］猪熊兼繁:《古代职业服饰》，东京:至文堂，1962 年，转引自周菁葆:《日本正仓院所藏“贯头衣”研究》，《浙江纺织服装职业技术学院学报》，2010 年第 2 期。

领，这主要还是受制作材料和剪裁工具限制，直到民国时期独龙族人仍然不会使用剪裁工具就是很好的证明。中日双方新石器时代遗址出土的文物里有骨针、石刀，但均没有可做裁剪器的工具。另外，正仓院所藏的贯头衣在其衣右袖端及腋下有“东大寺罗乐久太衫，太平圣宝四年四月九日”等字样，证明此贯头衣只是 8 世纪东大寺为大佛举行开眼仪式时娱神跳罗乐“久太”舞的服装，并不能代表所有时间贯头而衣的服装（参看图 5–5）。这不仅从上述样式繁多的少数民族贯头衣得到实证，而且“贯头而衣”中的贯头是个动词，“贯头而衣”是同一类穿法的服装总称（这一点也是贯头衣与横幅差异之所在），所以正仓院的这件贯头衣并不能代表中日上古民间“贯头而衣之”服饰的全部形象，不过这件贯头衣倒是可以证明朝鲜半岛在中日两国服饰交流的过程中所起的作用以及贯头衣在 8 世纪仍有流传的事实。

沈从文没有解释横幅的来历，既然陈寿刻意区分了横幅和贯头衣的差异，那么它们肯定是有差别的，只是因为没有横幅的实物遗存，所以后世只能通过现存少数民族的传统服饰来合理推测。由绳纹晚期进入弥生早期，男子因体能优势，故能获得更多的食物，所以此时男子身高要高于女子，据人类学研究此时大陆人类身高通常只有 1.05 至 1.1 米之间，女子更是接近此范围下限。而海岛居民因气候因素应该比此标准还要再低一些，这种推测也间接得到现代科学的证明。据樋口氏研究表明，直到天明年间（1779 年），日本“男子最高不过一百五十七公分，女子不过一百四十七公分”[①]。由此可见，人类最早通过“手经指挂”的方法纺织时，长度不可能超过操作者手臂上举的最高限，也就是1.5米以内，女子常常一幅面料即可制作一件贯头衣，而男子则要多加一块下身的围裳（裙）或兜裆布，抑或直接使用围裳或兜裆布，这块下身的围裳（裙）或兜裆布，正是横幅的来历。这一点日本也有学者意识到了[②]，但对此有人持反对意见，认为“著时从头而贯之”的才叫贯头衣，而围裙算不得贯头衣[③]。笔者认为这是对陈寿记载的贯头衣和横幅的误读。因为在陈寿的记载中，不仅没有说贯头衣和横幅是一样东西，而且男子“其衣横幅，但结束相连，略无缝”，其中“衣”为动词，有穿的意思，而不能用现代意识将“横幅”理解为男子的上衣。从陈寿强调“略无缝”中不难看出，不管是围裳（裙）还是兜裆布都只系扎，无缝纫的技术窘境，从侧面也证实了前文所言贯头衣开竖领的技术条件。穿横幅的倭人男子穿不穿贯头衣，陈寿没有记载，但根据现有的民俗遗迹来看，存在上身贯头衣，下身兜裆布或围裳的情况，也即鸟越宪三郎认为的“二部式”贯头衣穿法。在菊地一美绘制的古坟时代日本男女装束图中，男装中将上述有争议的问题描述成两条横幅。其中一条做围裳，一条披在肩头做横幅衣，这与鸟越宪三郎贯头衣加横幅两部式的表达方式也不同（参看图5-6）。女装则按照鸟越氏的研究成果描绘成上衣贯头衣，下围横幅裳的情况。但就当时日本女子平均1.47

①[日]樋口清之著，王彦良、陈俊杰译：《日本人与日本传统文化》，天津：南开大学出版社，1989年，第12页。

②[日]鸟越宪三郎等著，段晓明译：《倭族之源——云南》，昆明：云南人民出版社，1985年，第153页。“不管是一部式还是二部式的，都是用将两块窄幅布合起来，只留出要套头的中央部分不缝合的方法做成的。”

③相关内容见苑利：《贯头衣——日、韩民族上古服饰研究》，《民俗研究》1996年第4期。

米的身高和日本海洋性气候的情况来看，贯头衣的穿法应该更简便（猪熊兼繁的观点）。樋口清之将横幅视为舶来阿拉伯的袈裟[①]，则属比较离谱的想象。

(二)贯头衣反映的服饰交流特点

传统观念认为，养蚕缫丝“发源于江南，随水稻技术一起传入日本”[②]。而日本早期历史上对养蚕缫丝以及丝织物制作技术的运用，主要集中在奈良唐古遗址、静冈登吕遗址、和泉池上遗址等九州地区，而这一地区，是日本最靠近朝鲜半岛的地方。而朝鲜庆尚南道又是“为趁日本海左旋回流漂至日本山阴地方之出发地，由朝鲜南部与日本畿内所发掘之铜铎不惟彼此相同，且其形状与制法亦均与中国无异。即此可知日本海回流路当为中国文化东渡之最古航路无疑也”（参看王辑五：《中国日本交通史》一书）。由此传统学者认为：中国大陆、朝鲜半岛、日本列岛三地借力于日本海流作为交流的通道，将大陆文化经由半岛向日本列岛传播。

但从贯头衣的传播方式来看，隋唐以前东亚三国之间的民间服饰交流并不局限于此一条传播途径，还有以下特点：首先，三国间的民间服饰交流以中国为主，由中国大陆向朝鲜半岛和日本诸岛辐射；其次，中国大陆与朝鲜半岛之间由于地缘关系，以及与日本截然不同的政治隶属关系，所以中国与朝鲜半岛之间民间的服饰关系，无论制度思想、审美观念、基本款式等都大致相同，不同之处在于帝国太大，不同地域的物产和气候不同，从而造成服饰的使用上有地区差异。而中日之间由于没有接壤的陆地，海

①[日]樋口清之著，王彦良、陈俊杰译：《日本人与日本传统文化》，天津：南开大学出版社，1989年，第29页。
② 王勇：《日本文化史》，北京：高等教育出版社，2001年，第71页。

陆在很长一段时间里风险较大，直到唐代，鉴真大师东渡日本仍摸索了6次之多，可见中日之间交流的艰难性和偶然性，但这种艰难性并没有扼制住双方交流的决心和行动。在木宫泰彦看来，双方民间社会的文化交流虽然也属于大陆向海岛的文化移植，但不同于朝鲜半岛的普遍接受型。日方在接受影响的同时，只选择和它气候、地理相适应的部分，在民间服饰的交流上尤其如此。其次，中日之间除通过朝鲜半岛的交往途径外，还存在山东半岛、东南沿海等直接的海路联系，而且中国东南部与日本岛国气候较为接近，所以，日本民间服饰中更多保留了中国东南民间的服饰特征。之所以在贯头衣的传播方式上存在以上不同于丝织品的特点，有以下原因：（一）中日之间民间往来，远要早于有史记载的官方交往。早期的民间交流多是洋流和季风的结果，人力所控部分极小，虽然通过朝鲜半岛的陆路交通更安全，但中国海岸线辽阔，多处可以入海，可与日本诸岛直航，徐福东渡就是很好的例子。（二）丝织品囿于生产技术和生产能力限制，在中、日不同的历史时期都属于质量上乘的服饰材料。是中下层无力消费的昂贵面料，而贯头衣的简单质朴决定了此种服饰更趋于平民化的特点。（三）弥生时期日本诸岛已拥有了制作贯头衣的技术和材料，九州十四处考古遗址中都出土有以纻麻为原料的纺织品，另外还有纺锤、梭子、卷丝具、卷布具等工具。

中、日两国的官方与民间社会在隋唐以前就有了大量的交流，其中服饰作为社会文化交流中最重要的一个组成部分，成为双方交往中影响最直观的内容而载入史册。

五、隋唐时期中日服饰交流

(一)隋唐官服对日本男子服饰的影响

研究隋唐官服对日本男子服饰的影响，绕不开对“冠位十二阶”[①]的考辨，因为“冠位十二阶”不仅是日本大化改新中职官制度改革的一个重要组成部分，其中的“冠位”更是被中日学者视为圣德太子受隋唐官服制度影响，以冠冕、服饰颜色论等级的职官制度改革的一部分。

以往专研东洋史的学者，诸如黛弘道的《冠位十二阶考》与《冠位十二阶的实态与源流》[②]等文章中均将“冠位”中的“冠”模糊处理，关注的重点多放在冠位的制度成因、制定目的、制定背景、授予使用情况、名称与位份顺序、与中韩服制制度之间的关系等方面,并且影响了一大批以此为依据研究日本史的学者。相对而言，专研日本服饰史的专家虽然所论更有针对性，以行业工具书《服饰辞典》为例：

> 公元7世纪制定的我国最初的服饰制度。通过区别冠来明确位阶，显示官员在朝廷的位序。这是模仿隋的服饰制度的结果……冠的形态是有4根带子的袋状头巾即幞头。[③]

这里也非常明确地提出,冠位十二阶由“冠”区别而位阶明确。行文中也交代了此处的冠的具体形状，可见日本学界普遍认同冠

① 日本7世纪制定的国初服制。

②[日]黛弘道：《冠位十二阶考》、330页；《冠位十二阶的实态与源流》，第359页，载《律令国家成立史研究》，东京：吉川弘文馆，1980年。

③ 服饰辞典编委会：《服饰辞典 · 冠位十二阶条》，东京：文化出版局，1979年，第183页。

位十二阶中的“冠”是名词。除此之外，明确指认冠位的冠就是首服的还有坂本太郎和增田美子“：所谓制定冠位就是把群臣的官职重新规定为十二等，授以大德、小德、大仁、小仁、大礼、小礼、大信、小信、大义、小义、大智、小智等职称，分别授予紫（真绯）、青、赤、黄、白、黑颜色的冠以作标识。”[①] 这种认同也回流至中国，以韩昇为例，他引申并确认为：“衣服随冠冕颜色，确是当时的制度。”[②] 这里日、中学者定论所依凭的主要证据皆出自《日本书纪》(以下简称《书纪》)中的相关记载和后世学者对此记载的注释。

（推古天皇）十一年十二月辰朔，壬申，始行冠位。大德、小德、大仁、小仁、大礼、小礼、大信、小信、大义、小义、大智、小智。并十二阶，并以当色絁缝之。顶撮总如囊而著缘焉，唯元日著髻华。……诸臣服色皆随冠色，各著髻华。[③]

此条记载，也是《书纪》有关冠位十二阶来历的唯一一条记载。但此处“并以当色絁缝之”的“之”究竟指什么？单就文面意思而言信息很模糊，虽然可以指冠帽，但用来指官服和冠帽也可以，并无排他性，更何况后文中两次提到“髻华”一词，也显示将“之”理解为冠帽有探讨的余地[④]。韩昇所下定论的依据并不是这条记载，而采用《书纪》记载裴世清访日时日方接待当日服饰场景描写下附的一行小字注：

①[日]板本太郎著，汪向荣译：《日本史概说》，北京：商务印书馆，1992年，第58页。
② 韩昇：《五行与古代中日职官服色》，《厦门大学学报》2004年第6期。
③[日]舍人亲王：《日本书纪》，东京：经济杂志社，1897年，第376—377页。
④“髻华”是发髻上的装饰，如果有冠帽的话，就不可能在发髻上簪装饰。

是时，皇子、诸王、诸臣悉以金髻华著头，亦衣服皆用锦紫绣织及五色绫罗。①（其下有双排小字）“一云：服色皆用冠色。”②

以此注文立论，貌似有据但仍有不妥之处。首先，这里的“冠色”是冠帽之色，还是冠位之色？并不能定论。无论是从上下文的逻辑关系还是语法方面来考量，冠位之色似乎更贴切正文主旨，也更符合上下文的意思。其次，最值得注意的是，“以金髻华著头”中，金花是直接簪在头发上的，即非“金髻华著冠”，那么“帽色”又从何来呢？再次，在日本庆长时期的大儒兼藏书家清原国贤看来“旧本颇纯驳不一”③，而这个注就属于“纯驳不一”中的一种，从使用汉字的行文程式来看，既不属于原文，也不属于镰仓时代中期的神官卜部兼方（又名卜部怀贤）的神代文注。从其行文所用的汉文规范来看，行文至此，似原作者对上文提到的衣服所用“五色绫罗”在具体使用中的颜色规范标注的解释，但无论哪种情况，此“冠色”中的“冠”都不能简单地将之视为冠帽。在《书纪》中，记载推古十二年春，正月戊朔，“始赐冠位于诸臣，各有等差”④。这里的“冠位于”就是相同用法很好的旁证，冠位是“冠位于……”的意思，而不是赏赐不同等级的冠帽给各级官员。从《书纪》的记载来看，推古朝所谓的“冠位”明确提到了不同等级之间服饰颜色和材质上的差异，但没有任何资料明确表明这里“并以当色絁缝之”的“之”包括冠帽或就是官帽。可以肯定地说，“冠

①[日]舍人亲王：《日本书纪》，东京：经济杂志社，1897年，第383页。
②韩昇：《五行与古代中日职官服色》，《厦门大学学报》2004年第6期。
③[日]舍人亲王：《日本书纪》，东京：经济杂志社，1897年，第573页。
④[日]舍人亲王：《日本书纪》，东京：经济杂志社，1897年，第376—377页。

位十二阶”中有以服饰颜色、服饰材质区别等级的成分，但就此诞生的等级制度也仅指服饰颜色和材质上的区别而已。

这样的结论并不是笔者的妄断，因为有关此问题还有传世名画《法隆寺献纳御物圣德太子像》(现藏日本官内厅,以下简称《太子像》)中人物服饰的佐证。

《太子像》是日本现存最古老的肖像画①（参看图 5-7）。圣德太子虽为日本历史上家喻户晓的人物，但在日本学术史上，也是一个极富学术争议的人物。日本史学界将圣德太子视为虚像与实像结合的产物，认为在其生前已经有许多神化的迹象，而其死后，随着圣德太子圣迹的累加，信徒们更是将他当作菩萨一样的人物。这样的人物是幻想与现实交织的产物，这种观点在现代日本学界几成定论，自然也波及到《太子像》的真实性问题。

好在无论如何，都不能否定厩户丰聪耳（574— 622 年）真实存在过的历史②，以及《太子像》的真实存在。并且此画中人物的服饰为确解上述问题提供了珍贵的史料。

根据《太子像》所表达的具体情况来看，应该是厩户王子成年以后的情况，也即公元 592 年（此年太子 18 岁）至 622 年以后的情形。在这个时间段的起点，日本历史虽然刚刚进入推古朝，但离小野妹子入朝还有 15 年,故而也不可能是这前 15 年里的事情。

①[日]内藤湖南著，卞铁坚译：《日本的肖像画和镰仓时代》，《日本文化史研究》，北京：商务印书馆，1997 年，第 121 页。

② 关于“厩户”的来历，传说因其出生于马厩，所以取名为厩户。但这个说法日本学界并不赞同。学界关于厩户的来历另有两种说法：第一种说法认为，圣德太子生于其母娘家苏我氏门下，而当时苏我氏家族执掌门户的是苏我马子，“厩户”即“在马子家出生的”的意思；第二种说法认为，圣德太子出生在“厩户”这个地方，因此取名为厩户。除本名之外，还因为厩户居住在宫南上殿，又被称为上宫，由此又派生出上宫王、上宫法王等别名。还因为王子出生既有超强的记音、辨音能力，又名“丰聪耳”。《日本书纪》将其称为：“厩户丰聪耳”或“上宫丰聪耳”，可见“丰聪耳”应该就是厩户王子的名字，所以现代日本史学界更愿意将圣德太子称为“厩户王子”。

从画面人物的服饰看，更大的可能表现的是 607 年至 622 年这 15 年中的情形，这是太子 33—48 岁时的经历，这一推测也符合画面中人物的面相。这段时间属于隋末唐初，但与《太子像》中服饰所反映的年代有异，值得深究。

《太子像》中，中立者首服幞头巾子，旁边两侍立少年科头，梳倒丫髻，总发之处装饰有髻华。

此幞头巾子被日本学界称为“漆纱冠”①，呈黑色，帽冠正中部分为透明的半圆形，帽冠下端呈 Z 型收口，有魏晋南朝纱冠戴耳的遗迹（隋唐幞头帽冠部分皆齐口，参看图 3-5-1、20）。紧裹头首上部，帽踣高而前倾，呈歧头状，总体上随形似隋代的巾子。与巾子不同的是整个裹头巾子又有明显的四个脚，其中两个脚交系于帽冠与帽踣联系处，剩下两脚下垂于脑后并反挽于帽冠的后部，其繁琐华丽之态，与盛唐幞头类似。虽然隋至唐初，中国男子的首服有一个由软裹向硬帽发展变化的过程，似可解释此幞头巾子中魏晋南朝、隋与唐，三代融为一体的过渡性。但从画面反映的年龄来看，此时的厩户正值壮年，前文已述最大可能表现的是太子 33—48 岁之间的经历，而此一历史时段日本贵族与官员的首服，并非没有文献记载，前文已述，据《日本书纪》记载，推古天皇十一年十二月，圣德太子颁行“冠位十二阶”，以德、仁、礼、信、义、智将官员分为六等十二阶，每个等级“并以当色絁缝之，顶撮总如囊，而著缘焉，唯元日著髻华”。

这是日本历史上第一次从制度层面规定官员的服饰，具有制

① 参见岗绫子，野津哲子：《古代服装研究（7）》，《岛根女子短期大学纪要 12 号》，1974 年，第 45—50 页。

服性质的官服，材质均为絁，具体以青、赤、黄、白、黑五正色对应，各阶大小则以同色的深浅区别。值得注意的是，此区分标准，能明确解读的规定只有服质和服色，各等级间只有颜色上的差异，服质同为絁，并没有提到款式上的区别。从记载“冠位十二阶”实行时的日本冠服资料来看，推古天皇十一年（603 年）十二月壬申时，日本皇族和官员仍然“顶撮总如囊，而著缘焉，唯元日著髻华”，这里“撮”有聚拢、汇总的意思，总也即以带束发的意思[①]。囊并不是帽，而是指撮总之后的发式，可见，此时日本贵族和官员总头于顶，发髻“如囊”。只是“著缘”一句难以理解，所幸的是这条记载并非孤例，和陈寿《魏书》记载中的“男子皆露紒，以木绵招头”不仅相互印证，而且可以互相补充解释。“顶撮总如囊”（就是露髻），“著缘”（就是以木绵招头），后世日本人不愿相信自己历史上的首服如此简陋，故将“著缘”中的“缘”理解为冠的“缘”[②]，但遍寻上下文，皆没有和冠帽有关的任何内容，一定要将此“缘”理解为冠帽的“缘”，显然和上下文相抵牾。由此证明此“冠位”并非以冠（帽）论位[③]，而是通过规定服饰材料和服饰颜色来标明等级，换言之，“冠位十二阶”是在推古十一年（603 年）既有的服饰状态下以服色和服质论等级的制度。“冠位十二阶”中，所谓德冠、仁冠、礼冠、信冠、义冠、智冠，是后世在错误理解的基础上的不当引申，

① 辞源编委会：《辞源》，北京：商务印书馆，1988 年，第 710 页。

② 关根真隆：《奈良朝服饰的研究》；野西资孝：《日本服饰史》；冈绫子、野津哲子：《古代服装研究——首服的变迁》中，都认为此“缘”是冠帽的缘，这里存在的问题是，日本学界在引用《日本书纪》时，一方面须要具备良好的古汉语文字功底，另一方面还要保持客观的态度，有一定难度。

③ “所谓制定冠位就是把群臣的官职重新规定为十二等，授以大德、小德、大仁、小仁、大礼、小礼、大信、小信、大义、小义、大智、小智等职称，分别授予紫、青、赤、黄、白、黑颜色的冠以作标识。”坂本太郎的观点可视为日本学界的传统观念。［日］坂本太郎，汪向荣译：《日本史概说》，北京：商务印书馆，1992 年，第 58 页。

从实际的使用情况看，冠位是指颁给官员等级，也就是冠以等级，冠在此并没有帽子的意思，应该称其为：冠德、冠仁、冠礼、冠信、冠义、冠智等。

即使在《书纪》中，对发髻上装饰的记载也不止一处，推古十一年“顶撮总如囊，而著缘焉，唯元日著髻华”的情况并非孤证。推古十六年（608 年），裴世清访日时，参加迎接的皇子诸王诸大臣仍：“悉以金髻华著头。”① 注意此处说的是“金髻华著头”，而不是“金髻华著冠”，如果有类似幞头巾子一类的冠帽存在，就不可能将髻华直接簪于头，即使簪于头，也很难作为礼制被显现。况且行文间也并没有提到任何首服冠帽的痕迹，可见此时日本贵族仍以科头和在头发上装饰金银簪花为主要的头首部修饰方法，在太子旁边侍立的二王子就是很好的说明，二王子科头梳整齐的倒丫髻，总发处束发簪髻华。不论“顶撮总如囊”② 者和“髻华”③ 为何状，显然都和幞头巾子无关，据此可以推断，直到大业四年（608 年），接触到隋文化并心悦诚服接受其为摹本的圣德太子，还以科头插头花为主要的头部装饰，此结论也得到现存文物的印证。《天寿国绣帐》中人物除右上人物有头饰以外，其他各处的人物皆科头（参看图 5-8）。虽然有很多学者从天皇号、和风谥号以及绣帐铭文中出现的干支等情况入手研究，认定其制作年代应该在公元 690 年以后。但据大桥一章研究其中服制反映的情况推断，绣帐应该是推古朝的产物。大桥一章的结论有中国南北朝和高松塚古墓

①［日］舍人亲王：《日本书纪》，东京：经济杂志社，1897 年，第 383 页。

② 撮总如囊，而又加缘边的首服，是用束发带汇总头发。

③ 髻华，此处的“华”通“花”。就是发髻上装饰的簪花，从《日本书纪》中记载的内容看，有金质、珠花等。

壁画人物服饰的佐证，事实证明，假使大桥一章是正确的，也不能否认公元 7—8 世纪伪造《天寿国绣帐》的人对厩户王子生活时代的服饰有过充分详细的了解。

日本官员和贵族男子的首服真正的变化开始于天武十一年（683 年）。《日本书纪》记载："男女始结发，仍（并）著漆纱冠"[①]，这是日本历史上第一次以诏敕形式提到"结发"和"漆纱冠"，这也与陈寿记载中此前"男子露髻……妇人被发屈紒"中的被发相一致，可见日本在天武朝以前，很长一段时间内男女头首部装饰都处于披发露髻的状态中。但是否可以说，在圣德太子生前的最后几年中，有可能首服"漆纱冠"呢？答案也是否定的，厩户王子卒于公元 622 年，距情况发生变化的天武十一年（683 年），有 61 年之久。即使在太子生命的最后几年全盘接受了唐官服，但《太子像》中太子幞头中反挽于帽冠后部的展脚说明，这顶融合了南朝漆纱冠材质、款式、隋巾子特性、唐幞头交脚的幞头巾子，绝非天武十一年（683 年）以前的款式，更不可能是厩户王子生前的作品。因为贞观年间，帝王与群臣官常服的幞头（参看图 3-5-1、20）简单大方，通常为展而垂的脚，与《太子像》中"漆纱冠"的形貌差距较大，对于仿制品而言，不可能脱离母本走得太远，这一点还有《太子像》中人物身服细节可以佐证。

《太子像》中的太子，身服圆领[②]宽袖袍，袍裾不加襕，而是通过侧面开气的方式解决迈步问题，腰部系革带、组绦带各一条，

①［日］舍人亲王：《日本书纪》，东京：经济杂志社，1897 年，第 527 页。此处的"仍"较难理解，有关此字，中国学者和日本学者的见解不同。如韩钊、齐东方在引用时，改"仍"为"并"，这样更符合上下文的含义。而仍字说明在天武十一年以前，情况就已发生了变化，但实际情况并非如此。

② 也有学者将其称为："盘领"。

其中革带垂有一条四眼鞊鞢，组绦带由三种颜色构成，材质虽不明，但佩剑即挂在此带上。袍内穿着有翻边的小口长裤，裤有彩色缚裤束腿的痕迹。足服翘头履。左右童子着圆领宽袖袍，袍裾侧开气，腰束革带，革带上挂剑，一在左，一在右，革带佩剑的对称处挂有荷包，两个童子袍内也都穿着束腿的翻边小口裤。太子手捧笏板，两童子双手合于衣袖内。图中三人袍内的长裤在开气处都有用红色物品缚裤的痕迹（参看图 5–8），这一点也符合《大宝令》有关服制的规定："其袴者，直冠以上者皆白缚口袴，勤冠以下者白胫裳。"[①] 这里的直冠以上也应该包括亲王明冠四阶和诸王净冠十四阶，除此之外"诸王诸臣一位者，皆黑紫"[②]。普通官员缚裤用白色，亲王和一品大员用黑紫色缚裤，《太子像》中的缚裤为绯红色。行文至此，结合首服的内容基本可以认定《太子像》成画于大宝二年（702 年）以后的事实，也即日本人心悦诚服全面接受唐的各项制度与文化初见成效的时间。可资旁证的是太子右边童子的脚服，鞋帮处有缺口，这种凉鞋设计与吐鲁番出土凉麻履、阿史那忠墓道壁画中牵牛人的麻履形状相同（参看图 3–33），在双方交通较为艰难的时代，款式如此相同，说明日本方面有意识地仿效唐的服饰与服饰制度并已深入到服饰生活的细节部分。

在圣德太子生前，并没有全盘照搬隋唐服令，首服以科头为主，只在吉日用金银装饰头首部。这类坚持被近现代日本学界推崇备至：

①［日］菅野真道：《续日本书纪》，东京：经济杂志社，1897 年，第 15 页。
②［日］菅野真道：《续日本书纪》，东京：经济杂志社，1897 年，第 15 页。

当时文化上的方针是一方面彻底采用中国文化，另一方面推进我国固有的文化，把它提升到中国文化的水准，两者并用。[①]

内藤湖南的说法在日本学界很流行，增田美子认为直到公元649年，当时的日本仍无意将其服装改为唐风服装[②]，证明基础史料和《太子像》中首服表现出的情况也不符，而这种不符恰恰可以证明《书纪》中的冠服有着与隋服令明确的不同。

这种状态直到大宝令颁布时（701年）才有了较大的变化。大宝令中明确规定，亲王与诸王分：明冠四阶，净冠十四阶，诸臣分直冠、勤冠、务冠、追冠和进冠五等二十阶，"皆漆冠，绮带"[③]。这是日本史籍中第一次提到天皇以服令的形式对官员首服进行规范的史实。值得强调的是，与前文提到的"冠服十二阶"一样，大宝年间的五冠二十阶仍然只是"官名位号"[④]，所谓的直冠、勤冠、务冠、追冠和进冠仍然不能当作首服的等级分类，要将其当作冠直、冠勤、冠务、冠追和冠进看待。只是此处的漆冠，是否就是《太子像》中太子头上的幞头巾子[⑤]，还须与身服一起考较。如果此说不谬，那么《太子像》的成画年代就不会早于大宝令的颁行时间。这种说法也得到基本历史史实的印证：

①[日]内藤湖南著，卞铁坚译：《日本文化史研究》，北京：商务印书馆，1997年，第52页。

②[日]增田美子：《日本服饰史》，东京：东京堂出版社，2013年。关于649年这个时间点，增田氏的观点值得商榷。

③[日]菅野真道：《续日本书纪》，东京：经济杂志社，1897年，第15页。

④[日]菅野真道：《续日本书纪》，东京：经济杂志社，1897年，第14页。

⑤[日]冈绫子、野津哲子：《古代服装研究（6）——首服的变迁》，《岛根女子短期大学纪要》，1973年，第38页。

奈良的贵族把这种困难置于不顾（指危险的航海），举凡学术、技术、文艺、音乐以及佛教和佛教庙宇建筑、雕刻、绘画，以及有关服饰、器皿、生活方式都在学习唐朝。[①]

日本人全面无条件地以唐为宗，学习唐朝的各种技术、艺术、器物始于奈良朝，这与《太子像》中首服表现的情况相一致，与圣德太子被信众视为观音菩萨的时间点也吻合，如此多的一致性表明，《太子像》的成画年代应该在公元 8 世纪初，也即圣德太子被视为菩萨，日本举国全面接受唐的制度、文化时，这两个条件缺一不可。可见，“冠位十二阶”在颁布时，圣德太子不可能有漆纱冠可戴，冠位只是“冠位于……”的意思。

另外需要补充说明，在“冠位十二阶”中，冠位何以被认为与冠帽有关，主因在于孝德天皇大化改革时制定的“七色一十三阶”的内容：

一曰织冠，有大小二阶，以织为之，以绣裁冠之缘，服色并用深紫。二曰绣冠，有大小二阶，以绣为之，其冠之缘，服色并同织冠。三曰紫冠，有大小二阶，以紫为之，以织裁冠之缘，服色用浅紫。四曰锦冠，有大小二阶，其大锦冠，以大伯仙锦为之，以织裁冠之缘；服色并用深紫。其小锦冠，以小伯仙锦为之，以大伯仙锦裁冠之缘；服色并用直绯。五曰青冠，以青绢为之，有大小二阶，其大青冠，以大伯仙锦裁冠之缘，其小青冠，以小伯

①[日]井上清：《日本历史》，西安：陕西人民出版社，2011 年，第 84 页。

仙锦裁冠之缘，服色并用绀。六曰黑冠，有大小二阶，其大黑冠，以车形锦裁冠之缘，其小黑冠，以菱形锦裁冠之缘，服色并用绿。七曰建武，以黑绢为之，有大小二阶，以绀裁冠之缘。别有镫冠，以黑绢为之，其冠之背张漆罗，与缘、与钿异其高下，形似蝉。小锦冠以上之钿，杂金银为之。大小青冠之钿，以银为之。大小黑冠之钿，以铜为之。建武之冠，无钿也。[①]

这里提到的织冠、绣冠、锦冠、青冠、黑冠、建武冠等，虽然仍没有形状的规定，但有了明确的材料使用限制，除此之外，还有冠之缘、冠之背、冠钿等细节的规定，显见此处的冠就是帽冠。由此造成后世学界对此问题形成一以概之的误解，有关大化改新的服制问题另文详论，在此不再赘述。大化改新对日本历史而言是短暂的，坂本认为："大化改新的原意应该只限于大化年间（645—649 年）的改革事业，因为到了大化以后的白雉年间，统治者早已失去大化年代的那种改革热情，形势发生了明显的变化。"[②] 换言之，大化改新仅仅只进行了短短的 5 年时间，而且是在由唐归来的僧旻和高向玄理担任国博士时进行的，各项制度强搬中国模式，包括服制，但因为脱离日本的具体历史情况和日本人当时的心理期许，在大化年之后即陷入废止境地，并没有实行，所以对大宝令的颁定只是形式上的影响，在具体内容上影响不大。这种情况从侧面进一步证明，大化改新之前，日本的官服并没有完全照搬隋唐模式。

①［日］舍人亲王：《日本书纪》，东京：经济杂志社，1897 年，第 445—446 页。

②［日］坂本太郎著，汪向荣译：《日本史概说》，北京：商务印书馆，1992 年，第 71 页。

增田美子认为从公元7世纪中期到8世纪初期（天武朝——文武朝）是日本服饰追随唐制，进入“唐风服饰”[①]时代的历史时期。时至奈良时代，模仿唐朝的服装和穿戴方式已成为日本人日常生活的时尚（参看图5-9）。

为保证向唐学习的成效，彼时的日本人将仿唐的决心和要求写进了法律。大宝二年（702年），文武天皇颁布《大宝律令》；养老二年（718年），元正天皇又颁布了《养老律令》，这两次颁令，皆仿唐令设置，在律令中设《衣服令》一节。从服令的角度而言，《大宝律令》规定无论男女皆右衽，官员上朝持笏板，这是自周礼以来中原王朝的传统习惯；官员的服色四阶七等级制度，譬如三品以上服紫、四品绯、五品浅绯、六品深绿、七品浅绿、八品深青、九品浅青等。不仅如此，文武天皇的中礼服用绛纱袍、常服用赤黄袍也皆仿效唐帝穿着。

《养老律令》是元正天皇继位后，命令藤原不比等依据《大宝律令》修订而定的新令，两令之间仅仅只隔十六年时间。在《养老律令》开始颁行的39年里，也即从养老二年（718年）到天平宝字元年（757年），其“服令”的精神主旨仍然受《大宝律令》的影响，直到天长十年（833年），政府组织人手为《养老律令》撰写了《令义解》[②]，《养老律令》才真正脱离《大宝律令》开始发挥作用。《养老律令》明确规定，衣冠服制要仿效中国，并就此确定了日本国的服制。

①［日］增田美子：《日本服饰史》，东京：东京堂出版社，2013年，第38页。
②“令义解”类似唐朝人为《唐律》做的“疏议”，就是新形势下对法律文本的新解释。

(二)唐女装对日本女装的影响

唐代女服对日本诸岛的女服产生了深远的影响，这种影响不仅存在于服饰穿着制度、款式、颜色、面料材质，就是对日本女子的发式、装饰、穿着精神上也有深刻的影响。

前文已论，在日本服饰史上有一个非常重要的被称为“唐风服饰”的阶段。增田美子认为，在天武朝到平安时代初期，属于唐风服饰阶段，也即从 7 世纪下半叶到 8 世纪上半叶。在将近半个世纪的过程中，唐风服饰从制度到生活无不影响着日本人，女子也不例外。

从女子的首饰发式到足服袜子的图案，无不体现大唐的影响。不过让日本女人接纳唐风服饰，也有一个近百年的漫长过程：从俾弥呼女王开始的双方交流，到圣德太子大化革新，再到壬申之乱（672 年）以后天武天皇执政开始推进唐风化政策。《养老律令》中明文规定“仿效唐的服饰制度,确立日本的服饰制度”[①]。在《养老律令》颁布的第二年（719 年）正月，第九次遣唐使多治比县守率副使等拜见元正天皇，因“皆著唐国所授朝服”而备受关注，引起朝臣仿效唐服之风。自此以后，日本自上而下，天皇多次颁行诏令学习唐风唐制。《续日本记》载，天平二年（730 年）四月庚午，圣武天皇下诏，“自今以后，天下女性，改旧衣服，施用新样”。在德川光国所著《大日本史》一书中记述，弘仁九年（818 年）嵯峨天皇诏令改定天下礼仪：“男女衣服皆依唐制，五位以上位记改从汉样。”这次天皇诏令的颁布，标志着从制度层面上将唐朝女服

①［日］增田美子：《日本服饰史》，东京：东京堂出版社，2013 年，第 43 页。

彻底地移植到日本，对日本女界的服饰审美、服饰心态产生了根本性的影响。至今日本女子的传统服装——和服仍保有许多的唐风、唐貌。

1. 发式

日本女性的唐风结发方式开始于天武天皇十三年（684 年）四月，在《续日本书记》卷三记载："（天武天皇）令天下妇女，自非神部斋宫宫人及老妪，皆髻髪。（语在前纪，至是重制也。）"这个诏令被日本学者称为《结发令》，透露出的主要内容有，首先在684 年以前，日本女子要么披发，要么像中国秦汉女子一样将头发结束在后背。从 684 年开始结唐风发髻，具体什么样的发髻可以称为唐风发式，从光明皇后（参看图 5-10）的发髻来看，就是向上聚拢、用发钗固定的复杂发式，这与日本原本披散头发的自然状态差距很大。其次，可以不受此诏令限制的有两类人：一类是神部斋宫的宫人，一类是老妪。增田氏认为第一类是神道教的巫祝，第二类是 40 岁以上的老年妇女。第一点中日之间的理解没有歧义，只是不知道 40 岁就是老妪这个概念增田氏的论断依据是什么？按照中国赋役制度中的老、幼传统认知，60 岁之后才能称老。值得注意的是后接的补充说明此次是重申。[①] 前文已述，天武十一年（682 年），《日本书纪》记载："男女始结发，仍（并）著漆纱冠"[②]，也即 2 年前即已颁布过结发令，此次重申，但紧接着在 2 年以后，朱鸟元年（686 年）7 月，再次颁令："妇女背垂发，仍如

①［日］增田美子：《日本服饰史》，东京：东京堂出版社，2013 年，第 38—39 页。

②［日］舍人亲王：《日本书纪》，东京：经济杂志社，1897 年，第 527 页。此处的"仍"较难理解，有关此字，中国学者和日本学者的见解不同。如韩钊、齐东方在引用时，改"仍"为"并"，这样更符合上下文的含义。而仍字说明在天武十一年以前，情况就已发生了变化，但实际情况并非如此。

故。”[①] 撤回了前两次的结发令，可见这种朝令夕改的现象说明天武帝的改制阻力很大，不过在日本服饰史学者看来，自奈良朝开始，日本已经全面唐风化了。

菊地一美在描绘奈良朝的男女服饰时，特意将女子的发式描绘成双环髻（参看图 5-10），这种在大唐也属于复杂髻式的髻与日本传统的美豆良髻或者岛田髻有很大的不同，据此证明日本人也承认奈良朝被大唐影响的史实。

除了发式，日本女子的首饰受唐风影响也非常明显（参看图 5-11）。在江户时代歌川丰国笔下盛装女子满头插梳，夸张的大金钗与敦煌壁画中五代于阗国王李圣天后曹氏的形象几近雷同。歌川丰国时代，陆上丝路已经被海上丝路取代，敦煌已被淹没在一片沙海中，歌川画的是他的所见所闻，可见晚唐五代的女性作为时尚的制作者，其对富贵的价值观和审美观仍然影响了日本的追随者。

2. 身服

在唐风影响日本之前，日本人的身服虽为交领，但无论男女基本都是左衽。于是养老三年（719 年）二月天皇颁令：“始使天下百姓右衽”，左、右衽作为唐风化的一环，“仿照中国的风俗改为右衽，后来右衽逐渐传播开来，成为我国衣领的基本搭叠方式，被今天的和服所继承。另一方面，左衽作为死者和丧服领子的搭叠方式，被忌讳了”[②]。左衽禁忌是《仪礼・丧大记》中对于殓袭的规定，在增田氏看来，中国人尚右，日本人尚左，但在右衽这件事情上，日本人学习大唐，“从中可以看到（日本）为政者们不落后于唐朝的先

①[日]增田美子：《日本服饰史》，东京：东京堂出版社，2013 年，第 39 页。
②[日]增田美子：《日本服饰史》，东京：东京堂出版社，2013 年，第 61 页。

进文化的姿态，颇有意思”[①]。令后世日本学者感到值得玩味的《养老律令》规定，不仅规制了皇族和官员礼服、朝服，一般人制服，其中制服的使用者中有很大一部分是女性。这种服饰上的影响，不仅将唐人的审美心态传播给了日本人，同时也将中国人自周至唐的儒家思想和儒家价值观传播给了日本人。

和服作为日本人的民族服装，之所以是今天这个样子，而不是其他模样，也离不开大唐服饰的影响，和服在日本也被称为“吴服”或“唐衣”，从其名不难看出其与唐朝和吴越的渊源。它虽是日本民族的传统服装，但却是在中国唐代以及唐以前服装的基础上，经过日本人消化吸收演变形成的。

从款式上看，和服一般由单层交领肌襦袢、长襦绊、和服裙、交领外罩、腰带、足衣（袜）、屐等组成。这里肌襦袢即贴身汗衫，长襦袢是穿在外罩里面的一层衣服，主要功能是保持和服能穿出平整和美观的外形，在长襦绊上还可以缝半领（衬领）以防污。和服裙长度比长襦袢一般短 5 厘米左右。除此之外，在正式场合的和服穿着中还有一些繁杂的腰饰和袖饰。它们主要有带扬、带缔、带板、带枕、伊达缔、腰纽、胸纽、比翼等。其中，单层交领肌襦袢、长襦绊就是唐女子常服中的衫与礼服中的“中单”混合而成的新品；和服裙就是“裳”；交领的和服外罩在敦煌莫高窟第 390 窟隋供养人图中的贵族女性身上也有具体的影子。足衣与屐在下文中叙述，这是日本人将长安文化与吴越文化巧妙结合以适应岛国气候的明证。

从平安时代的文学作品和江户早期的浮世绘作品中，我们仍

①[日]增田美子：《日本服饰史》，东京：东京堂出版社，2013 年，第 61 页。

能清晰地看到唐女服对日本和服的影响。在《源氏物语》中有："只见她（空蝉）身穿一件深紫色的绫子单层袍，看不清披在上面的是什么衣服。……（轩瑞荻）她只穿着一身白色的单层绫罗袍，外面随便地披着一件像是紫红色的上衣，腰间系着一条红色和服裙的腰带，裙带以上的胸脯完全露出。"①这段描写的是平安时代日本地方官夫人（空蝉）与小姐（轩瑞荻）的基本穿着，从中可以看到在日常生活中和服的穿着情况。可见从材质、款式、颜色、袒露方式上，唐风对日本女服的巨大影响。

从做工上看，唐女服对日本女服的影响，首先表现在和服的用料上。和服用料有：绸、绫、罗、纱、绒、锦等，其中锦有织金锦、唐织等工艺，皆模仿唐的织造工艺。其次表现在和服的染色、起花上，和服的染色通常有夹缬、绞缬、手绘等；起花的方式有色织、双层织、刺绣等。这和唐女服的制作工艺如出一辙，而这种方法在现代和服的制作上仍被当作经典保留了下来，现代日本学者也承认唐代运去了彩色印花的锦、绫等高贵织物，促使日本的丝织、漂印等技术获得启发。时至今日，和服中仍有"唐草、唐花、唐锦"等称呼。再次表现在和服的剪裁上，和服几乎全部由直线剪裁构成，也具有传统中式服装的剪裁痕迹，即以直线创造美感，这一点在深衣的剪裁上已有体现，清代作者江永在《深衣考读》一书中写道："（永）按：深衣者，圣贤之法服，衣用正幅，裳之中幅亦以正裁，惟衽在裳旁，始用斜裁。"唐代女服虽不再像深衣那样"正幅""正裁"，但上衣下裳的款式特征还是完全保留下来，这一点在和服中

①[日]紫氏部：《源氏物语》，北京：三联书店，2005年，第12页。

也有体现。最后，和服的穿着效果较之西洋服装要宽松肥大，这也源自于唐人尚宽肥的习惯。

传统观念认为，和服真正成形是在平安时代，平安时代也是日本的“国风时代”（参看图 5-12），日本人认为经过唐风时期的发展，日本在全盘消化吸收唐文化后，形成了其独有的奢华与精致的特色。但即便如此，从菊地一美的描绘中仍然能够看到大量的唐服饰元素，比如男装的幞头巾、圆领加襕袍、乌皮履；女装中的花钗、帔子、裙褶等。反倒是唐衣的领子变化较大，这是日常普通人的服饰，象征平安时代和服经典的“十二单”，仍然保有出脱于钿钗礼衣的痕迹。“十二单”是当时日本贵族女性的礼服，一般由 5—12 层单层衫、袍、腰饰组成。它们是：内衬衫、裳裙，其上有单，单上加五衣，五衣上加打衣（又称板衣或红衣），打衣上加上衣，上衣上加裳，裳上还要加大腰、延腰、小腰等腰饰，最后是外罩唐衣。唐衣以紫、绯为贵。十二单不仅仅是十二层单衣，而且还是十二种颜色的渲染，繁复的穿着加精致的配饰，实际上更像是贵族精心准备的炫富展示，这与中晚唐的风尚相近。每一层单衣都轻薄透明，多层叠加在一起时颜色互染，倍添朦胧恍惚的美感。至此，盛唐服饰用料的奢华精良，做工的精巧，色彩风格的艳丽，已经融入到日本的和服中，而日本文化中以精细、繁复、朦胧为美的精神也已成型。

此外，与和服相配的发饰，如插梳、簪钗等装饰也有浓郁的唐风在其中。

3. 布袜与木屐

日本女性穿和服，足下搭配布袜和木屐，布袜最初是由两块布缝合在一起，不分趾，在脚面系带，平安时代发展为拇趾独立，其余四趾相连的两趾袜。木屐通常以竹木制底，上以带系束，下前后各按两直木齿。和服布袜着屐，相对于大陆气候的唐代风尚中心长安而言，风气迥异，但它与气候相同的吴粤之地却有着不可分割的联系，这也是和服为什么被日本人称为“吴服”的原因。

和服的布袜在日文写作“足袋”。《大宝律令》中，原封不动地引用了汉字的“袜”字，并且规定，皇子以下着礼服时配锦袜；朝服一品以下五位以上着白袜；无位制服配白袜。直到镰仓时代，袜还有严格的穿着时间和人群限制。每年的十月十日到第二年的二月二日，年过 50 岁的老人和经过各级官府特殊批准的人才有这种待遇，这就是所谓的“足袋御免”。一直到江户时代，这项规定才被废止。可见在镰仓时代以前很长一段时间内，袜是服制的一部分，只有特许的阶层才能穿用。

木屐是穿和服时必备的足服（参看图 5-13）。木屐在中国已有 2000 多年的历史。据《异苑》记载：“介子推逃禄隐迹，报树烧死。文公拊木哀嗟，伐而制屐。每怀割股之功，俯视其屐曰：‘悲乎！足下。’”晋文公出国流亡 19 年，介子推紧紧跟随，但晋文公即位封赏时，却忘了介子推，介子推便与其母隐居深山。后来，文公多次请其出山，他都不肯出来，文公便放火烧山意图逼他出山，谁知介子推却宁肯抱树而亡。文公追悔莫及，用介子推所抱之树制成木屐，以示沉痛。每当他看见脚上的木屐时，总会悲叹：“悲乎！足下。”《后汉书·五行志》中也记载："延熹中，京都长者皆著木屐；妇女始嫁，至作漆画五采为系。”由此可见，始于春秋的木屐，东汉以后盛行，且男女老幼通用。自《后汉书》以后，木屐在文献中多有记载，不仅可以践泥防雨[①]、登山（谢公屐），在《晋书·宣帝本纪》中还有穿无齿软底木屐征战的记载："关中多蒺藜，帝使军士二千人著软材平底木屐前行，蒺藜悉著屐，然后马步俱进。”唐代吴越等地皆有妇人素足穿木屐，男子穿木屐登山、御雨践泥的记载；宋以降，明清的南方女性，不仅雨天穿木屐，晴天也穿，且不缠足。此风所到之处“士大夫亦皆尚屐”，而中国江南人尚屐的风尚在日本江户时代的浮世绘中有深切的体现。

日本木屐的起源，与中国木屐究竟有何渊源关系，没有可靠的资料判断。但从日本自古便将木屐写作汉字“足下”，结合介子推的典故，可以看出两国之间木屐的渊源关系。

东晋时志怪小说《搜神记·方头屐》中描写木屐云："初作屐者，妇人圆头，男子方头，盖作意欲别男女也。至太康中，妇人皆方头屐，与男无异。”干宝只是想强调太康（280—289年）中期以后木屐穿着时尚的变化。但据此我们可以知道，从木屐诞生至太康中期以前的很长一段时间里，中国人的木屐形状有男女之别，而日本的男式木屐式样也多为方头，女式木屐也常用圆头，这不能说仅仅是个巧合。

唐代的女性服饰对日本女性和服的发展起了决定性的推动作用。和服其款式、材质、颜色、制作工艺都吸收、融会了唐代服

①《急就篇》颜师古注中有“屐者以木为之，而施两齿，所以践泥”之语，故可见木屐的主要功能是践泥防雨。

饰文化的精髓。今天所看到的日本和服可以说是唐代服饰文化在海外传播的产物。

总体上，关于大唐对日本服饰的影响，日本学者持完全认同的态度。不过在认同之余，对于中国服饰史的变化，现代日本学者却有着独特的认识："由此可见，这个时代在强大的唐帝国的影响下，朝鲜半岛、日本与中国的装束几乎完全相同。此后，随着元朝、清朝等异族王朝的建立，中国服饰也发生了变化，产生了现代礼服旗袍等民族服饰。另一方面，日本在平安时代消化了唐风服饰，诞生了自己的国风服饰，进而进入武家社会，谋求服饰的功能化、简便化。到了近世，以小袖为代表，在平民阶层的经济实力得到提升的大背景下，以前上流阶层的内衣小袖成为了表服。被称为'和服'，就此形成了日本的民族服装'和服'。"①

六、隋唐与越南的北治时期

先秦时，中原王朝向南已统治到了百越古境，公元前214年，秦始皇统一六国以后在此设象郡，证明现在的越南北部早在公元前214年前后就已经属于中原王朝直接统治地区。公元前203年，秦朝的南海尉赵他（赵佗）在秦末年的混乱状态下，割据自雄，并向西占领了桂林郡和象郡，自立为南越王（后改称南越武帝）。此事据《史记·郦生陆贾列传》记载："尉他魋结箕倨见陆生。"前文已述，赵佗本是燕地汉族，因为平南越有功，被封为南越王。但陆贾代表汉皇去见他时，赵佗以南越当地土著人的样子魋结、箕坐相见，服虔集解认为："魋音椎，今士兵椎头结"，司马贞索隐认为："谓

①［日］增田美子：《日本服饰史》，东京：东京堂出版社，2013年，第60页。

为髻一撮似椎而结之。”就是在头发聚拢在脑后下垂系扎成马尾，这种发式在先秦中原地区出土的墓俑中也有类似的发式，可见南越人生活在南方，汉代时仍保留了中原上古最普通的发式。

公元前 111 年，汉武帝重新统一，灭南越国，并在秦象郡古地，设立交趾、九真、日南三郡，实施直接的行政管理。在之后的一千多年时间里，交趾地区大体上一直受到中国古代政权各朝代（汉、东吴、晋、南朝、隋、唐、南汉和宋）的直接管辖。

自东汉后，交趾更名为交州。唐代在岭南，常设五府经略使，其中安南都护经略使治所在安南都护府，都护府具体地点就设在交州，管领兵 4200 人，算得上大府。

唐末，割据势力大盛，906 年唐政府授权鸿州地方豪强曲承裕为静海军节度使，建衙宋平（今河内）。

五代时期，南汉刘龑于 930 年将安南收归为南汉领土。七年后，南汉的交州发生叛乱，交州土豪吴权割地自雄，在交州自立为节度使。刘龑委派其子刘洪操为交王领兵平叛，但刘洪操不敌阵亡。刘龑自此以交州为刘氏的“不祥”之地，便放弃了收复交州，留下了日后安南独立的隐患。939 年，吴权自中国五代南汉政权分裂而出（吴朝）。

968 年，丁部领（丁先皇）以武力征服境内的割据势力，建立丁朝国号大瞿越，年号太平。定都华闾（今宁平省宁平市），算是越南正式脱离中国而自主之始。后来接受中国宋太祖册封为交趾郡王，正式列为藩王。

在宋代以前，是越南的“北治时代”，隋唐时期越南北部属于隋唐的辖境，在此地设置郡县，其官服完全按照中央政府的官服制度执行规定要求，民间的服饰则更多以当地的民族服装为主，大体上现代看到的京族的传统服饰形成在唐以后，但仍没有脱离唐以后各朝代的影响。

参考文献

古代原典

（汉）司马迁：《史记》，北京：中华书局，1964 年。

（汉）班固：《汉书》，北京：中华书局，1965 年。

（汉）许慎：《说文解字》，北京：中华书局，1963 年。

（汉）刘熙：《释名》，北京：中华书局，1963 年。

（汉）刘向集录，高诱注：《战国策》，上海：上海古籍出版社，1978 年。

（汉）郑玄注，（唐）贾公彦疏：《仪礼注疏》，上海：上海古籍出版社，2008 年。

（汉）史游撰，颜师古注：《急就篇》，长沙：岳麓书社，1989 年。

（晋）陈寿：《三国志》，北京：中华书局，1974 年。

（晋）张华著，范宁校：《博物志》，北京：中华书局，1980年。

（晋）干宝：《搜神记》，北京：中华书局，1979年。

（宋）范晔：《后汉书》，北京：中华书局，1965年。

（梁）沈约：《宋书》，北京：中华书局，1974年。

（梁）萧子显：《南齐书》，北京：中华书局，1974年。

（北魏）贾思勰撰，缪启愉校释，缪桂龙参校：《齐民要术校注》，北京：中国农业出版社，1982年。

（北齐）魏收：《魏书》，北京：中华书局，2003年。

（唐）徐坚：《初学记》，北京：中华书局，1963年。

（唐）房玄龄：《晋书》，北京：中华书局，1974年。

（唐）李延寿：《南史》，北京：中华书局，1975年。

（唐）刘肃：《大唐新语》，北京：中华书局，1984年。

（唐）李延寿：《北史》，北京：中华书局，2003年。

（唐）魏征：《隋书》，北京：中华书局，1974年。

（清）《全唐文》，北京：中华书局影印本，1983年。

（唐）《大唐开元礼附大唐郊祀录》，北京：民族出版社影印本，2000年。

（唐）杜佑：《通典》，北京：中华书局，2003年。

（唐）封演：《封氏闻见记》，北京：中华书局，2005年。

（唐）玄奘：《大唐西域记》，上海：上海社会科学出版社，2003年。

（唐）姚汝能等：《历代史料笔记丛刊·开元天宝遗事·安禄山事迹》，北京：中华书局，2005年。

（唐）韩愈：《东雅堂昌黎集注》，北京：中华书局，1993年。

（唐）李隆基：《唐六典》，西安，三秦出版社，1991 年。

（唐）白居易：《白居易全集》，上海：上海古籍出版社，1999 年。

（唐）《大唐开元礼（附大唐郊祀录）》，北京：民族出版社，2000 年。

（唐）张鷟等：《隋唐嘉话 朝野佥载——历代史料笔记丛刊》，北京：中华书局，1979 年。

（五代）刘昫：《旧唐书》，北京：中华书局，1975 年。

（五代）马缟：《中华古今注》，北京：中华书局，1985 年。

（五代）孙光宪：《北梦琐言》，北京：中华书局，2002 年。

（宋）欧阳修：《欧阳文忠公文集》，北京：商务印书馆，1958 年。

（宋）宋敏求：《唐大诏令集》，北京：商务印书馆，1959 年。

（宋）李昉：《太平广记》，北京：中华书局，1961 年。

（宋）欧阳修：《新唐书》，北京：中华书局，1975 年。

（宋）周必大：《二老堂诗话》，载（清）何文焕辑：《历代诗话》，北京：中华书局，1981 年。

（宋）沈括：《梦溪笔谈》，北京：中华书局，1985 年。

（宋）王谠：《唐语林》，郑州：大象出版社，2019 年。

（宋）高承：《事物纪原》，北京：中华书局，1989 年。

（宋）李昉：《太平御览》，上海：上海书店，1991 年。

（宋）欧阳修：《资治通鉴》，北京：中华书局，1997 年。

（宋）陈元靓：《事林广记》，北京：中华书局，1999 年。

（宋）郭茂倩编：《乐府诗集》：北京：中华书局，2000 年。

（宋）陆游著：《老学庵笔记》，青岛：青岛出版社，2002 年。

（宋）郭若虚：《图画见闻志》，北京：北京图书馆出版社，2004年。

（宋）王博：《唐会要》，北京：中华书局，1960年。

（宋）《宣和画谱》，南京：江苏美术出版社，2007年。

（宋）王欽若等编纂，周勋初等校订：《册府元龟》，南京：凤凰出版社，2007年。

（宋）朱熹著，王燕均校：《朱子全书》，上海：上海古籍出版社，2002年。

（宋）程大昌著，周翠英注：《演繁露注》，北京：中国社会科学出版社，2018年。

（元）陶宗仪：《说郛》，上海：上海古籍出版社，1997年。

（明）叶子奇：《草木子》，北京：中华书局，1959年。

（明）朱国祯：《湧幢小品》，扬州：广陵古籍刻印社，1983年。

（明）郎瑛：《七修类稿》，上海：上海书店，2001年。

（明）宋应星：《天工开物》，长沙：岳麓出版社，2002年。

（清）《御定全唐诗》，北京：中华书局，1960年。

（清）张廷玉：《明史》，北京：中华书局，1974年。

（清）王夫之：《读通鉴论》，北京：中华书局，1975年。

（清）阮元校刻：《十三经注疏》，北京：中华书局影印本，1980年。

（清）崔述：《崔东壁遗书》，上海：上海古籍出版社，1983年。

（清）赵翼：《廿二史札记》，北京：中华书局，1987年。

（清）沈自南：《艺林汇考》，北京：中华书局，1988年。

（民国）王云武：《丛书集成》，上海：上海商务印书馆，民国1936—1939年影排印本。

今人著作：

向达：《唐代长安与西域文明》，北京：三联书店出版社，1979年。

汪辟疆校录：《唐人小说》，上海：上海古籍出版社，1978年。

杨志谦等：《唐代服饰资料选》，北京：北京市工艺美术研究所，1979年。

周绍良：《唐代墓志汇编》，上海：上海古籍出版社，1982年。

逯钦立辑校：《先秦汉魏晋南北朝诗》，北京：中华书局，1983年。

段文杰：《敦煌石窟艺术论集》，兰州：甘肃人民出版社，1984年。

周锡宝：《中国古代服饰史》，北京：中国戏曲出版社，1984年。

吴淑生、田自秉著：《中国染织史》，上海：上海人民出版社，1986年。

周峰：《中国古代服装参考资料（隋唐五代部分）》北京：北京燕山出版社，1987年。

敦煌文物研究所编著：《中国石窟·敦煌莫高窟》，北京：文物出版社，1987年。

田久川：《古代日中关系史》，大连：大连工学院出版社，1987年。

马正林：《中国历史地理简论》，西安：陕西人民出版社，1987年。

赵文林、谢淑君著：《中国人口史》，北京：人民出版社，1988年。

介眉：《昭陵唐人服饰》，西安：三秦出版社，1990年。

项楚校注：《王梵志诗校注》，上海：上海古籍出版社，1991年。

谢生保：《敦煌民俗研究》，兰州：甘肃人民出版社，1995年。

黄能馥、陈娟娟编著：《中华历代服饰艺术》，北京：中国旅游出版社，1999年。

周汛、高春明编著：《中国衣冠服饰大辞典》，上海：上海辞书出版社，1996年。

俞鹿年：《中国政治制度通史（隋唐五代卷）》，北京：人民出版社，1996年。

吴功正：《唐代美学史》，西安：陕西师范大学出版社，1997年。

沈从文：《中国古代服饰研究（增订本）》，上海：上海书店出版社，1999年。

赵超：《新唐书宰相世系表集校》，北京：中华书局，1998年。

陈戍国：《中国礼制史（隋唐五代卷）》，长沙：湖南教育出版社，1998年。

黄正建：《唐代衣食住行研究》，北京：首都师范大学出版社，1998年。

李泽厚：《美学三书》，合肥：安徽文艺出版社，1999年。

欧阳周等：《服饰美学》，长沙：中南工业大学出版社，1999年。

孙机著：《中国古舆服论丛（增订本）》，北京：文物出版社，2001年。

邓小楠编：《唐宋女性与社会》，上海：上海辞书出版社，2002年。

阎步克：《品位与职位》，北京：中华书局，2002年。

刘永华：《中国古代军戎服饰》，上海：上海古籍出版社，2003年。

李芽：《中国历代妆饰》，北京：中国纺织出版社，2004年。

唐东昌：《大唐壁画》，西安：陕西旅游出版社，2005年。

马建兴：《丧服制度与传统法律文化》，北京：知识产权出版社，2005年。

董理：《唐墓壁画》，太原：山西人民出版社，2006年。

吴云：《汉魏六朝小赋译注评》，天津：天津古籍出版社，2006年。

域外研究：

[日]德川光国：《大日本史》，东京：吉川弘文馆排印本，明治四十四年（清宣统三年,1911年）年。

[日]原田淑人：《中国服装史研究》，合肥：黄山书社，1988年。

[日]仁井田陞：《唐令拾遗》，粟劲等译，长春：长春出版社，1989年。

[英]崔瑞德编：《剑桥中国隋唐史》，北京：中国社会科学出版社，1990年。

[日]筱田耕一：《中国古兵器大全》，香港：万里书店出版社，1992年。

[美]谢弗：《唐代的外来文明》，吴玉贵译，北京：中国社会科学出版社，1995年。

[德]《马克思恩格斯选集》第3卷,北京:人民出版社,1995年。

[美]艾莉森·卢里著，李长青译 :《解读服装》，北京 : 中国纺织出版社，2000年。

[匈牙利]雅诺什·哈尔马塔主编，徐文堪、芮传明译，余太山审订 :《中亚文明史》(第二卷)，北京 : 中国对外翻译出版公司，2002年。

[日]紫氏部 :《源氏物语》，北京 : 三联书店，2005年。

[日]三浦一郎著，永都康之绘 :《日本甲胄图鉴》，台北 : 奇幻基地出版社，2017年。

[日]增田美子:《日本服饰史》，东京:东京堂出版社，2013年。

[日]菊地一美 :《江户衣装图鉴》，东京 : 东京堂出版社，2011年。

后　记

今年《唐代服饰时尚》出版已经第十五个年头，与中国社会科学出版社的合约也早已过期，很多师友劝我再版，在我踌躇之际，青海人民出版社的编辑部主任李兵兵找到我，希望我们能合作出版一本关于唐代服饰既严谨又通俗的著作，以便于普及历史服饰知识，这个提议与我正在构思的写作计划不谋而合，因为 2022 年底，《隋唐平民服饰研究》已经成书并提交国家社科基金委，虽然手头还有服饰史教材编写任务，但在传统服饰潮深入人心的今天，用科学严肃的态度，撰写一本通俗易懂又不脱离历史史实的服饰史著作，仍然是我辈从业者应该“继往圣之绝学”的那部分工作。这个工作希望能从唐代做起。

与《唐代服饰时尚》相比，此次出版对 2009 版的结构进行了梳理优化，并根据新出材料对内容做了有益的补充和归纳，吸收了近些年的相关研究成果，增加了隋唐服饰国际影响的内容，这部分内容吕夷简所做工作甚多。在我们的合作过程中，常常被中国新生代留学生们的勤奋、谦逊和刻苦深深折服，在本著的写作过程中，因为疫情的原因，双方只能通过电邮交换意见，尤其是面对日本学者写作中惯用的隐含深意时，小吕同学常常反复斟酌，力争信、达。以一见多，与她的接触让我感受到零零后和留学生们认真负责那一面的可贵。

不过在本著的撰写过程中，我们也发现有以下问题需要提起大家的关注。首先，发现考古工作者在文物复原时还应该更严谨一些，譬如首饰出土时在墓主尸骨的空间位置，现在考古发掘报告中有墓道内部的平面相对位置记载，但缺乏文物之间的空间位置记载，这一点对于礼制史、服饰史研究都很有意义。其次，近年随着自媒体的蓬勃发展，大量以文物服饰为研究对象的民间研究、介绍性文字充斥网络，而写手们各怀目的，有些文章夹带私货，将仿制品当作出土文物介绍，在网络公开发表，后续有些文章不辨真伪拿来就用，譬如号称晚唐墓俑，却有着唐前期墓俑的发式和服饰特点，乍看之下，以为晚唐服饰出现了新状况，但仔细端详，就会发现这些墓俑身上，都有已经发现的知名墓俑的影子，甚至是几个知名墓俑的拼合体，几可乱真，但普通人看到这样的网络介绍会信以为真，并借助网络的公开性和透明性大肆传播，贻害深远，这个问题不独出在墓俑身上，在饰品方面也比较突出，一些著名的首饰问世后，陆陆续续会出现很多成色更好、保存更完整的同类品，比如大量的玉钗头，金钗、玉梳背等等。面对如此复杂的局面，对于学者而言，所有不能提供具体出土地点的文物都要存疑，能不用则不用，这是对学术的保护，也是对文物的保护。再次，服饰作为实用的日常生活必备品，名目本就复杂，不仅有时间线上的变化，而且还有地域方言上的变化，凡此种种，想厘清本就麻烦，如果现代研究者不遵从古人已有的名目，各自定名，势必会增加后继者的研究难度，并不可取。最后，以图像人物研究历史，必须搞清楚画面内容，比如韩休墓墓道壁画中，屏风画中所表现的白衣官服男子，就不可以当作唐代官员的样子看待，因为唐人的屏风画表现的往往是前代的故事，也就是唐人眼里的古人生活，如果这些屏风画的内容再和神仙、传说、典故相关联，更需要详加甄别，不可一概当作本朝官服样貌使用，凡此种种研究者在使用材料时需保持足够的警惕。

最后要感激师友和同行们的辛苦工作，无论从历史的角度，还是从形象艺术、服饰设计等角度，近些年来，大家对古代服饰，以及服饰史的研究确已取得丰硕成果，让服饰史研究不再成为冷门，作为这个队伍中的一员，我很高兴，希望服饰史研究更加欣欣向荣，大家都能出更多更好的成果。

2023 年 2 月于青岛